聚集诱导发光丛书

唐本忠 总主编

聚集诱导发光之分析化学

赵 娜等 著

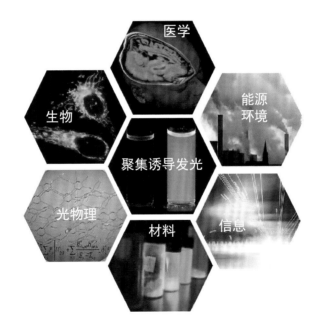

科学出版社

北京

内 容 简 介

本书为"聚集诱导发光丛书"之一。本书由活跃在聚集诱导发光与分析化学交叉前沿研究领域的多位科研工作者结合自己多年的科学研究成果与经验,对聚集诱导发光在分析化学中的应用进行全面详细的描述。主要内容包括:荧光基本原理和聚集诱导发光探针介绍、聚集诱导发光材料用于化学传感与分析、聚集诱导发光材料用于生物传感与分析、聚集诱导发光材料用于公共安全分析及基于聚集诱导发光的分析新方法与新技术等。

本书力求前沿性、新颖性和实用性,可供分析化学、材料科学、生命科学、生物化学、环境化学等相关领域的科研工作者及高等院校教师、研究生和高年级本科生参考。

图书在版编目(CIP)数据

聚集诱导发光之分析化学 / 赵娜等著. —北京:科学出版社,2023.6
(聚集诱导发光丛书 / 唐本忠总主编)
国家出版基金项目
ISBN 978-7-03-075677-0

Ⅰ. 聚… Ⅱ. ①赵… Ⅲ. ①分析化学-研究 Ⅳ. ①O65

中国国家版本馆 CIP 数据核字(2023)第 101745 号

丛书策划:翁靖一
责任编辑:翁靖一 高 微 / 责任校对:杜子昂
责任印制:师艳茹 / 封面设计:东方人华

科学出版社 出版
北京东黄城根北街 16 号
邮政编码:100717
http://www.sciencep.com

北京九天鸿程印刷有限责任公司 印刷
科学出版社发行 各地新华书店经销

*

2023 年 6 月第 一 版 开本:B5(720×1000)
2023 年 6 月第一次印刷 印张:15
字数:300 000

定价:168.00 元
(如有印装质量问题,我社负责调换)

聚集诱导发光丛书

编委会

学术顾问：曹　镛　谭蔚泓　杨学明　姚建年　朱道本

总主编：唐本忠

常务副总主编：秦安军

丛书副总主编：彭孝军　田　禾　于吉红　王　东　张浩可

丛书编委（按姓氏汉语拼音排序）：

安立佳　池振国　丁　丹　段　雪　方维海　冯守华　顾星桂
何自开　胡蓉蓉　黄　维　江　雷　李冰石　李亚栋　李永舫
李玉良　李　振　刘云圻　吕　超　任咏华　唐友宏　谢　毅
谢在库　阎　云　袁望章　张洪杰　赵　娜　赵　征　赵祖金

总　　序

光是万物之源，对光的利用促进了人类社会文明的进步，对光的系统科学研究"点亮"了高度发达的现代科技。而对发光材料的研究更是现代科技的一块基石，它不仅带来了绚丽多彩的夜色，更为科技发展开辟了新的方向。

对发光现象的科学研究有将近两百年的历史，在这一过程中建立了诸多基于分子的光物理理论，同时也开发了一系列高效的发光材料，并将其应用于实际生活当中。最常见的应用有：光电子器件的显示材料，如手机、电脑和电视等显示设备，极大地改变了人们的生活方式；同时发光材料在检测方面也有重要的应用，如基于荧光信号的新型冠状病毒的检测试剂盒、爆炸物的检测、大气中污染物的检测和水体中重金属离子的检测等；在生物医用方向，发光材料也发挥着重要的作用，如细胞和组织的成像，生理过程的荧光示踪等。习近平总书记在 2020 年科学家座谈会上提出"四个面向"要求，而高性能发光材料的研究在我国面向世界科技前沿和面向人民生命健康方面具有重大的意义，为我国"十四五"规划和 2035 年远景目标的实现提供源源不断的科技创新源动力。

聚集诱导发光是由我国科学家提出的原创基础科学概念，它不仅解决了发光材料领域存在近一百年的聚集导致荧光猝灭的科学难题，同时也由此建立了一个崭新的科学研究领域——聚集体科学。经过二十年的发展，聚集诱导发光从一个基本的科学概念成为了一个重要的学科分支。从基础理论到材料体系再到功能化应用，形成了一个完整的发光材料研究平台。在基础研究方面，聚集诱导发光荣获 2017 年度国家自然科学奖一等奖，成为中国基础研究原创成果的一张名片，并在世界舞台上大放异彩。目前，全世界有八十多个国家的两千多个团队在从事聚集诱导发光方向的研究，聚集诱导发光也在 2013 年和 2015 年被评为化学和材料科学领域的研究前沿。在应用领域，聚集诱导发光材料在指纹显影、细胞成像和病毒检测等方向已实现产业化。在此背景下，撰写一套聚集诱导发光研究方向的丛书，不仅可以对其发展进行一次系统地梳理和总结，促使形成一门更加完善的学科，推动聚集诱导发光的进一步发展，同时可以保持我国在这一领域的国际领先优势，为此，我受科学出版社的邀请，组织了活跃在聚集诱导发光研究一线的十几位优秀科研工作者主持撰写了这套"聚集诱导发光丛书"。丛书内容包括：聚集诱导发光物语、聚集诱导发光机理、聚集诱导发光实验操作技术、力刺激响应聚集诱导发光材料、有机室温磷光材料、聚集诱导发光聚合物、聚集诱导发光之簇发光、手性聚集诱导发光材料、聚集诱导发光之生物学应用、聚集诱导发光之光电器件、聚集诱导荧光分子的自组装、聚集诱导发光之可视化应用、聚集诱导发光之分析化学和聚集诱导发光之环境科学。从机理到体系再到应用，对聚集诱导发光研究进行了全方位的总结和展望。

历经近三年的时间，这套"聚集诱导发光丛书"即将问世。在此我衷心感谢丛书副总主编彭孝军院士、田禾院士、于吉红院士、秦安军教授、王东教授、张浩可研究员和各位丛书编委的积极参与，丛书的顺利出版离不开大家共同的努力和付出。尤其要感谢科学出版社的各级领导和编辑，特别是翁靖一编辑，在丛书策划、备稿和出版阶段给予极大的帮助，积极协调各项事宜，保证了丛书的顺利出版。

材料是当今科技发展和进步的源动力，聚集诱导发光材料作为我国原创性的研究成果，势必为我国科技的发展提供强有力的动力和保障。最后，期待更多有志青年在本丛书的影响下，加入聚集诱导发光研究的队伍当中，推动我国材料科学的进步和发展，实现科技自立自强。

唐本忠

中国科学院院士
发展中国家科学院院士
亚太材料科学院院士
国家自然科学奖一等奖获得者
香港中文大学（深圳）理工学院院长
Aggregate 主编

前 言

自 2001 年聚集诱导发光现象报道至今，聚集诱导发光材料的开发及应用蓬勃发展。聚集诱导发光材料独特的发光行为和特殊的发光机制使其在分析化学中展现了广阔的应用前景。聚集诱导发光与分析化学的交叉研究主要集中在设计合成聚集诱导发光材料，发展基于聚集诱导发光的分析技术，并最终应用于环境污染、生命健康和公共安全等领域目标分析物的传感与分析。目前，基于聚集诱导发光的分析技术已经在重金属离子的灵敏检测、蛋白质的定量分析等方面取得了较为理想的成果。近年来，由聚集诱导发光所衍生的聚集诱导电化学发光和聚集诱导化学发光等现象的报道和相关分析技术的开发更是丰富了传感与分析的应用体系。

本书是聚集诱导发光和分析化学交叉产生的一系列原创性成果的系统归纳和整理，对聚集诱导发光在分析化学中的发展有着重要的推动意义和学术参考价值。参与本书撰写的各章节专家学者均为奋战在一线的科研工作者，他们的前沿成果和独特视角是本书的特色与基石。本书共分五章，由陕西师范大学赵娜负责框架设计、草拟提纲及统稿。第 1 章主要介绍荧光的基本原理和聚集诱导发光探针，由李楠（陕西师范大学）撰写；第 2 章介绍聚集诱导发光材料用于化学传感与分析，由赵娜（陕西师范大学）撰写；第 3 章介绍聚集诱导发光材料用于生物传感与分析，由赵恩贵［哈尔滨工业大学（深圳）］、陈斯杰和汪飞［卡罗琳医学院刘鸣炜复修医学中心（香港）］撰写；第 4 章介绍聚集诱导发光材料用于公共安全分析，由韩天宇（首都师范大学）撰写；第 5 章介绍了基于聚集诱导发光的分析新方法与新技术，由娄筱叮、胡晶晶和夏帆［中国地质大学（武汉）］撰写。

本书在撰写和出版过程中得到了丛书总主编唐本忠院士、常务副总主编秦安军教授、科学出版社编辑翁靖一等的大力支持和协助。在此，对他们表示衷心感谢！本书的出版得到了国家出版基金和陕西师范大学优秀著作出版基金的资助，特此感谢！由于时间仓促及作者水平有限，经验不足，书中难免有疏漏及不妥之处，期望读者批评和指正。

赵　娜

2023 年 1 月于陕西师范大学

目 录

| 第 1 章 | 绪论 | 1 |

1.1 荧光原理概述 ... 1
    1.1.1 荧光与荧光分析 ... 1
    1.1.2 荧光探针 ... 3
    1.1.3 荧光探针的工作机制 ... 5

1.2 聚集诱导发光 ... 10
    1.2.1 聚集诱导发光现象及机理 ... 10
    1.2.2 聚集诱导发光探针 ... 12

参考文献 ... 13

第 2 章 聚集诱导发光材料用于化学传感与分析 ... 15

2.1 金属离子 ... 15
    2.1.1 碱金属和碱土金属离子 ... 15
    2.1.2 过渡金属离子 ... 20
    2.1.3 其他金属离子 ... 32

2.2 阴离子 ... 36
    2.2.1 氰根离子 ... 37
    2.2.2 卤素阴离子及含卤阴离子 ... 40
    2.2.3 硫阴离子及含硫阴离子 ... 42
    2.2.4 含氮氧阴离子 ... 45
    2.2.5 含磷阴离子 ... 46
    2.2.6 其他阴离子 ... 51

2.3 气体和挥发性有机化合物 ... 52
    2.3.1 气体 ... 52
    2.3.2 挥发性有机化合物 ... 57

2.4 酸度···59
参考文献···62

第3章 聚集诱导发光材料用于生物传感与分析···68

3.1 核酸···68
    3.1.1 脱氧核糖核酸···68
    3.1.2 核糖核酸···74
3.2 氨基酸和蛋白质···77
    3.2.1 氨基酸···78
    3.2.2 蛋白质及其构象···83
    3.2.3 酶及其活性的检测···96
3.3 生物小分子···102
    3.3.1 糖类···102
    3.3.2 腺苷和磷脂···104
    3.3.3 活性氧···105
参考文献···108

第4章 聚集诱导发光材料用于公共安全分析···112

4.1 食品安全分析···112
    4.1.1 食品安全问题···112
    4.1.2 食品分析技术···113
    4.1.3 聚集诱导发光分析技术···116
    4.1.4 小结与展望···133
4.2 爆炸物检测···134
    4.2.1 爆炸物安全隐患···134
    4.2.2 爆炸物检测技术···138
    4.2.3 聚集诱导发光爆炸物检测技术···141
    4.2.4 小结与展望···160
4.3 指纹识别···163
    4.3.1 指纹和常见的指纹识别技术···163
    4.3.2 聚集诱导发光指纹识别技术···166
    4.3.3 小结与展望···178
参考文献···179

第 5 章　基于聚集诱导发光的分析新方法与新技术 192

5.1　聚集诱导电化学发光 192
5.1.1　聚集诱导电化学发光的检测原理与性能优化 193
5.1.2　聚集诱导电化学发光在分析中的应用 195

5.2　聚集诱导化学发光 203
5.2.1　聚集诱导化学发光的检测原理与性能优化 204
5.2.2　聚集诱导化学发光在分析中的应用 205

5.3　聚集诱导发光-纳米孔新技术 213
5.3.1　聚集诱导发光-纳米孔新技术的检测原理与性能优化 214
5.3.2　聚集诱导发光-纳米孔新技术在分析中的应用 217

5.4　总结 221

参考文献 221

关键词索引 226

绪 论

1.1 荧光原理概述

1.1.1 荧光与荧光分析

光是人们借助其观察和认识微观世界最便利的工具之一，所以利用光信号变化而开展的光分析深受人们的青睐。不同于自然光，荧光是一种光致发光现象。1565 年，西班牙内科医生和植物学家 N. Monardes 首次记录了荧光现象，他观察到一种泡有紫檀木头切片的水呈现亮蓝色[1]。1852 年，G. G. Stokes 在考察奎宁和叶绿素的荧光时，用分光计观察到其荧光的波长比入射光的波长稍长，阐明这种现象是这些物质在吸收光之后能够重新发射出不同波长的光，从而引入了荧光是光发射的概念。他还从发荧光的矿物"萤石"（fluorite）推演提出了"荧光"（fluorescence）这一术语[2]。1868 年，Goppelsröder 进行了历史上首次荧光分析工作，利用铝-桑色素配合物的荧光进行了铝的测定[2]。1871 年，德国科学家 Adolf von Baeyer 首次合成了非天然的荧光染料荧光素[2]。1880 年，Liebeman 提出了关于荧光与化学结构关系的经验法则。19 世纪末，Alfred Werner 推动了配合物理论的发展，极大地促进了荧光分子对金属离子分析检测的相关研究。20 世纪以来，荧光化合物得到了迅速发展，相关精密仪器也相继问世，为荧光分析方法的发展提供了必要的物质条件。在其他学科的影响下，荧光分析已经发展成一种非常重要且有效的光谱分析手段，应用范围也遍及工业、农业、生命科学、环境科学、材料科学、食品科学等诸多领域。

1. 荧光概念

荧光的产生过程如 Jablonski 能级图（图 1-1）所示，处于基态（S_0）的荧光分子被激发后，电子从较低能级跃迁到较高能级，形成电子激发态分子。激发态的分子不稳定，可以通过辐射跃迁（荧光、磷光）和非辐射跃迁（振动弛豫、内转换、外转换、系间窜越）的失活过程返回基态。荧光是分子从第一激发单重态（S_1）的最低振动能级跃迁到基态各振动能级时所产生的光子辐射，荧光辐射能量比激发能量低，荧光波长大于激发波长。荧光发射时间为 $10^{-10} \sim 10^{-7}$ s。磷光是分子从第一激发三重态（T_1）的最低振动能级跃迁到基态各振动能级时所产生的光子辐射，磷光辐射能量比荧光辐射能量低，磷光波长大于荧光波长。磷光发射时间为 $10^{-6} \sim 10$ s。

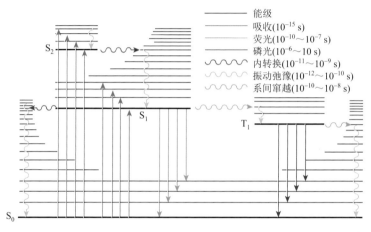

图 1-1　Jablonski 能级图

荧光光谱包括激发光谱和发射光谱。固定发射波长而不断改变激发波长，并记录相应的荧光强度，所得到的荧光强度对激发波长的谱图称为荧光的激发光谱（简称激发光谱）。如果激发波长和强度保持不变，而不断改变荧光的测定波长（即发射波长）并记录相应的荧光强度，所得到的荧光强度对发射波长的谱图则称为荧光的发射光谱（简称发射光谱）。荧光光谱能够提供激发谱、发射谱、峰位、峰强度、量子产率、荧光寿命、荧光偏振度等信息，这是荧光定性和定量分析的基础。

荧光激发光谱和发射光谱具有如下特征：①激发光谱和发射光谱之间呈镜像关系。激发过程是基态到激发态，而荧光发射通常是激发态到基态的过程。②通常发射光谱的形状与激发波长无关，荧光分子被激发到高电子能级或振动能级时，会迅速通过内转换、振动弛豫等途径跃迁到第一激发单重态的最低振动能级，随之发生辐射跃迁产生荧光。因此，荧光分子的发射光谱通常与激发波长无关。改变激发波长，荧光发射波长位置不会发生改变，但荧光强度会发生改变。③通常发射波长总是大于激发波长，这种波长差称为斯托克斯位移。斯托克斯位移产生的主要原因可归结如下：激发态荧光分子辐射跃迁到基态时不可避免地经历了振动弛豫、内转换等过程，从而消耗了部分激发态能量。斯托克斯位移的产生有效减少发射光谱中激发光散射引起的干扰，大大提高了荧光检测的灵敏度。

2. 荧光分析的优点

荧光分析法发展如此迅速，应用日益广泛，主要原因之一是其具有很高的灵敏度[3]。荧光分析法的灵敏度一般要比吸光度法高 2～3 个数量级。在吸光度法中，由吸光度的数值来测定样品中吸光物质的含量，而吸光度的数值则取决于溶液的浓度、光程的长度和该吸光物质的摩尔吸光系数，几乎与入射光的强度无关。在荧光分析中，由所测得的荧光强度来测定样品中荧光物质的含量，而荧光强度的测量值不仅和被测溶液中荧光物质的本性及其浓度有关，而且和激发波长和强度及荧光检测器的灵敏度有关。增大激发强度，可以增大荧光强度，从而提高分析的灵敏度。随着现代电子技术的发展，对于微弱光信号检测的灵敏度已大大提高，因此荧光分析的灵敏度一般都高于吸光度法。荧光分析的另一个优点是选择性高。吸光物质由于内在本质的差别，不一定都会发荧光，且发荧光的物质彼此之间在激发波长和发射波长方面可能有所差异，因而通过选择适当的激发波长和发射波长，便可能达到选择性测定的目的。此外，由于荧光的特性参数较多，除量子产率、激发与发射波长之外，还有荧光寿命、荧光偏振度等，因此还可以通过采用同步扫描、三维光谱、时间分辨等一些荧光测定的新技术，进一步提高测定的选择性。除灵敏度高和选择性好之外，荧光分析法还具有动态线性范围宽、方法简便、重现性好、取样量少、仪器设备简单等优点。

1.1.2 荧光探针

在某些研究体系中，体系本身含有荧光团，人们可利用其内源性荧光，通过检测内源性荧光变化，对该体系的某些性质进行研究。例如，蛋白质中因含有色氨酸、酪氨酸和苯丙氨酸等残基而具有荧光，因此可利用蛋白质自身的荧光对其结构与性质进行研究。大多数情况下，所要研究的体系本身不含有荧光团，或荧光很弱，这时就需要在体系中外加一种荧光化合物及荧光探针，通过测定荧光探针的荧光变化对该体系进行研究。例如，要检测体系的 pH，可将对 pH 敏感的荧光探针加入体系中，然后通过检测荧光探针的变化来表征体系 pH 的变化。

一般来说，荧光探针主要由三部分组成，分别是识别基团（receptor）、连接体（relay）和报告基团（reporter）（图 1-2）。识别基团的功能主要是特异性捕获待分析物种；报告基团用来发出信号指示外来物种被捕获；连接体用来连接识别基团和报告基团[4-8]。

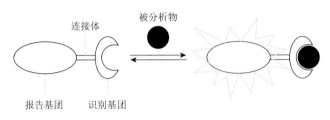

图 1-2　荧光探针的组成单元

1）识别基团

识别基团也称为受体，是为了实现对目标物种的选择性识别而设计的结构单元。受体的设计对荧光探针的选择性起着至关重要的作用，决定着探针的性质和性能。受体定义为一种由共价键结合的有机单元，其结构中的相关部分可以通过弱的相互作用被不同离子或小分子选择性地结合,形成两分子或多分子的超分子体系。最常见的受体有冠醚、杯芳烃、环糊精、环状多胺盐和胍类等，它们与识别物种间通过配位作用力、氢键、静电引力、范德华力、π-π 堆积相互作用、偶极-偶极相互作用等不同形式的作用力相结合。受体的广泛研究极大地丰富了荧光探针的种类，研究者可以方便地将性能优异的受体直接或间接地引入到探针中，从而获得新的荧光探针。

2）报告基团

报告基团也称为荧光团，是发出光学信号的信号源，是将识别信号转化成荧光信号的报告器。荧光团的选择直接影响识别信号的表达。通常来说，不同的荧光团具有不同的发射波长、不同的荧光强度及不同的斯托克斯位移。设计研究者可以根据实际需要选择不同类型的荧光团。常见的有机荧光团有萘酰亚胺类、罗丹明类、香豆素类、氟硼吡咯类、菁染料类等。此外，还有量子点及功能纳米颗粒等。

3）连接体

连接体是连接识别基团和报告基团的桥梁。识别基团识别目标分析物后，连接体把识别信号按照某种传递机制传递给报告基团，从而推动信号响应。传递机制直接决定着信号的性能，从而影响整个识别过程的表达。

在实际应用中，会根据需要对荧光探针的组成进行调整。例如，有的荧光探针直接将报告基团和识别基团相连接，省略了连接体；有的荧光探针的报告基团和识别基团是共轭在一起的，使两者难以准确区分。

1.1.3 荧光探针的工作机制

根据荧光探针的工作原理，常见的工作机制有光诱导电子转移、分子内电荷转移、荧光共振能量转移、激基缔合物形成/消失、激发态分子内质子转移等[7-10]。

1. 光诱导电子转移

光诱导电子转移（photoinduced electron transfer，PET）是一种重要的光物理过程。基于光诱导电子转移过程的荧光探针通常由上述基本单元组成。在受体（识别基团）与待分析物结合之前，受体的最高占据分子轨道（HOMO）能级高于荧光团的最低未占分子轨道（LUMO），电子会由受体中的给电子结构向荧光团的激发态转移，与荧光团 HOMO 中的单电子配对。此时，荧光团 LUMO 中的电子无法回到 HOMO，荧光发射被阻断。因此，在此状态下，探针分子不发射荧光。当受体与待分析物结合之后，受体 HOMO 能级低于荧光团的 HOMO 能级，上述电子转移过程受到抑制甚至被阻断，此时荧光团 LUMO 中的电子可能回到 HOMO 能级，并伴随着荧光的发射，从而实现对待分析物的检测（图 1-3）[11]。

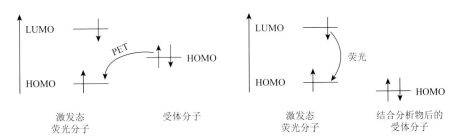

图 1-3　PET 过程中的分子轨道能级示意图

作为常见的信号分子，一氧化氮（NO）在心血管、免疫及中枢神经等系统中发挥着重要作用。围绕 NO 检测，Gabe 及其合作者[12]设计合成了二氨基苯基修饰的 BODIPY 衍生物 DAMBO-P^H。该化合物二氨基苯基上的 N 原子所含电子会转移到 BODIPY，导致光诱导电子转移过程的发生，因而不发荧光。当化合物与 NO 反应，二氨基苯基转变成苯三唑基团，光诱导电子转移过程被抑制，发出荧光，从而实现对 NO 的选择性检测（图 1-4）。基于该机制还可实现对 pH[13]、次氯酸[14]、β-半乳糖苷酶[15]等的分析检测。

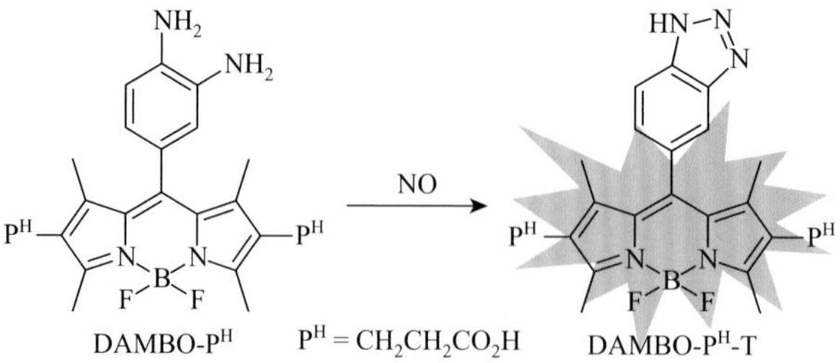

图 1-4 DAMBO-P^H 对 NO 识别示意图

2. 分子内电荷转移

基于分子内电荷转移（intramolecular charge transfer，ICT）机理的荧光探针分子中同时连接电子给体（donor，D）和电子受体（acceptor，A），构成了推拉电子体系（D-A 体系）。在激发下，分子在激发态时发生分子内电荷转移，形成分子内电荷转移态。对于这类探针，其识别基团往往是推拉电子体系中的一部分，当与待分析物结合后，探针分子的电子结构发生改变，从而影响电荷转移过程，并引起荧光强度或发射波长的变化。此外，具有 ICT 过程的荧光分子一般具有较大的斯托克斯位移，而且具有明显的溶剂效应，因此在极性或黏度的检测中具有广泛应用。

He、Guo 及其合作者[16]以 7-硝基苯并呋喃为荧光团，将其与三个吡啶分子共价连接，构建了一例具有 ICT 效应的荧光探针 NBD-TPEA（图 1-5）。该探针表现出显著的 ICT 吸收峰、大的斯托克斯位移及良好的生物相容性。当 pH 为 7.1～10.1 时，探针的发射峰为 550 nm。当探针与 Zn^{2+} 结合后，其发射峰蓝移至 544 nm。这是由于 NBD 4 位上氨基与吡啶对 Zn^{2+} 的协同配位导致 ICT 过程被阻断。

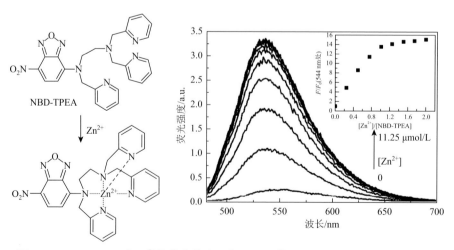

图 1-5 NBD-TPEA 对 Zn^{2+} 的荧光传感示意图及 Zn^{2+} 对 NBD-TPE 发射光谱的影响

3. 荧光共振能量转移

荧光共振能量转移（fluorescence resonance energy transfer，FRET）是指一个荧光基团（给体单元）的荧光光谱与另一个荧光基团（受体单元）的激发光谱相重叠时，给体荧光分子的激发能诱发受体分子发出荧光，同时给体荧光分子自身的荧光强度衰减的光物理过程（图 1-6）[17]。荧光共振能量转移的强度依赖于给体发射谱和受体激发谱的重叠程度，以及给体和受体能量转移的偶极子的相对方位。

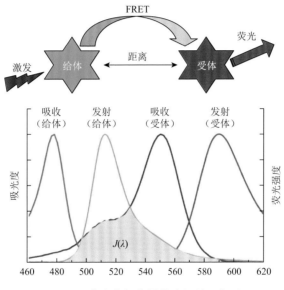

图 1-6　荧光共振能量转移机制示意图

通常来说，基于荧光共振能量转移机制的荧光探针分为两类。第一类是初始化合物本身不能发生共振能量转移，与待分析物结合后，可以发生共振能量转移，从而引起荧光强度或荧光光谱的变化。第二类是初始化合物本身可以发生共振能量转移，与待分析物结合后，共振能量转移效率发生改变，从而引起荧光强度或荧光光谱的变化。例如，Albers 及其合作者[18]以香豆素为给体，罗丹明为受体，基于荧光共振能量转移机制设计合成了一例比率型的过氧化氢荧光探针 RPF1（图 1-7）。由于 RPF1 中的罗丹明基团处于关环状态，只能够发出香豆素的荧光。在过氧化氢（H_2O_2）存在下，罗丹明开环并导致荧光共振能量转移过程的发生，罗丹明的荧光发射随着过氧化氢浓度的增加而增强。该探针对过氧化氢具有优异的选择性，且可用于检测细胞内源性过氧化氢的产生。

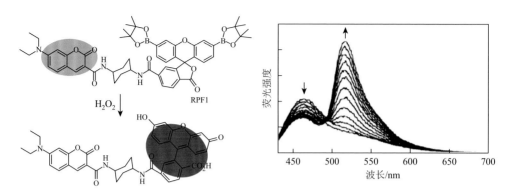

图 1-7　RPF1 对过氧化氢的荧光检测示意图及过氧化氢对 RPF1 发射光谱的影响

4. 激基缔合物形成/消失

激基缔合物（excimer）是指处于激发态的分子与基态下的同种分子相互作用，形成的一种激发态缔合物[19]。由于分子间的相互缔合作用，降低了激发态的能量，改变了原来分子的发光特性，因此激基缔合物的荧光光谱与其单体的荧光光谱完全不同。一般而言，单体荧光谱带是有精细结构的，谱带较窄；而激基缔合物的荧光谱带相对于单体荧光谱带要红移，而且是无精细结构的宽谱带。芘是常见的可以形成激基缔合物的荧光化合物，芘单体荧光光谱具有精细的光谱结构，同时，芘单体荧光发射强度与激基缔合物荧光发射强度的比例对微环境极为敏感，这些特征使芘在荧光传感领域得到了广泛的应用。

蛋白质磷酸化是一种普遍存在的蛋白质翻译后修饰，其作用之一是作为控制蛋白质激活状态的开关。信号通路中磷酸化蛋白的过度表达是许多人类疾病的标志，尤其是邻近的磷酸化残基是某些激活疾病相关蛋白质的特性。Kraskouskaya 等[20]以芘作为荧光基团，利用激基缔合物形成策略发展了一例对邻近双磷酸化蛋白具有特异性识别功能的荧光探针 pY（图 1-8）。当蛋白质发生单磷酸化时，探针 pY 的荧光主要表现为单体发光。而当蛋白质在邻近的位置上发生双磷酸化时，能够诱导探针 pY 靠近形成激基缔合物 pYpY，并发出强烈的绿色荧光。该荧光探针对邻近双磷酸化蛋白在溶液以及聚丙烯酰胺凝胶中的检测限分别为 0.6 μmol/L 和 0.6 μg。

5. 激发态分子内质子转移

激发态分子内质子转移（excited-state intramolecular proton transfer，ESIPT）是指某些有机分子在光、热、电等作用下，分子被激发到激发态时，分子中某一基团上的质子通过分子内氢键转移到邻近的 N 等杂原子上，形成互变异构体的过程[21]。

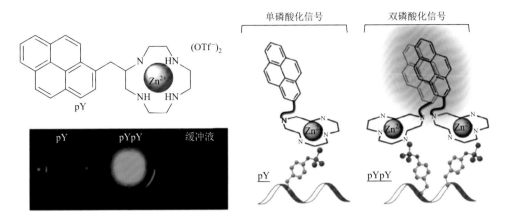

图 1-8 探针 pY 对邻近双磷酸化蛋白荧光检测示意图

如图 1-9 所示，烯醇式异构体受到激发，跃迁到单重激发态，快速发生 ESIPT 过程，得到酮式异构体单重激发态，最终以荧光的方式返回基态。通常来说，基于 ESIPT 机制的荧光探针的设计策略是通过活性单元特异性阻断 ESIPT 荧光团的氢键给体，从而阻止 ESIPT 过程。此时，因为没有可转移的质子，只能观察到烯醇式的发射。当探针的反应单元与待分析物接触后，则可实现酮式结构，从而激活 ESIPT 过程。

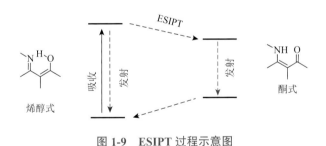

图 1-9 ESIPT 过程示意图

基于 ESIPT 机制，Hu 等[22]发展了一例具有超高灵敏度的氟离子荧光探针 3-BTHPB（图 1-10）。3-BTHPB 是典型的 ESIPT 分子，具有双重发射（418 nm 和 560 nm）。将叔丁基二苯基硅烷基团引入到 3-BTHPB 的—OH 上，得到了化合物 BTTPB。由于 ESIPT 过程被阻断，BTTPB 只表现出蓝色荧光。当加入氟离子时，BTTPB 中的 Si—O 键立即被切断，生成 3-BTHPB。由于 ESIPT 过程的恢复，可在水中检测到明亮的黄色荧光。利用该方法可以快速检测水中的氟离子，且检测限可低至 0.95 ppb（1ppb = 10^{-9}）。

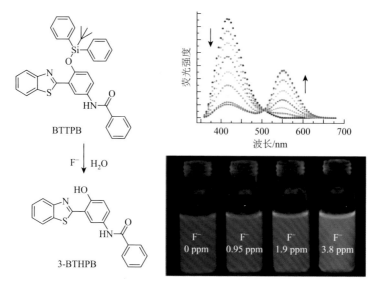

图 1-10　BTTPB 对氟离子的检测示意图及氟离子对 BTTPB 发射光谱的影响

1ppm = 10^{-6}

1.2　聚集诱导发光

1.2.1　聚集诱导发光现象及机理

大多数有机荧光团具有大 π 共轭体系，在稀溶液中有较强的荧光，但在聚集状态（高浓度溶液或固态）下，荧光减弱甚至完全消失。这就是常见的聚集导致荧光猝灭（aggregation-caused quenching，ACQ）现象。例如，当芘分子（图 1-11），溶解在四氢呋喃中时，能够发出强的蓝色荧光。随着不良溶剂水比例的增加，芘分子的荧光逐渐减弱。当水含量为 80vol%（vol%表示体积分数）时，荧光发生显著减弱。当水含量为 90vol%时，由于分子的严重聚集，荧光几乎完全猝灭。分子间紧密的 π-π 堆积使平面刚性结构的芘分子在聚集状态形成激基缔合物，从而导致非辐射跃迁的发生，荧光减弱甚至消失。一方面，由于荧光材料在实际使用时通常被制成固体或薄膜，分子间的聚集不可避免。另一方面，由于荧光分析通常在水相或生理环境中进行，因有机荧光团较强的疏水性而导致分子间的聚集也无法避免。显然 ACQ 现象严重制约了荧光材料的应用，尤其限制荧光探针在水相或生理环境中的应用。为获取具有较高聚集体发光效率的材料，科学家们尝试使用各种方法阻止荧光分子的聚集，如控制有机分子的化学结构，引入长的烷基链作为取代基，合成大的枝状分子等。这些方法虽取得了一些成效，但复杂的合成路线及相对低的产率仍限制了该类材料的开发和应用。

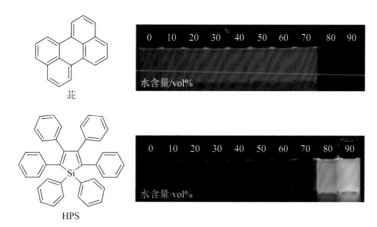

图 1-11 ACQ 与 AIE 现象示意图

2001 年，Tang 课题组在研究硅杂环戊二烯（silole）衍生物时，发现了特殊的聚集诱导发光（aggregation-induced emission，AIE）现象[23]。与上述 ACQ 现象完全相反，具有扭曲的螺旋桨构型的 AIE 分子，在溶液中几乎不发光，但在聚集状态或固态下发光强度显著增强。以六苯基噻咯（HPS）为例（图 1-11），当 HPS 分子溶解在四氢呋喃中时，几乎看不到荧光，而当水含量为 80vol%时，HPS 的荧光突然出现，并在 90vol%时再次增强。

经过多年理论研究与实验佐证，分子内运动受限（restriction of intramolecular motion，RIM）被认为是 AIE 现象产生的主要原因（图 1-12）[24, 25]。分子内运动主要包括分子内旋转和分子内振动。当分子处于溶解状态时，由于分子内的运动将激发态能量以非辐射跃迁的形式耗散掉，因此发光较弱甚至不发光。而当分子

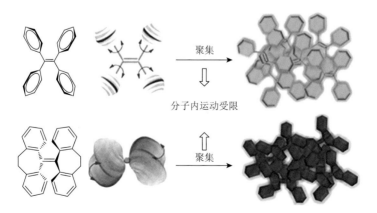

图 1-12 聚集诱导发光机制示意图

处于聚集状态时，分子之间的紧密堆积导致分子内运动受到限制，此时，激发态的能量主要以辐射跃迁的形式回到基态。利用 RIM 机制可以解释绝大多数的 AIE 现象，该机制也可指导科学家构建种类丰富的 AIE 体系。

1.2.2 聚集诱导发光探针

AIE 概念的提出，很大程度上改变了人们对于传统发光现象的认识，并从根本上克服了 ACQ 现象，引起了国际上的广泛关注。AIE 分子独特的发光行为及高的聚集态发光效率使其广泛应用于光电器件、化学传感、生物成像等领域[26-30]。与传统荧光探针不同，AIE 探针能够在高浓度下工作而不受 ACQ 效应的影响。考虑探针的实用性和生物兼容性，可构建水溶性 AIE 探针。该类探针能够保证在水溶液中具有较低的荧光，当与目标分析物作用之后所产生的聚集体能够限制分子内运动，从而有效激活荧光。因此，AIE 探针普遍具有背景低、灵敏度高等特点[31-33]。除此之外，AIE 探针通常还具有优异的光稳定性和较大的斯托克斯位移等优点。基于 AIE 探针的设计原理，大致有以下几类（图 1-13）：

（1）非共价相互作用。非共价相互作用包括静电相互作用、氢键、范德华力及金属与配体之间的络合作用等。当 AIE 探针与待分析物通过非共价相互作用结合后，能够形成具有强荧光发射的聚集体。例如，电正性的 AIE 探针与相反电性的生物大分子（如 DNA、RNA 及肝素等）可通过静电相互作用形成静电复合物，用于生物大分子的灵敏分析检测。

（2）溶解度变化。该原理通常涉及酶或特定化学物质与 AIE 探针中亲水性基团之间的催化反应。当酶或特定化学物质选择性催化切除亲水性基团后，AIE 探针的溶解度会显著降低，进一步形成具有高荧光发射的聚集体。为确保荧光检测的选择性和可靠性，该策略通常需要特殊设计的亲水性基团来响应特定的酶或化学物质。

（3）特异性识别。该原理是基于靶向配体与待分析物的特异性识别作用。通常需向 AIE 分子中引入特定的靶向配体，AIE 探针的靶向配体与待分析物之间较强的亲和力能够限制 AIE 分子内运动，激活荧光。

（4）PET 或能量转移（ET）中断。该原理通常涉及 PET 或 ET 过程的破坏。AIE 探针需用猝灭基团修饰，或与猝灭剂混合。由于 PET 或 ET 过程的存在，AIE 探针发光较弱或不发光。一旦待分析物与猝灭剂发生反应，触发猝灭能力失活或使猝灭基团脱离 AIE 分子，荧光便立即恢复。在某些情况下，ESIPT 结合 AIE 机制能同时触发 RIM 过程，使荧光点亮。由于 ESIPT 过程依赖于分子内氢键，可通过控制氢键的开关状态来实现对待分析物的分析检测。

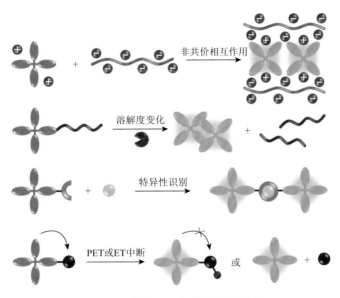

图 1-13 常见 AIE 探针的设计原理

（李　楠）

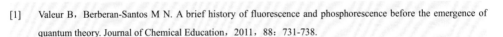

参 考 文 献

[1] Valeur B，Berberan-Santos M N. A brief history of fluorescence and phosphorescence before the emergence of quantum theory. Journal of Chemical Education，2011，88：731-738.

[2] Valeur B. Molecular Fluorescence. Weinheim：Wiley-VCH，2002.

[3] 许金钩，王尊本. 荧光分析法. 3 版. 北京：科学出版社，2006.

[4] 费学宁，等. 靶向生物荧光探针制备技术. 北京：科学出版社，2013.

[5] 李悦，郭东升，阮文娟. 光致发光与荧光传感：光化学基本原理的应用. 大学化学，2019，34：45-50.

[6] Martínez-Máñez R，Sancenón F. Fluorogenic and chromogenic chemosensors and reagents for anions. Chemical Reviews，2003，103：4419-4476.

[7] 房喻. 薄膜基荧光传感技术与应用. 北京：科学出版社，2019.

[8] 马会民. 光学探针与传感分析. 北京：化学工业出版社，2020.

[9] Wu J，Liu W，Ge J，et al. New sensing mechanisms for design of fluorescent chemosensors emerging in recent years. Chemical Society Reviews，2011，40：3483-3495.

[10] 韩庆鑫，石兆华，唐晓亮，等. 荧光化学传感器的研究与应用. 兰州大学学报，2013，49：416-428.

[11] Daly B，Ling J，de Silva A P. Current developments in fluorescent PET（photoinduced electron transfer）sensors and switches. Chemical Society Reviews，2015，44：4203-4211.

[12] Gabe Y，Urano Y，Kikuchi K，et al. Highly sensitive fluorescence probes for nitric oxide based on boron dipyrromethene chromophore rational design of potentially useful bioimaging fluorescence probe. Journal of the American Chemical Society，2004，126：3357-3367.

[13] Lee M H，Park N，Yi C，et al. Mitochondria-immobilized pH-sensitive off-on fluorescent probe. Journal of the

American Chemical Society, 2014, 136: 14136-14142.

[14] Zhu H, Fan J, Wang J, et al. An "enhanced PET"-based fluorescent probe with ultrasensitivity for imaging basal and elesclomol-induced HClO in cancer cells. Journal of the American Chemical Society, 2014, 136: 12820-12823.

[15] Urano Y, Kamiya M, Kanda K, et al. Evolution of fluorescein as a platform for finely tunable fluorescence probes. Journal of the American Chemical Society, 2005, 127: 4888-4894.

[16] Qian F, Zhang C, Zhang Y, et al. Visible light excitable Zn^{2+} fluorescent sensor derived from an intramolecular charge transfer fluorophore and its *in vitro* and *in vivo* application. Journal of the American Chemical Society, 2009, 131: 1460-1468.

[17] Sapsford K E, Berti L, Medintz I L. Materials for fluorescence resonance energy transfer analysis: beyond traditional donor-acceptor combinations. Angewandte Chemie International Edition, 2006, 45: 4562-4588.

[18] Albers A E, Okreglak V S, Chang C J. A FRET-based approach to ratiometric fluorescence detection of hydrogen peroxide. Journal of the American Chemical Society, 2006, 128: 9640-9641.

[19] Wang G, Zhao K, Fang Y. Fluorescence sensors based on aggregation induced excimer emission. Chemistry, 2014, 77: 292-301.

[20] Kraskouskaya D, Bancerz M, Soor H S, et al. An excimer-based, turn-on fluorescent sensor for the selective detection of diphosphorylated proteins in aqueous solution and polyacrylamide gels. Journal of the American Chemical Society, 2014, 136: 1234-1237.

[21] Kwon J E, Park S Y. Advanced organic optoelectronic materials: harnessing excited-state intramolecular proton transfer (ESIPT) process. Advanced Materials, 2011, 23: 3615-3642.

[22] Hu R, Feng J, Hu D, et al. A rapid aqueous fluoride ion sensor with dual output modes. Angewandte Chemie International Edition, 2010, 49: 4915-4918.

[23] Luo J, Xie Z, Lam J W Y, et al. Aggregation-induced emission of 1-methyl-1, 2, 3, 4, 5-pentaphenylsilole. Chemical Communications, 2001, (18): 1740-1741.

[24] 张双, 秦安军, 孙景志, 等. 聚集诱导发光机理研究. 化学进展, 2001, 23: 623-636.

[25] Mei J, Hong Y N, Lam W Y J, et al. Aggregation-induced emission: the whole is more brilliant than the parts. Advanced Materials, 2014, 26: 5429-5479.

[26] Mei J, Leung N L C, Kwok R T K, et al. Aggregation-induced emission: together we shine, united we soar! Chemical Reviews, 2015, 115: 11718-11940.

[27] Hong Y, Lam J W Y, Tang B Z. Aggregation-induced emission. Chemical Society Reviews, 2011, 40: 5361-5388.

[28] Kwok R T K, Leung C W T, Lam J W Y, et al. Biosensing by luminogens with aggregation-induced emission characteristics. Chemical Society Reviews, 2015, 44: 4228-4238.

[29] 唐本忠, 董宇平, 秦安军. 聚集诱导发光. 北京: 科学出版社, 2020.

[30] 韩鹏博, 徐赫, 安众福, 等. 聚集诱导发光. 化学进展, 2022, 34: 1-130.

[31] Gao M, Tang B Z. Fluorescent sensors based on aggregation-induced emission: recent advances and perspectives. ACS Sensors, 2017, 10: 1382-1399.

[32] Zhu C L, Kwok R T K, Lam J W Y, et al. Aggregation-induced emission: a trailblazing journey to the field of biomedicine. ACS Applied Bio Materials, 2018, 1: 1768-1786.

[33] 杜宪超, 王佳, 秦安军, 等. 聚集诱导发光探针分子在荧光传感中的应用. 科学通报, 2020, 65: 1428-1447.

第 2 章

聚集诱导发光材料用于化学传感与分析

2.1 金属离子

金属离子广泛存在于自然界中，其中有的在生物过程及生命健康中起着至关重要的作用，如铜离子、铁离子、锌离子等；而有的则对环境和健康具有极大的危害，如汞离子、铅离子、镉离子等。因此，开发金属离子的灵敏检测方法对生命健康、环境保护及工农业生产等都具有非常重要的意义。AIE 分子独特的发光行为和发光机制使其在金属离子的分析检测中具有显著的优势[1-3]。金属离子常与电负性的杂原子（N、O、S、P）之间具有较强的配位能力，因此金属-配体之间的配位作用是设计 AIE 型金属离子探针的主要策略。另一种设计 AIE 型金属离子探针的策略是基于金属离子参与的化学键形成或断裂。通常将含有杂原子的配位基团或特异性反应基团与 AIE 发光团连接，当金属离子与配位基团配位或选择性与反应基团反应，探针的聚集形式或化学结构会发生明显变化，进而导致荧光的开启或熄灭。

2.1.1 碱金属和碱土金属离子

1. 钾离子

钾离子（K^+）是生物体内最丰富的离子之一，在各种生理活动中发挥着极其重要的作用，生物体内 K^+ 浓度的异常与许多疾病的发生密切相关。因此，对于 K^+ 的分析检测在过去十几年引起了广泛的关注。冠醚是一类人工合成受体，其分子结构中含有大环空腔结构，可以选择性地络合金属离子。Liu 等[4]将 AIE 效应与超分子识别相结合，设计合成了一种点亮型 K^+ 荧光探针 TPE-(B15C5)$_4$。如图 2-1 所示，TPE-(B15C5)$_4$ 是将四个苯并-15-冠-5 基团通过经典的巯基-烯点击反应连接在具有 AIE 效应的四苯乙烯（TPE）基团上。其中，TPE 和苯并-15-冠-5

分别作为荧光报告基团和 K^+ 的识别基团。TPE-(B15C5)$_4$ 溶于四氢呋喃溶液中时，几乎没有荧光，但加入 K^+ 后，K^+ 能够与苯并-15-冠-5 基团以 1∶2 的络合比交联形成 K^+/冠醚三明治结构的复合物，诱导 TPE-(B15C5)$_4$ 发生聚集，荧光显著增强。TPE-(B15C5)$_4$ 对 K^+ 的检测限可低至 1 μmol/L，且在其他阳离子存在下，对 K^+ 的检测仍然具有优异的选择性。

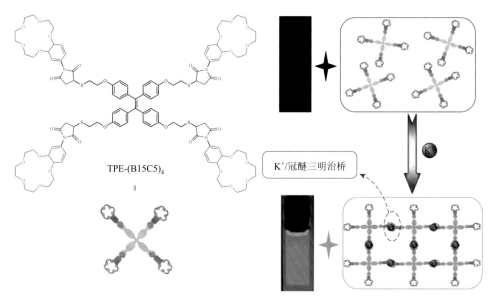

图 2-1　TPE-(B15C5)$_4$ 对 K^+ 的检测示意图

G-四链体是 DNA 的二级结构，中心有一个由 4 个带负电的羰基氧原子围成的"口袋"，可与体积合适的 K^+ 相互作用。因此，G-四链体作为一类经典的 K^+ 识别单元，已被广泛应用于 K^+ 探针的构建。Zhang 等[5]将富含鸟嘌呤（G）的核苷酸共价修饰到 TPE 基团上，构建了一例基于 AIE 机制的 K^+ 荧光探针（TPE-oligonucleotide）。其中 TPE 基团作为荧光报告基团，核苷酸作为 K^+ 的识别基团（图 2-2）。核苷酸的引入使探针具有良好的水溶性，单体时荧光被猝灭，当与 K^+ 组装形成 G-四链体后，荧光显著增强。得益于特殊的 AIE 效应，该探针对 K^+ 的检测具有较高的灵敏度（是普通 G-四链体探针的 10 倍以上），同时探针具有优异的抗光漂白能力，可用于细胞内 K^+ 的成像和分析。

2. 钙离子

钙离子（Ca^{2+}）是人体中最重要的离子之一，对神经系统信息的传递、细胞内信号的传递、心脏和肌肉功能的调节及激素的分泌等一系列生理过程的正常进

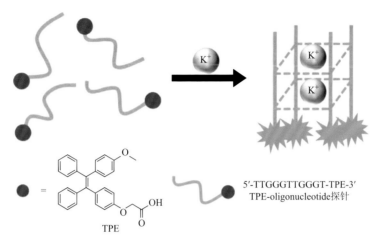

图 2-2　TPE-oligonucleotide 对 K^+ 的检测示意图

行至关重要。Tang 等[6]设计合成了一例基于水杨醛吖嗪（salicylaldazine，SA）结构的 AIE 探针（SA-4CO$_2$Na）（图 2-3）。SA-4CO$_2$Na 自身具有良好的水溶性，分散在水溶液中时，荧光较弱。当向体系中加入 Ca^{2+} 时，Ca^{2+} 与 SA-4CO$_2$Na 分子中的氨基二乙酸基团相结合，形成纤维状聚集体，使体系的荧光增强。相比于其他荧光探针只能检测纳摩尔或微摩尔级别的 Ca^{2+}，SA-4CO$_2$Na 可以检测毫摩尔浓度范围（0.6～3.0 mmol/L）的 Ca^{2+}。这使其能够有效区分高钙血症（1.4～3.0 mmol/L）和正常 Ca^{2+} 浓度（1.0～1.4 mmol/L）。此外，该探针还可用于固体分析物（如砂粒

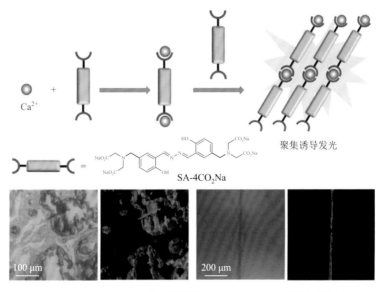

图 2-3　SA-4CO$_2$Na 对 Ca^{2+} 的检测示意图和对 Ca^{2+} 的成像图

体型脑膜瘤切片中的钙沉积、牛骨表面的微裂纹及羟基磷灰石基支架上的微缺陷)中高浓度 Ca^{2+} 的免洗点亮成像。

基于类似原理，Li 课题组[7]将水溶性的双齿吡啶羧酸盐基团引入 TPE 基团中，设计合成了一例能够在水相中对 Ca^{2+} 具有特异性识别的 AIE 荧光探针 **1**（图 2-4）。探针 **1** 与 Ca^{2+} 结合后能有效激活其荧光。当加入螯合剂乙二胺四乙酸（EDTA）后，探针 **1** 从络合物中解离，荧光猝灭，该荧光"开-关"过程可多次可逆进行。探针 **1** 对 Ca^{2+} 的检测具有优异的选择性和灵敏度，检测限可低至 51.2 nmol/L。同时，探针 **1** 具有较低的细胞毒性及较好的细胞膜穿透性，可实现对细胞内 Ca^{2+} 的成像。

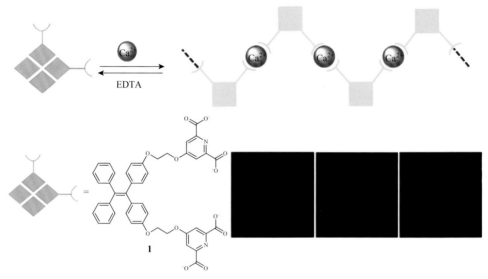

图 2-4 探针 **1** 对 Ca^{2+} 识别机制和对细胞内 Ca^{2+} 的成像图

除了有机小分子表现出特殊的 AIE 效应，一些簇结构的金属配合物也具有显著的 AIE 特性。2012 年，Xie 课题组[8]报道了一类具有 AIE 特性的低聚金-硫醇配合物。随后 Hu 等[9]基于金(Ⅰ)-半胱氨酸[Au(Ⅰ)-Cys]配合物的 AIE 效应，发展了一种简单、快速的 Ca^{2+} 检测方法（图 2-5）。寡聚的 Au(Ⅰ)-Cys 配合物在溶液中几乎没有荧光，但在 Ca^{2+} 存在下，Ca^{2+} 能够与 Cys 发生配位，从而拉近 Au(Ⅰ)-Cys 配合物彼此之间的距离，使其形成紧密的聚集体并激活其 AIE 特性。如图 2-5 的荧光照片所示，在常见的 22 种金属离子中，Au(Ⅰ)-Cys 只对 Ca^{2+} 有明显的荧光点亮特性，表明其对 Ca^{2+} 的检测具有优异的选择性。他们进一步将 Au(Ⅰ)-Cys 配合物应用到实际样品（饮用水、牛奶及血清）中 Ca^{2+} 的检测，均取得了良好的结果。

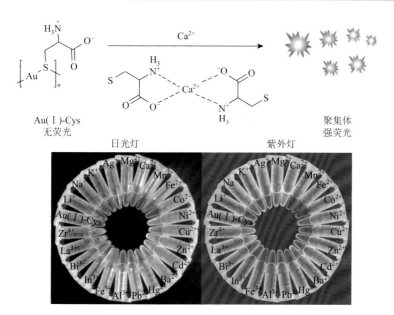

图 2-5 Au(Ⅰ)-Cys 对 Ca^{2+} 检测示意图和在日光灯、紫外灯照射下对不同金属离子的响应照片

多硫化芳香族化合物通常用于氧化还原传感器、配合物及有机器件等领域的研究。最近有研究报道多硫苯化合物具有特殊的聚集诱导磷光（aggregation-induced phosphorescence，AIP）现象[10]。这种特殊的 AIP 效应为利用多硫苯化合物构建灵敏的磷光传感器提供了可能。Qian、Pan 等[11]基于多硫苯衍生物的 AIP 效应，将羧酸基团引入多硫苯中，发明了一例 Ca^{2+} 的磷光传感器 CaP1。如图 2-6 所示，Ca^{2+} 能与 CaP1 中的羧酸基团及 CN 配位，诱导 CaP1 发生聚集，从

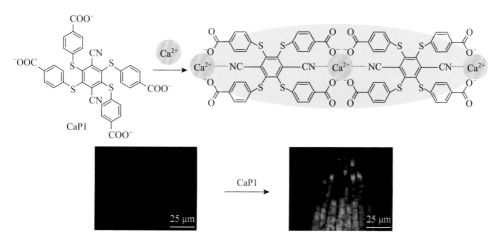

图 2-6 CaP1 对 Ca^{2+} 的检测示意图和对拟南芥植物中的 Ca^{2+} 成像图

而激活其磷光。该探针对 Ca^{2+} 检测的线性范围为 3.3~200.0 μmol/L，检测限为 0.6 μmol/L。与荧光相比，磷光具有较长的寿命，能够有效降低背景自发荧光的干扰。利用门控技术，在延迟时间为 10.0 ms 的条件下，CaP1 对血清中 Ca^{2+} 检测的线性范围仍能保持在 10.0~200.0 μmol/L。此外，该探针还可对拟南芥植物中的 Ca^{2+} 进行有效成像。

2.1.2 过渡金属离子

1. 汞离子

汞离子（Hg^{2+}）是具有剧毒的重金属离子，Hg^{2+} 可与体内蛋白质中电负性基团如巯基结合，不仅会破坏人体的新陈代谢，而且会损伤中枢神经系统和免疫系统，对人类生命健康构成威胁。因此，对于 Hg^{2+} 的检测意义重大。Lee 等[12]将 TPE 基团连接在对 Hg^{2+} 具有特异性识别能力的短肽上，构建了一例用于纯水中 Hg^{2+} 检测的 AIE 荧光探针 2。短肽的引入使该探针具有优异的水溶性，在水中几乎不发光。当 Hg^{2+} 与探针络合后，探针发生聚集并在 470 nm 处表现出显著的荧光信号（图 2-7）。该探针对 Hg^{2+} 具有相当高的检测灵敏度，1 eq.（当量）的 Hg^{2+} 就能使探针的荧光达到饱和，其检测限可低至 5.3 nmol/L。在其他金属离子存在的情况下，该探针对 Hg^{2+} 仍然具有优异的识别能力。此外，该探针能够顺利穿透细胞膜并对细胞内的 Hg^{2+} 实现点亮型荧光检测。

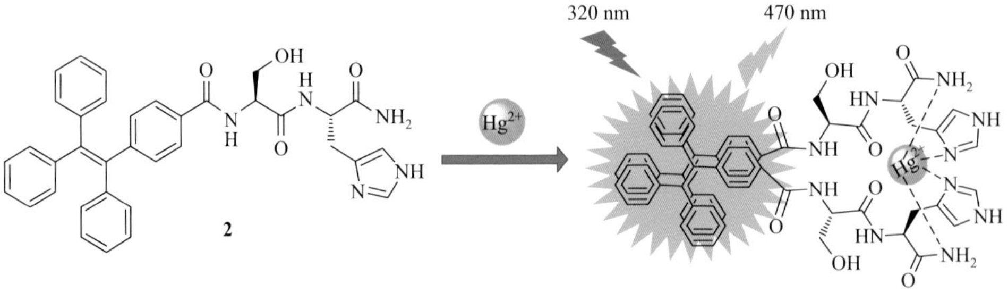

图 2-7 探针 2 对 Hg^{2+} 的识别示意图

多肽的模块化结构为构建响应型超分子组装体提供了可定制的平台，这些超分子组装体可作为功能生物材料和智能传感器。Huang 和 Zhao 等[13]利用分子设计调节短肽组装并将其应用于 Hg^{2+} 的检测（图 2-8）。他们将具有 AIE 效应的 TPE 基团引入到三肽结构中，使其能够对组装过程和识别过程进行有效的可视化。实验结果发现，在配位作用和非共价相互作用的驱动下，Hg^{2+} 的加入可以使含有 α-GSH 片段的 Pep2-TPE 组装形成扭曲的纳米纤维，进而导致荧光强度增强。

Pep2-TPE 对 Hg^{2+} 的检测具有较高的特异性和纳摩尔（nmol）级别的响应特性。得益于 Pep2-TPE 良好的生物相容性，Pep2-TPE 可用于活细胞和斑马鱼中 Hg^{2+} 的成像和检测。

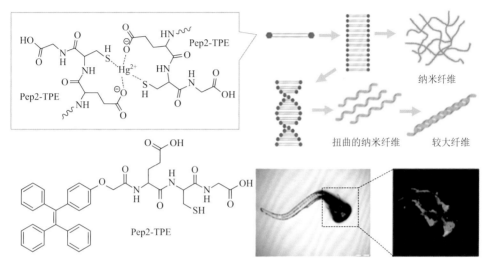

图 2-8　Pep2-TPE 对 Hg^{2+} 的检测示意图和对斑马鱼中 Hg^{2+} 的成像图（及其局部放大图）

Zhu、Li 和 Kong 等[14]报道了一例水溶性探针（Tmbipe）用于 Hg^{2+} 及有机汞的检测分析（图 2-9）。Tmbipe 由带正电的甲基苯并咪唑基团与 TPE 分子组成。甲基苯并咪唑基团赋予了 Tmbipe 分子良好的水溶性，几乎检测不到荧光。Tmbipe 可与两个 Hg^{2+} 或者两个有机汞（甲基汞和苯基汞）配位形成双核汞（Ⅱ）四卡宾配合物，进一步自组装形成纳米聚集体，激活探针的荧光。该探针具有低背景、高荧光强度及快速响应等特点，也可对细胞内汞物种进行有效成像。

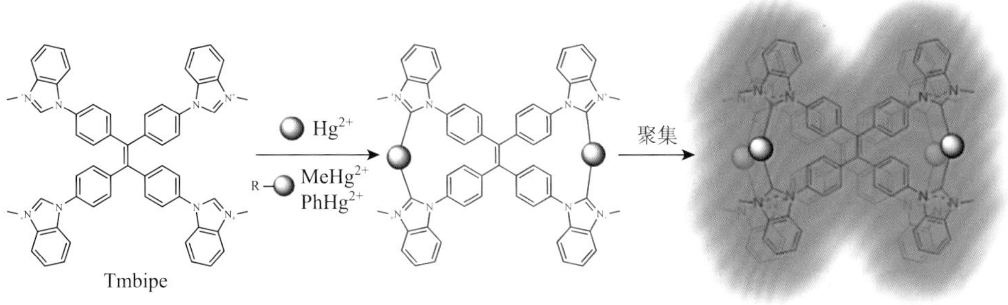

图 2-9　Tmbipe 对 Hg^{2+} 识别示意图

Yang 课题组[15]将胸腺嘧啶基团作为侧臂连接在联苯拓展型柱[6]芳烃主体结构上，作为主体分子（H）；将具有 AIE 性质的季铵盐基 TPE 分子作为客体分子（G），二者通过主客体键合形成线型超分子荧光聚合物体系。该超分子体系可通过"胸腺嘧啶-Hg^{2+}-胸腺嘧啶"特异性作用与 Hg^{2+} 结合形成新型的三维超分子聚合物纳米颗粒，并伴随明显的超分子组装诱导荧光增强（supramolecular assembly-induced emission enhancement，SAIEE）效应。利用该超分子体系，他们成功实现了对水中 Hg^{2+} 的实时、快速和灵敏检测。通过加入硫化钠（Na_2S）的简单处理，可实现 Hg^{2+} 的快速吸附和去除，以及超分子材料无损耗的再生和回收（图 2-10）。

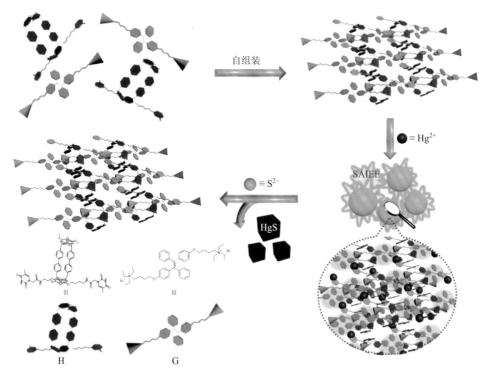

图 2-10　基于超分子组装诱导荧光增强的 Hg^{2+} 检测与分离示意图

具有 AIE 效应的有机小分子大多数具有良好的疏水性，在水含量较高的体系中发生聚集，荧光增强。这也给水相中金属离子的检测带来了不便。2014 年，Tang 课题组[16]开发了一例基于置换机制的 Hg^{2+} 荧光探针（TPEBe-I），可实现在聚集状态及固态下对 Hg^{2+} 的选择性检测［图 2-11（a）］。该探针由 TPE 修饰的苯并噻唑盐和抗衡阴离子［碘离子（I^-）］组成。聚集状态时，TPEBe-I 以紧密离子对的形式存在，促进了 I^- 与阳离子间的有效碰触，导致其荧光猝灭。加入 Hg^{2+} 后，Hg^{2+}

能够与 I^- 结合形成难溶盐 HgI_2，而且 Hg^{2+} 可与苯并噻唑基团上的 S 原子结合使探针发生聚集。I^- 的去除与探针的聚集双重协同作用使体系产生明亮的红色荧光。值得一提的是，该探针可被制备成固态薄膜用于纯水中 Hg^{2+} 的微量检测，检测限可低至 1 μmol/L。

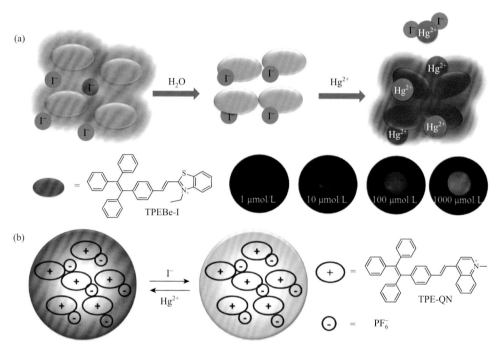

图 2-11　TPEBe-I（a）和 TPE-QN（b）对 Hg^{2+} 的检测示意图

在上述研究基础上，Zhao 等[17]进一步通过精心的分子设计，将探针中电正性的 N 原子从结构内部调整至外围，设计合成了喹啉盐取代的荧光探针（TPE-QN），有效提高了探针对 Hg^{2+} 的检测灵敏度[图 2-11（b）]。TPE-QN 以六氟磷酸根（PF_6^-）作为抗衡阴离子，在聚集状态下具有强烈的荧光。I^- 可与 TPE-QN 形成静电复合物（TPE-QN-I）并猝灭其荧光。由于 Hg^{2+} 和 I^- 之间较强的结合能力，当向 TPE-QN-I 体系中加入 Hg^{2+} 后，可消除 I^- 的猝灭作用，使体系荧光增强。TPE-QN-I 对 Hg^{2+} 的检测限可低至 71.8 nmol/L。由于其优异的检测灵敏度，TPE-QN 可用于自来水及尿液等实际样品中较低浓度的 Hg^{2+} 检测。

化学反应与 AIE 结合，是构建 Hg^{2+} 荧光探针的另一种策略。Chatterjee 等[18]报道了一例基于硼酸基团修饰的 TPE 分子 TPE-B(OH)$_2$。如图 2-12 所示，在 Hg^{2+} 或甲基汞存在下，原本溶解性较好的 TPE-B(OH)$_2$ 能够被快速转化为溶解性较差的 TPE-HgCl 或 TPE-HgMe。TPE-HgCl 或 TPE-HgMe 进一步发生聚集，使体系的荧光增强。利用该方法对 Hg^{2+} 的检测限可低至 0.12 ppm。TPE-B(OH)$_2$ 还具有良好的生物相容性及细胞穿透能力，他们进一步在活细胞及斑马鱼中验证了 TPE-B(OH)$_2$ 对汞物种的成像能力。

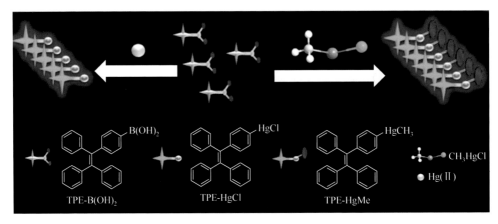

图 2-12　TPE-B(OH)$_2$ 对不同种类汞的检测示意图

2. 镉离子

镉离子（Cd^{2+}）是一种剧毒的重金属离子，在工业及农业生产中广泛存在。体内 Cd^{2+} 超标可引起肺炎、肺气肿、肺水肿等多种疾病的发生。Wang 等[19]将 TPE 基团通过经典的点击反应引入 β-环糊精（cyclodextrin，CD）上，构建了一例具有 AIE 特性的环糊精衍生物 TPE-triazole-CD。TPE-triazole-CD 在 DMSO/H$_2$O（1∶1，*V/V*）体系中几乎不发光。加入 Cd^{2+} 后，Cd^{2+} 与 TPE-triazole-CD 上的三唑基团及 CD 边缘的羟基发生协同配位，形成配合物并在溶液中聚集，荧光增强（图 2-13）。TPE-triazole-CD 对 Cd^{2+} 的检测具有优异的选择性和灵敏性，检测限可低至 0.01 μmol/L。

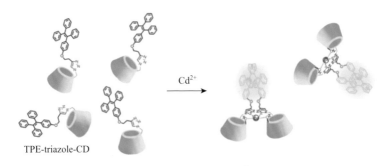

图 2-13　TPE-triazole-CD 对 Cd^{2+} 的检测示意图

3. 银离子

银离子（Ag^+）对生物体具有一定的不利效应，例如，Ag^+可使巯基酶失活；Ag^+可与胺、咪唑及羧酸等多种代谢物结合等。发展Ag^+的荧光探针对环境保护和人类健康都相当重要。已知胞嘧啶可与Ag^+特异性结合生成胞嘧啶-Ag^+-胞嘧啶复合物。基于该原理，Zhang 等[20]向 TPE 分子中引入胞嘧啶基团，构建了一例对Ag^+具有特异性响应的 AIE 探针 **3**，其中腺嘌呤基团作为识别基团，TPE 作为荧光报告基团（图 2-14）。当向体系内加入Ag^+时，探针可以和Ag^+通过分子间或分子内配位的形式形成配合物，进而抑制分子内的旋转，荧光显著增强。他们利用透射电子显微镜（TEM）表征证实了Ag^+可诱导聚集体的形成。当Ag^+浓度为 0～75 μmol/L 时，探针的荧光强度随Ag^+浓度呈现良好的线性增长趋势，对Ag^+的检测限可低至 0.34 μmol/L。在其他阳离子存在的情况下，该探针仍然对Ag^+具有特异性的荧光响应。

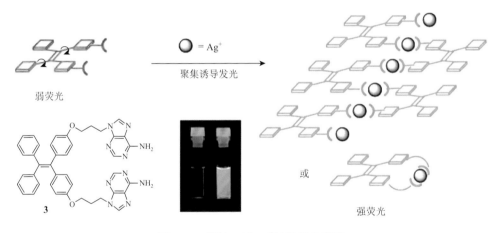

图 2-14 探针 3 对 Ag^+的识别示意图

基于类似的原理，Mei 和 Su 等[21]将 AIE 与振动诱导发光（VIE）相结合，设计合成了一例比率型的 Ag^+荧光探针 **4**。如图 2-15 所示，该探针由 VIE 基团（DPAC）、AIE 基团（TPE）及 Ag^+识别基团（腺嘌呤）组成。其中，DPAC 基团的 VIE 特性使探针可以实现双波长发射，TPE 基团的 AIE 特性可以使探针的荧光信号增强。当探针的腺嘌呤基团与 Ag^+络合后，形成纳米聚集体，进而抑制 DPAC 基团的分子内振动及 TPE 基团的分子内旋转，表现出从橘红色到蓝色的比率型荧光变化。该探针对 Ag^+的检测限可低至 0.1 μmol/L。在其他常见金属离子存在的情况下，该探针仍然对 Ag^+表现出优异的检测灵敏度。

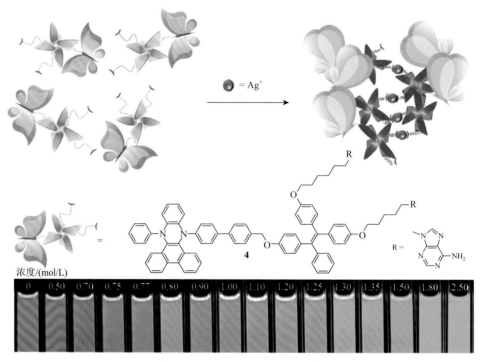

图 2-15 探针 4 对 Ag^+ 检测示意图及在不同浓度 Ag^+ 存在时的荧光响应照片

4. 锌离子

锌离子（Zn^{2+}）是人体内第二大过渡金属离子。研究表明，Zn^{2+} 参与生物过程，包括基因转录、免疫功能及哺乳动物的繁殖等。Zn^{2+} 被认为是导致某些疾病的重要因素，包括阿尔茨海默病、癫痫及缺血性中风等。因此，开发灵敏的 Zn^{2+} 荧光探针是很有必要的。Zhang 课题组[22]设计合成了一例基于 AIE 机理的 Zn^{2+} 荧光探针 **5**。如图 2-16 所示，该探针带有八个羧酸基团，能够完全溶于水中，此时的探针几乎不发光，但当 Zn^{2+} 与探针通过分子间或者分子内配位后，均可降低其溶解性，导致分子发生聚集，荧光增强。该探针对 Zn^{2+} 的检测可在纯水中进行，且对 Zn^{2+} 的检测具有高的选择性和抗干扰能力。利用羧酸酯修饰的探针还可实现细胞内 Zn^{2+} 的成像。

Tang 课题组[23]设计合成了三联吡啶基团修饰的 TPE 分子（TPE2TPy）并将其应用于 Zn^{2+} 的检测（图 2-17）。单独 TPE2TPy 分子在聚集状态下呈现蓝色荧光，当探针中的三联吡啶基团与 Zn^{2+} 配位之后，荧光光谱发生红移且强度增强。他们将这一荧光光谱红移现象归因于 ICT。相比于 TPE 基团，三联吡啶是较强的电子受体，当与 Zn^{2+} 配位后，三联吡啶基团的拉电子能力增强，导致从 TPE 基团到三联吡啶/Zn^{2+} 部分的 ICT 过程的发生。与此同时，TPE 分子的分子内旋转受到限制，荧光增强。

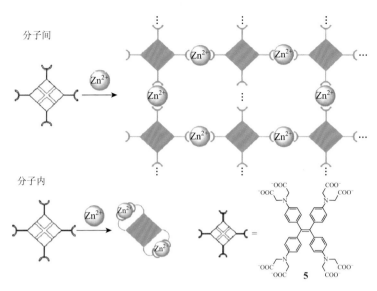

图 2-16　探针 5 对 Zn^{2+} 的响应示意图

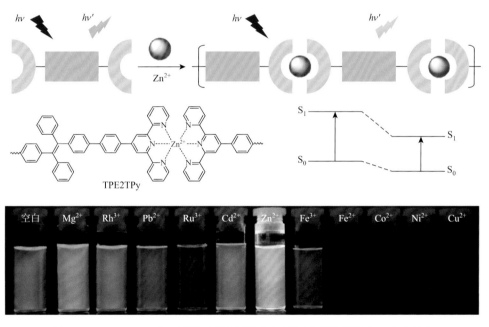

图 2-17　TPE2TPy 对 Zn^{2+} 识别示意图和加入不同金属离子的荧光响应照片

　　Misra 及其合作者[24]设计合成了一例基于肼结构的化合物 **6**（图 2-18）。化合物 **6** 不仅具有显著的 AIE 特性，还对 Zn^{2+} 具有快速灵敏的荧光响应特性。Zn^{2+} 与 **6** 通过 1∶1 的配位比配位形成配合物，消除了 PET 过程，导致配合物出现荧光。继

续增加 Zn^{2+} 浓度后，能够进一步诱导配合物发生聚集，激活 **6** 的 AIE 特性。**6** 对 Zn^{2+} 的检测具有高的选择性，检测限可低至 $1.1×10^{-7}$ mol/L。他们进一步将 **6** 制备成简便试纸用于 Zn^{2+} 的现场分析，检测限可达到 0.1 mmol/L（0.006 ppm）。

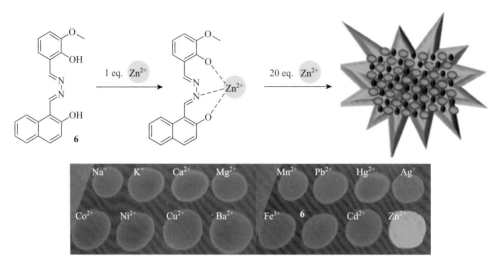

图 2-18　探针 **6** 对 Zn^{2+} 的检测示意图及由 **6** 制备的试纸对不同金属离子的荧光响应照片

Jung 及其合作者[25]报道了一类 Zn^{2+} 诱导自组装形貌转变的体系并将其应用于 Zn^{2+} 的检测（图 2-19）。他们首先设计合成了基于三联吡啶的配体 BT_3。由于分子之间强的氢键和 π-π 堆积相互作用，BT_3 在 $DMSO/H_2O$（1∶99，*V/V*）体系中发生自组装并形成纳米纤维，此时组装体的荧光被猝灭。当加入 Zn^{2+} 后，Zn^{2+} 能够与 BT_3 通过三联吡啶基团进行配位，导致 BT_3 的组装体由纳米纤维转变为纳米颗粒，并伴随着荧光的显著增强。与纯 BT_3 聚集体的荧光相比，BT_3-Zn^{2+} 的荧光增强了约 88 倍。他们认为 Zn^{2+} 与 BT_3 的配位使 BT_3 分子内的自由运动受到限制，抑制了非辐射跃迁通道，从而导致荧光显著增强。他们进一步将该方法应用于尿液中 Zn^{2+} 的检测。

5. 铜离子

二价铜离子（Cu^{2+}）为人体内第三大过渡金属离子，对于许多生物过程至关重要。但是铜作为重金属元素具有很强的毒性，过量的铜摄入会对人体产生伤害。例如，高剂量的 Cu^{2+} 可能导致哺乳动物细胞染色体的断裂。威尔逊病及门克斯病也是两种与铜代谢紊乱密切相关的人类遗传性疾病，因此对 Cu^{2+} 的检测具有重要意义。Li 和 Zhao 等[26]通过在手性化合物联二萘酚上修饰丙二腈乙烯基团，发展了一类基于联二萘酚的手性 AIE 分子。他们将苄基吡啶基团修饰在上述联二萘酚的羟基上，构建了一例对 Cu^{2+} 具有选择性的手性荧光传感器 BINOP-CN［图 2-20（a）］。

第 2 章 聚集诱导发光材料用于化学传感与分析

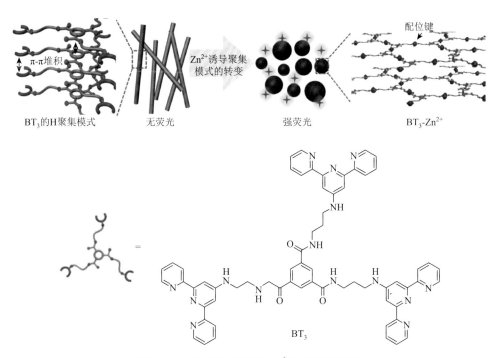

图 2-19 BT$_3$ 的组装及对 Zn^{2+} 的检测示意图

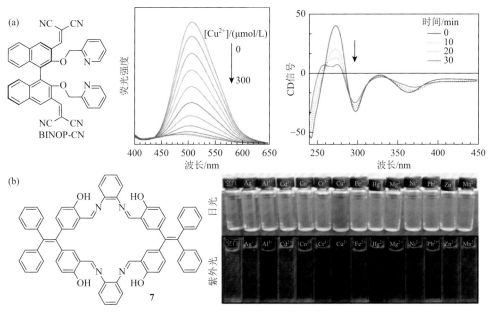

图 2-20 （a）BINOP-CN 的结构式及 Cu^{2+} 对 BINOP-CN 荧光光谱及圆二色谱的影响；
（b）化合物 7 的结构式及加入不同金属离子后在日光和紫外光下的荧光响应照片

BINOP-CN 在聚集状态下呈现明亮的绿色荧光。只有加入 Cu^{2+} 时，体系的荧光被有效猝灭，BINOP-CN 对 Cu^{2+} 的检测限可低至 1.48×10^{-7} mol/L。荧光猝灭的主要原因是 Cu^{2+} 与 BINOP-CN 之间发生了配位（单晶结构证实了配合物的生成），导致 BINOP-CN 到 Cu^{2+} 电荷转移过程的发生。值得一提的是，由于其特殊的手性特征，BINOP-CN 对 Cu^{2+} 表现出少见的圆二色性（CD）信号的响应特性。

Zheng 课题组[27]通过 1, 2-苯二胺和二醛的简单缩合反应，构建了一例具有 AIE 效应的席夫碱基环状化合物 **7**。该化合物可在水溶液中聚集形成纳米纤维，其对 Cu^{2+} 具有显著的裸眼识别和荧光响应特性。当加入 Cu^{2+} 后，化合物 **7** 溶液的颜色由无色转变为黄色，同时荧光发生猝灭。他们将这一变化归因于化合物 **7** 与 Cu^{2+} 形成配合物。该环状化合物对 Cu^{2+} 的检测具有高的灵敏度和选择性，其检测限可低至 1.1 nmol/L，并且在一些实际样品（自来水、湖水及江水等）中表现出良好的检测性能。

众所周知，Cu^{2+} 具有顺磁性，很多荧光传感器对于 Cu^{2+} 的检测都呈现荧光减弱或猝灭的现象。而 AIE 效应为实现 Cu^{2+} 的荧光点亮型检测提供了可能。2011 年，Tanaka 及其合作者[28]报道了一例基于点击反应的点亮型 Cu^{2+} 荧光传感平台（图 2-21）。他们首先构建了带有叠氮基团的 TPE 衍生物（**8**）和含有炔基的二甘醇二丙酸酯。当 Cu^{2+} 和抗坏血酸钠同时存在时，化合物 **8** 和含炔基的二甘醇二丙

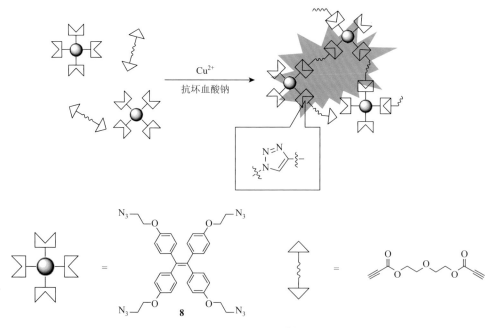

图 2-21　基于点击反应的 Cu^{2+} 传感示意图

酸酯发生点击反应,进而产生共价交联网络结构,限制 TPE 的分子内运动,荧光显著增强。该传感器对 Cu^{2+} 的检测具有优异的选择性,检测限可低至 1 μmol/L,大大低于美国环境保护署(Environmental Protection Agency,EPA)规定的应用水中 Cu^{2+} 的最大浓度。

6. 铁离子

铁是生物体中不可或缺的元素,在酶的产生、代谢转换和免疫功能维护等过程中发挥着重要作用。但生物体内铁离子(Fe^{3+})的异常会损害正常的生理功能。因此,有必要开发体内外 Fe^{3+} 的灵敏检测方法。Tang 课题组[29]报道了一例 TPE 邻位修饰的吡啶化合物(TPE-o-Py),其能够特异性地识别 Fe^{3+}(图 2-22)。只有 Fe^{3+} 的加入能够引起 TPE-o-Py 的荧光从较弱的蓝色转变为较强的红色。实验证明:TPE-o-Py 的解离常数(pK_a)与 Fe^{3+} 水解的 pH 接近,只有水解的 Fe^{3+} 才能诱导 TPE-o-Py 质子化,从而使发射波长红移。利用 TPE-o-Py 对 Fe^{3+} 的特异性识别作用,作者将其应用于细胞内 Fe^{3+} 的成像并取得了良好的结果。

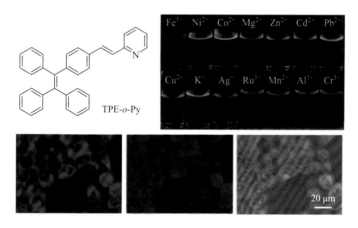

图 2-22　TPE-o-Py 对不同金属离子的荧光响应及对细胞内 Fe^{3+} 的成像图

Wacharasindhu 及其合作者[30]开发了一例基于聚间苯乙炔水杨醛胺(PPE-IM)的 Fe^{3+} 荧光探针(图 2-23)。相比于不稳定的亚胺单体结构,PPE-IM 在水中具有较好的稳定性,这归因于聚合物分子内较强的氢键及侧链之间较强的疏水相互作用。PPE-IM 在水中的荧光极弱,但加入 Fe^{3+},荧光强度急剧增强。核磁共振氢谱分析证明:Fe^{3+} 与 PPE-IM 不可逆的结合导致了亚胺水解产物(PPE-AM)的生成。同时,Fe^{3+} 可诱导 PPE-AM 发生聚集,使其荧光增强。该聚合物对 Fe^{3+} 的检测具有高的灵敏性和选择性,检测限为 0.14 μmol/L。

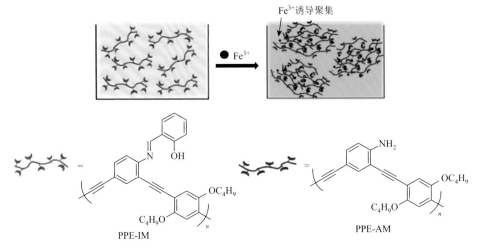

图 2-23　PPE-IM 对 Fe^{3+} 的识别示意图

2.1.3　其他金属离子

1. 铝离子

铝是地壳中第三大普遍存在的金属元素，可溶性的铝离子（Al^{3+}）对于植物生长和人类健康都有一定危害，Al^{3+} 在脑中的过量沉积是引起神经性痴呆疾病的高危因素。因此，对于 Al^{3+} 的检测意义重大。Dong 课题组[31]设计合成了一例由羧酸基团修饰的吡咯衍生物 TriPP-COONa [图 2-24（a）]。TriPP-COONa 具有良好的水溶性，在水中几乎不发光，当加入 Al^{3+} 后，荧光显著增强。他们将这个荧光的点亮行为归因于 TriPP-COONa 与 Al^{3+} 之间较强的静电相互作用以及作用后产物较差的水溶性。值得一提的是，在 Al^{3+} 浓度为 0～10 μmol/L 时，TriPP-COONa 的荧光强度与 Al^{3+} 浓度之间呈良好线性关系，为水中 Al^{3+} 的定量分析提供了有力参考。

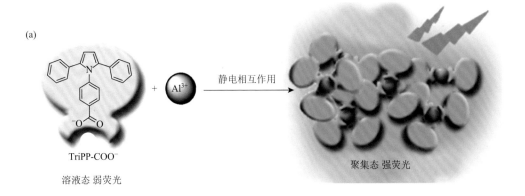

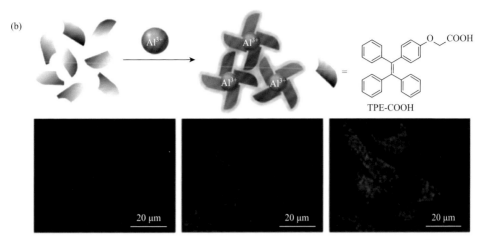

图 2-24 （a）化合物 TriPP-COONa 对 Al^{3+} 的检测示意图；（b）TPE-COOH 对 Al^{3+} 的检测示意图及对细胞内 Al^{3+} 成像图

基于类似原理，Zhao 课题组[32]报道了一例羧基修饰的 TPE 化合物 [TPE-COOH，图 2-24（b）]。羧基的引入使化合物 TPE-COOH 具有良好的水溶性。Al^{3+} 能够诱导 TPE-COOH 分子发生聚集并激发其蓝色荧光。TPE-COOH 对 Al^{3+} 的检测具有较高的选择性和灵敏度，检测限可低至 21.6 nmol/L。由于其良好的水溶性和生物相容性，TPE-COOH 可实现对 HeLa 细胞中 Al^{3+} 的成像及实时监测。即使在不洗涤的条件下，TPE-COOH 依然对细胞内 Al^{3+} 具有高的成像信噪比。

Gopal Das 课题组[33]设计合成了一例基于席夫碱的配体 **9** [图 2-25（a）]。**9** 能够与 Al^{3+} 配位形成配合物，从而限制配体的分子内自由旋转，使荧光增强。有

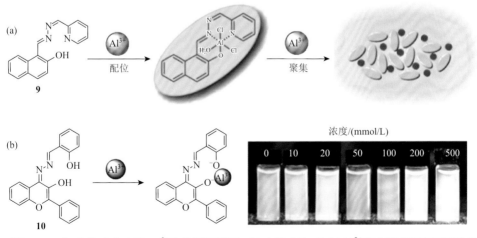

图 2-25 （a）化合物 **9** 对 Al^{3+} 的检测示意图；（b）化合物 **10** 与 Al^{3+} 结合模式和在不同浓度 Al^{3+} 下的荧光响应照片

趣的是，荧光强度会随着 Al^{3+} 浓度的增大而继续增强。他们通过动态光散射实验证明：当 Al^{3+} 浓度从 1 eq. 增加到 10 eq. 时，体系中的平均颗粒尺寸从 333 nm 增加到了 1140 nm，证实了过量 Al^{3+} 的加入使配合物发生聚集，从而激活了其 AIE 效应。**9** 具有良好的生物相容性，可应用于细胞内 Al^{3+} 的成像。

Tong 等[34]报道了一例基于席夫碱的 Al^{3+} 比率型荧光传感器 **10**[图 2-25（b）]。由于 AIE 和 ESIPT 过程的同时存在，传感器在聚集状态下呈现明亮的黄色荧光。Al^{3+} 可以与化合物发生配位，导致黄色荧光减弱，而蓝色荧光显著增强。基于两个波长处荧光强度的比值（I_{461}/I_{537}）则可实现对 Al^{3+} 高灵敏的比率型检测。化合物 **10** 对 Al^{3+} 的检测限可低至 0.29 μmol/L。由于 AIE 特性，化合物 **10** 呈现强的固态荧光。作者进一步将其制备成荧光试纸用于 Al^{3+} 的简单快速检测。该化合物也可实现对细胞中 Al^{3+} 的比率型荧光成像。利用其他席夫碱型 AIE 分子也可实现对 Al^{3+} 的荧光检测[35]。

金属有机骨架（metal-organic framework，MOF）是一种新型的无机-有机杂化材料，不仅具有良好的结构可调性和功能性，而且由于结构的多维性，在气体吸附和分离、催化、化学传感等方面展现出巨大的应用前景。荧光型 MOF 在过去十年吸引了化学和材料等领域众多科研工作者的广泛关注。将 MOF 与 AIE 相结合，可以赋予 MOFs 材料特殊的发光特性，进而实现灵敏的化学传感与检测。Zhao 及其合作者[36]设计了一例羟基功能化的二烯基 AIE 配体，并将其用于构建具有 AIE 特性的 MOF 材料（图 2-26）。该类 AIE 型 MOF 的发光性能可人为定制，

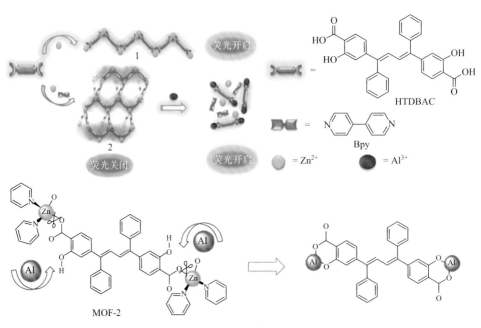

图 2-26　MOF-2 对 Al^{3+} 的检测示意图

以4,4-联吡啶作为杂环辅助配体得到MOF-2。4,4-联吡啶的猝灭效应使MOF-2的荧光被猝灭。但当加入Al^{3+}后，Al^{3+}能够与羟基和羧基发生竞争配位使猝灭剂4,4-联吡啶从MOF-2中解离下来，进而使荧光增强，实现对Al^{3+}的点亮型荧光检测。MOF-2对Al^{3+}的检测不受其他阴离子的影响，具有优异的抗干扰性能。

2. 铅离子

铅制品是工业生产及日常生活中被广泛使用的一类金属制品，铅也被认为是对人类健康最危险的金属之一。铅离子（Pb^{2+}）可在肝脏、肾脏和中枢神经系统中积累，并干扰多种生理过程。长期暴露于高浓度铅环境中会导致多种疾病，如血液中毒、生殖功能障碍、肠胃功能失调等，过量铅的摄入还会影响儿童的智力发育。Banerjee和Chatterjee及其合作者[37]将磷酸基团修饰到TPE分子上，构建了一例基于AIE效应的Pb^{2+}荧光探针**11**（图2-27）。探针分子中的磷酸基团能够与Pb^{2+}发生特异性结合生成配合物，溶解度降低，荧光增强。该探针对Pb^{2+}检测的线性范围为50～250 nmol/L，检测限为10 ppb。这一检测限要低于美国环境保护署设定的饮用水中Pb^{2+}的安全阈值（15 ppb），使该探针具有潜在的实际应用价值。

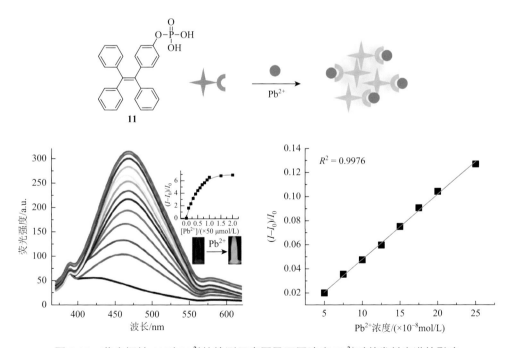

图2-27　荧光探针**11**对Pb^{2+}的检测示意图及不同浓度Pb^{2+}对其发射光谱的影响

Hu、Pei 等[38]发现谷胱甘肽（GSH）包覆的 Au 纳米团簇（GSH-AuNCs）具有典型的聚集诱导荧光增强（aggregation-induced emission enhancement，AIEE）效应。基于 GSH 与 Pb^{2+} 之间强的配位能力及 GSH-AuNCs 特殊的 AIEE 性质，作者开发了一例无标记的点亮型 Pb^{2+} 荧光探针（图 2-28）。当 Pb^{2+} 浓度为 5.0～50 μmol/L 时，GSH-AuNCs 对 Pb^{2+} 的检测具有良好的线性识别能力，检测限为 5 μmol/L。GSH-AuNCs 可实现湖水中 Pb^{2+} 的原位快速检测。

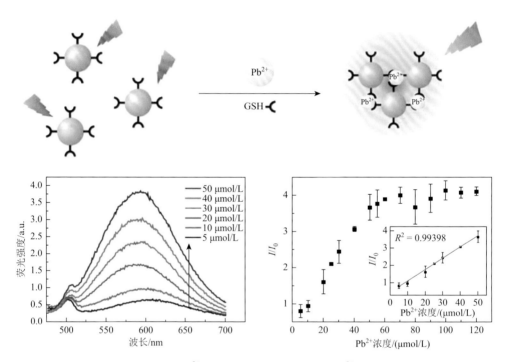

图 2-28　GSH-AuNCs 对 Pb^{2+} 的检测示意图及不同浓度 Pb^{2+} 对其发射光谱的影响

2.2　阴离子

阴离子广泛存在于环境和人体中。一些阴离子在人体内发挥着重要的生理功能，一些阴离子则对人类的健康危害巨大。因此，阴离子的检测对于环境保护和人类健康都是至关重要的。一般来说，在设计合成阴离子荧光探针时需要考虑阴离子的几个特征：①亲核性；②碱性；③可用于配位或超分子相互作用的位点[39,40]。有些阴离子具有高度亲核性，可以与缺电子的官能团发生反应。用于检测该类阴离子的荧光探针通常含有反应基团，这些基团可以与目标阴离子发生亲核反应从而改变其荧光发射。一些阴离子可作为碱，从荧光探针中夺取酸性质子，进而改变探针的溶解度或进一步的化学反应。还有一些阴离子可作为与金属中心配位的单齿或多齿配体，或是参与其他形式的超分子相互作用。这种相互作用可用于设计阴离子探针。

2.2.1 氰根离子

氰根离子（CN⁻）是一类毒性较大的阴离子。氰化物能与细胞色素 c 中的铁结合抑制线粒体电子传递链，对人的致命剂量约为 1.5 mg/kg。CN⁻具有较强的亲核性。利用该特性，结合 AIE 效应，可构建用于 CN⁻检测的 AIE 荧光传感器。Zhang 课题组[41]利用电正性的 Silole 1 和含有三氟乙酰氨基的电中性化合物构建了一例用于 CN⁻检测的传感平台（图 2-29）。电正性的 Silole 1 在水中具有良好的溶解性，荧光极弱。CN⁻可与三氟乙酰氨基发生加成反应使其转变为电负性的分子。此时，电正性的 Silole 1 与电负性的分子以静电相互作用相结合形成聚集体，导致荧光增强。该传感器对 CN⁻的检测具有优异的选择性和灵敏度，检测限为 7.74 μmol/L。

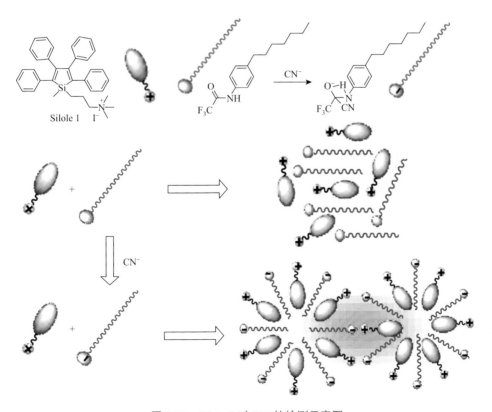

图 2-29　Silole 1 对 CN⁻的检测示意图

在上述研究基础上，Zhang 等[42]发展了基于吲哚盐的 CN⁻荧光探针 **12**（图 2-30）。探针 **12** 分子中含有带正电荷的吲哚盐基团，能够帮助探针分子较好地溶于水中，荧光猝灭。CN⁻会与吲哚盐的 C=N 双键发生加成反应，一方面，破坏分子的共轭，发射波长蓝移；另一方面，生成中性产物，水溶性降低，荧光增强。作者进一步将传感分子与滤纸结合，制备成试纸条，同样对 CN⁻具有优异的检测性能。

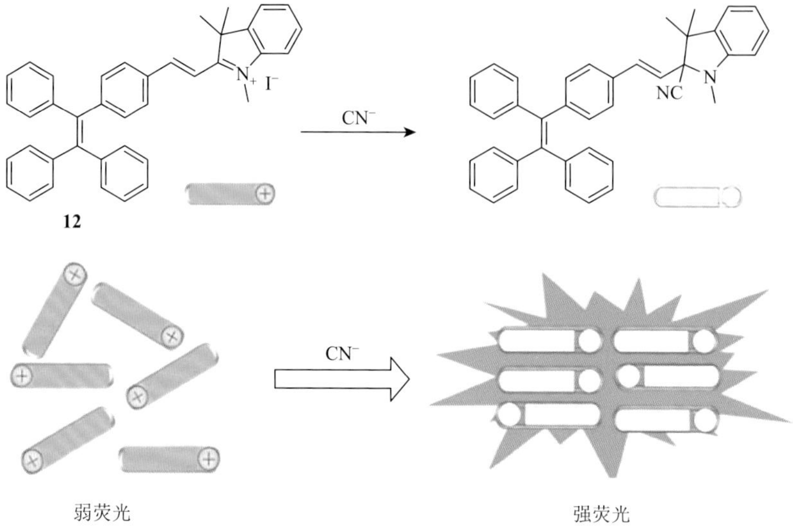

图 2-30　探针 **12** 对 CN⁻的检测示意图

2-氰基乙烯基团是典型的拉电子基团，能够与亲核性较强的 CN⁻发生特异性加成反应，被广泛应用于 CN⁻荧光探针的构建中。Yu 等[43]将 2-氰基乙烯基团修饰的 TPE 衍生物 TPEBM 与阳离子型表面活性剂溴代十六烷基三甲胺（CTAB）相结合，构建了一例对 CN⁻具有高选择性及高灵敏度的传感平台（图 2-31）。CTAB 不仅能够提供疏水环境，改变 TPEBM 的发光行为，而且能够通过静电相互作用吸引 CN⁻，促进其与 TPEBM 反应的进行。加成产物 TPEBM-CN 呈现电负性，亲水性增加，荧光减弱。该方法对 CN⁻的检测限可低至 0.2 μmol/L，并且检测可在 100 s 内完成。

除了发生亲核加成反应，CN⁻还可以与金属中心发生配位。Pigge 等[44]报道了一例具有 AIE 特性的 Co(Ⅱ)配合物 **13**。在 CN⁻存在下，该 Co(Ⅱ)配合物在水中发生配体交换，与 CN⁻以 1∶2 的化学计量比配位形成新的 Co(Ⅱ)配合物 **13-CN**（图 2-32）。新配合物在水中的溶解度降低，发生聚集，荧光增强。动态光散

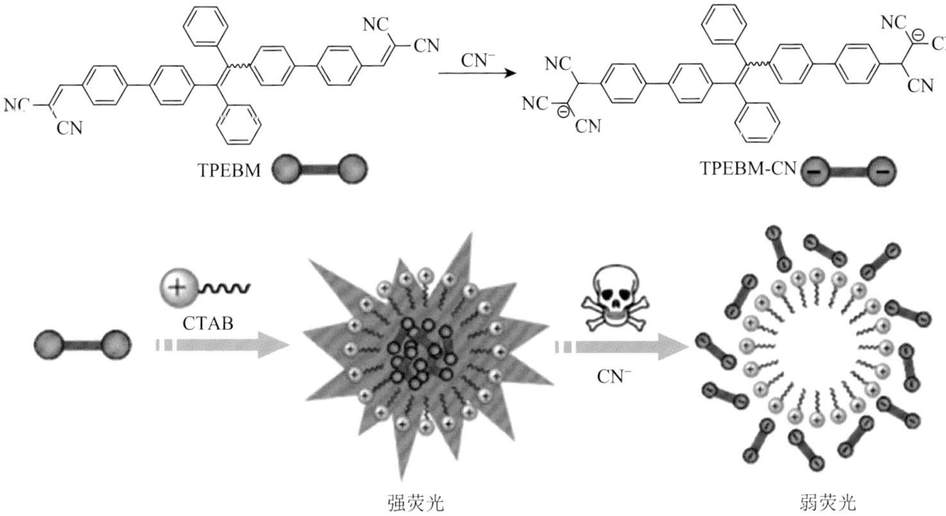

图 2-31 表面活性剂辅助的 TPEBM 对 CN⁻的检测示意图

射（DLS）分析结果也表明 CN⁻参与配位的 Co(Ⅱ)配合物在水中形成了更大纳米聚集体。该配合物对 CN⁻的检测具有优异的选择性和灵敏度，检测限为 0.59 μmol/L。

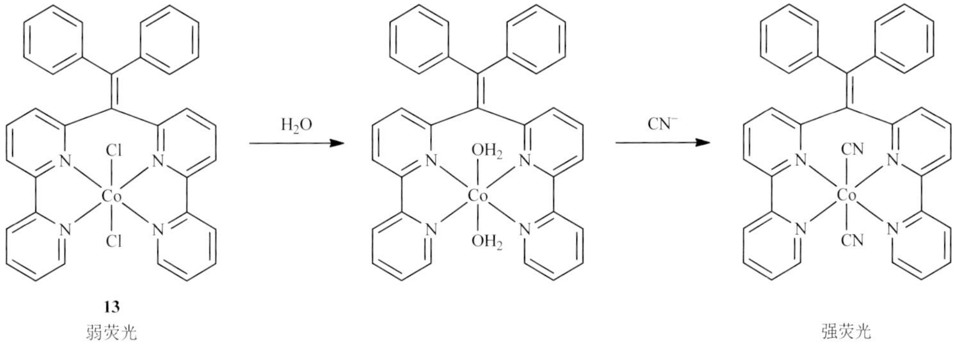

图 2-32 Co（Ⅱ）配合物 13 对 CN⁻的检测示意图

Lin 和 Wei 等[45]报道了一种通过客体竞争过程来控制 AIE 效应的方法，并将其应用于 CN⁻的灵敏检测（图 2-33）。作者首先合成了基于三萘酰亚胺的三元化合物 TG，TG 可以通过分子间强的 π-π 堆积相互作用及氢键自组装形成超分子体系，并显示蓝色荧光。加入三硝基苯酚（PA），由于 TG 与 PA 形成复合物 TG-PA，导致自组装体系发生坍塌，同时荧光被猝灭。当加入 CN⁻后，

TG 的自组装超分子体系恢复，同时荧光被点亮。利用该方法对 CN⁻ 的检测限可低至 7.45×10^{-7} mol/L。

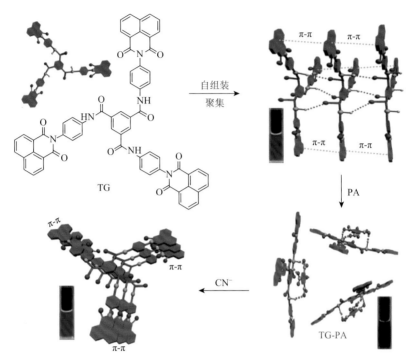

图 2-33　TG 的自组装过程及对 CN⁻ 的检测示意图

2.2.2　卤素阴离子及含卤阴离子

　　卤素阴离子及含卤素的阴离子在工业及生物学中具有重要的作用。氟离子（F⁻）是水中常见的污染离子之一。饮用水中大约 80% 的氟可被人体吸收。适量的氟能增强骨骼的坚固性，并能预防龋齿。但过多摄入氟会损伤人体的健康，引发氟牙症和氟骨症。Li 课题组[46]设计合成了一例 TPE 修饰的吡啶盐衍生物（MOTIPS-TPE）。吡啶基团的引入使 MOTIPS-TPE 在水中具有良好的溶解性，导致其荧光极弱。当加入 F⁻ 后，F⁻ 能够促进 MOTIPS-TPE 中三异丙基硅基的裂解，并生成水溶性较差的水解产物 MOPy-TPE。由于 MOPy-TPE 在水中发生聚集，体系的荧光显著增强，从而实现对 F⁻ 的选择性识别（图 2-34）。MOTIPS-TPE 可用于纯水体系中 F⁻ 的检测，检测限可低至 90 nmol/L。由于其良好的生物相容性，MOTIPS-TPE 也可用于细胞内 F⁻ 的识别。

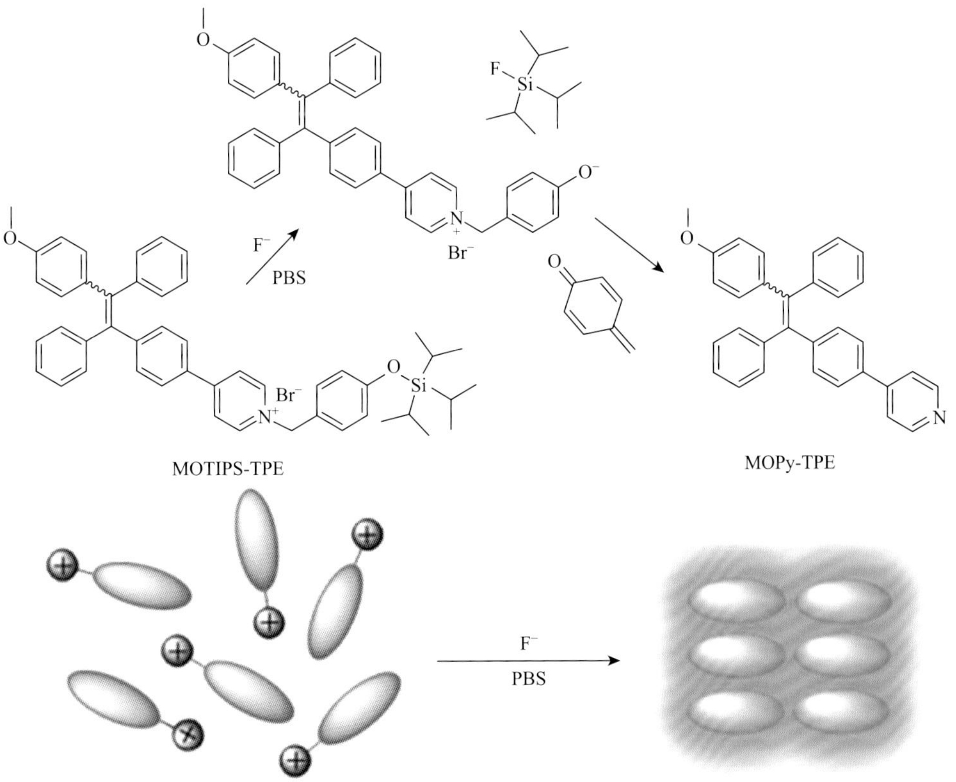

图 2-34　MOTIPS-TPE 对 F⁻ 的检测示意图

一些金属配合物也表现出特殊的聚集诱导磷光特性，例如，研究较多的铱配合物，在荧光检测领域也得到了应用。Zhu 等[47]报道了一例以六氟磷酸根（PF_6^-）作为抗衡阴离子的 AIE 型二核铱配合物 **14**，其在 CH_3CN/H_2O（1∶4）的体系中几乎不发光。但在高氯酸根（ClO_4^-）存在下，配合物的荧光强度可增强大约 430 倍（图 2-35）。DLS、理论计算及单晶结构分析表明：ClO_4^- 的加入促进了该配合物构型的转变，从而溶解性降低，使其发生聚集，荧光显著增强。竞争实验表明其他阴离子均对该配合物的荧光没有明显改变，说明该配合物对 ClO_4^- 的检测具有优异的选择性。他们进一步将该检测方法应用于细胞内 ClO_4^- 的检测并取得了良好的结果。

次氯酸盐是一种不稳定的弱酸盐，广泛用于生活和工业中的废水处理，医院洗衣和消毒，以及造纸工业和纺织工业中的漂白。此外，次氯酸根（ClO^-）在细胞内氧化还原平衡中起重要作用。ClO^- 水平的上升可能会导致组织损伤和一些疾病的发生。Li 课题组[48]报道了一例基于 AIE 机制的高灵敏 ClO^- 荧光传感器 TPE2B。

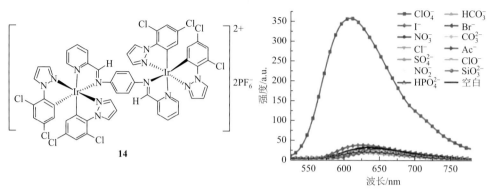

图 2-35 铱配合物 14 对不同阴离子的荧光光谱响应

TPE2B 是硼酸酯基团修饰的 TPE 分子，能与 ClO^- 反应生成水溶性较好的 TPE2OH，使荧光发生猝灭，实现对 ClO^- 的检测（图 2-36）。TPE2B 对 ClO^- 的响应只需 30 s，检测限低至 28 nmol/L。他们还将 TPE2B 制备成简便试纸用于 ClO^- 的检测，可灵敏检测到纯水中 0.1 mmol/L 的 ClO^-。

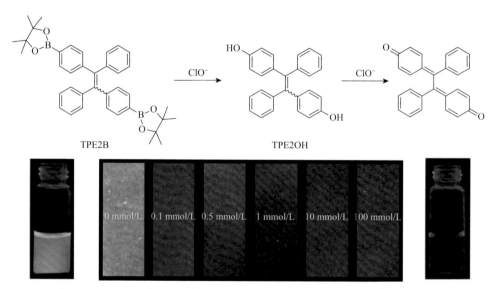

图 2-36 TPE2B 与 ClO^- 的反应及试纸条对不同浓度 ClO^- 的荧光响应照片

2.2.3 硫阴离子及含硫阴离子

硫阴离子及含硫阴离子包括硫离子（S^{2-}）、亚硫酸根离子（SO_3^{2-}）、亚硫酸氢根离子（HSO_3^-）、硫酸根离子（SO_4^{2-}）、硫酸氢根离子（HSO_4^-）等。一些含硫阴离子如 HSO_3^- 和 SO_3^{2-} 对人体健康是有害的。因此，发展含硫阴离子的检测至关重要。Wang 等[49]报道了具有 AIE 效应的铜纳米颗粒。在此基础上，Lu 等[50]利用半胱氨酸作为模板配体，制备了水溶性的铜纳米团簇（CuNCs）。CuNCs 在溶液中表现出弱的蓝色荧光（460 nm）。S^{2-}能够诱导分散的 CuNCs 发生聚集，使荧光强度增强（图 2-37）。当 S^{2-}浓度为 0.2～50 μmol/L 时，CuNCs 对 S^{2-}的检测呈现良好的线性关系，检测限可低至 42 nmol/L。

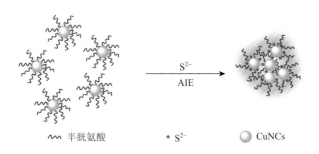

图 2-37　CuNCs 对 S^{2-}的检测示意图

Zhang 等[51]利用 AIE 机理发展了 HSO_4^- 的检测方法（图 2-38）。他们首先设计合成了吡啶基团修饰的 TPE 衍生物 **15**。在化合物 **15** 浓度较高时，其可通过四个吡啶基团与 Hg^{2+}配位形成配合物，进而导致化合物 **15** 的聚集，并触发荧光。

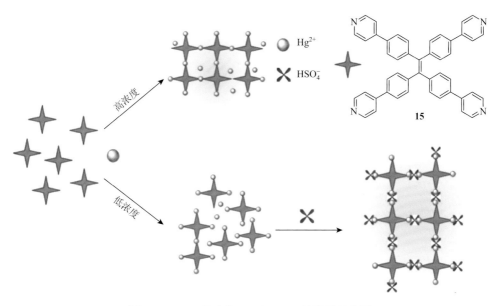

图 2-38　TPE 衍生物 **15** 对 HSO_4^- 的检测示意图

有趣的是，当化合物 **15** 浓度较低时，Hg^{2+} 的加入并不能导致体系的荧光增强，但在 HSO_4^- 同时存在的情况下，化合物 **15** 的荧光强度大幅增强。这一荧光增强现象主要来自 Hg^{2+} 与 HSO_4^- 的协同诱导化合物聚集。

Zou 和 Liu 等[52]设计合成了一例具有 AIE 特性的螺吡喃衍生物 TPE-Sp-CN（图 2-39）。在酸性条件下，TPE-Sp-CN 形成电正性的开环产物 TPE-MCH-CN。发光较弱。当加入 HSO_3^- 后，HSO_3^- 可以与 TPE-MCH-CN 分子发生迈克尔加成，生成 TPE-SO$_3$-CN。有意思的是，当 HSO_3^- 量不足时，体系的荧光呈现橘色。橘色发光是由红色的 TPE-MCH-CN（629 nm）和绿色的 TPE-SO$_3$-CN（504 nm）聚集所引起的。当加入足够量的 HSO_3^- 时，体系中几乎全部为 TPE-SO$_3$-CN，并形成聚集体，呈现明亮的绿色荧光（504 nm）。利用该方法可以选择性检测 HSO_3^-，其对 HSO_3^- 的检测限为 1.04 ppm。

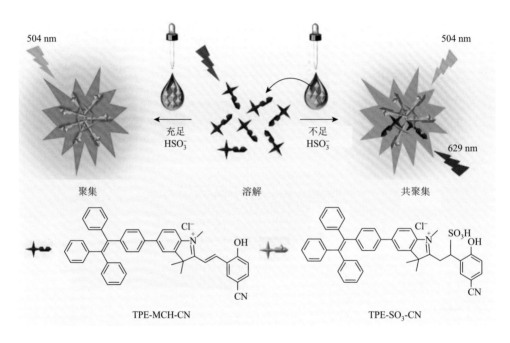

图 2-39　TPE-Sp-CN 对 HSO_3^- 的检测示意图

亚硫酸盐通常用于食品保存，保护食品不受氧化和微生物的污染，但过度接触和使用亚硫酸盐可能导致人体不良反应和过敏反应。SO_3^{2-} 具有亲核性，用于检测 SO_3^{2-} 的荧光传感器通常含有缺电子的基团，用于触发亲核反应。Zeng 等[53]将二氰基乙烯基团共轭修饰在四苯基咪唑上，构建了一例具有 AIE 特性的化合物

TIBM（图 2-40）。在表面活性剂 CTAB 的协助下，TIBM 可以自组装形成规整的纳米颗粒。由于 AIE 特性，该纳米颗粒呈现明亮的黄色荧光。SO_3^{2-} 可与 TIBM 发生迈克尔加成反应，导致 TIBM 的共轭结构被破坏，自组装结构发生解聚，荧光猝灭。该方法对 SO_3^{2-} 的检测具有超快速（检测时间为 15 s）和超灵敏（检测限为 7.4 nmol/L）的特性。他们将纳米探针进一步应用于食物及细胞中 SO_3^{2-} 的检测。

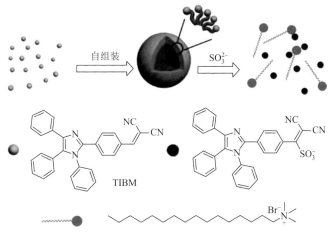

图 2-40　在 CTAB 协助下 TIBM 对 SO_3^{2-} 的检测示意图

2.2.4　含氮氧阴离子

化肥中过量使用硝酸盐会导致水体负离子积累，富营养化，进而破坏水生生态系统。研究发现，硝酸盐水平的升高与致癌物亚硝胺的形成有关，且可诱发婴儿高铁血红蛋白血症。开发高效的硝酸盐荧光传感器是非常必要的。如图 2-41 所示，Zhao 和 Tang 合作[54]报道了一例基于 TPE 修饰的吡啶盐化合物（TPEPy-1）。由于含有较短的烷基链，TPEPy-1 具有较好的水溶性，在水溶液中几乎不发光。当加入 NO_3^- 后，NO_3^- 诱导 TPEPy-1 发生自组装，导致荧光强度急剧增强。当 NO_3^- 浓度为 0.8~1.3 mmol/L 时，TPEPy-1 的荧光强度与 NO_3^- 浓度之间呈现良好的线性关系，其对 NO_3^- 的检测限为 4.3×10^{-7} mol/L。Ni 课题组[55]基于 NO_3^- 与吡啶盐基团之间强的相互作用，利用 9,10-二乙烯基蒽修饰的吡啶盐衍生物（16）实现了对 NO_3^- 的高选择性检测，检测限为 4.75×10^{-7} mol/L。他们还进一步将探针应用于细胞内 NO_3^- 的"点亮"成像。

与具有氧化能力的硝酸根不同，亚硝酸根是一种还原剂。由于亚硝酸盐的还原性，它常被用于肉类的腌制以防止细菌生长繁殖。过量摄入亚硝酸盐可能引起

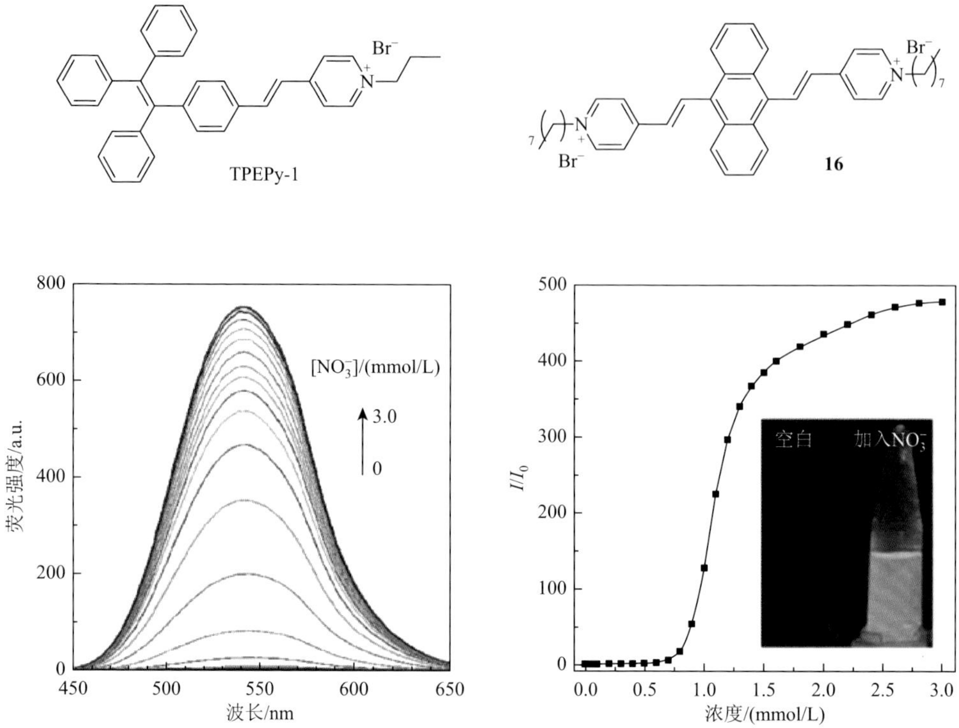

图 2-41　TPEPy-1、化合物 16 的结构式及 TPEPy-1 对 NO_2^- 的荧光光谱响应

中毒，甚至诱发癌症。作者首先合成了 4 个氨基修饰的 TPE 分子 TA-TPE。酸性条件下，TA-TPA 上的氨基发生质子化，水溶性增强，荧光猝灭。加入 NO_2^- 后，质子化的 TA-TPA 发生重氮化，进一步原位水解生成水溶性较差的羟基衍生物 4OH-TPE，使荧光增强。该方法对 NO_2^- 的检测限为 17.7 ppb，具有较高的灵敏性和特异性。Bhosale 等[56]利用 AIE 机理发展了用于检测水中 NO_2^- 的方法（图 2-42）。作者首先合成了 4 个氨基修饰的 TPE 分子 TA-TPE。酸性条件下，TA-TPA 上的氨基发生质子化，水溶性增强，荧光猝灭。加入 NO_2^- 后，质子化的 TA-TPA 发生重氮化，进一步原位水解生成水溶性较差的羟基衍生物 4OH-TPE，使荧光增强。该方法对 NO_2^- 的检测限为 17.7 ppb，具有较高的灵敏性和特异性。

2.2.5　含磷阴离子

含磷阴离子包括磷酸根离子（PO_4^{3-}）、磷酸二氢根离子（$H_2PO_4^-$）及磷酸氢根离子（HPO_4^{2-}），它们都是 H_3PO_4 的脱质子形式。PO_4^{3-}（Pi）是水中微生物营养

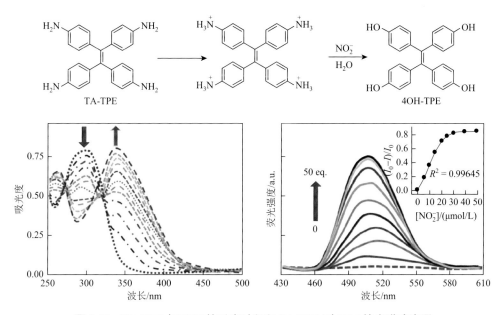

图 2-42 TA-TPE 与 NO_2^- 的反应过程和 TA-TPE 对 NO_2^- 的光谱响应图

链的主要组成部分，与水体的富营养化密切相关。当水体富营养时，Pi 会消耗溶解氧，从而导致生物的腐烂和死亡。Zheng 等[57]基于 AIE 的荧光点亮效应实现了对 Pi 的检测（图 2-43）。他们设计合成了两个二甲基甲脒基团修饰的 TPE 衍生物 **17** 作为 Pi 检测的探针。该探针的二盐酸盐具有优异的水溶性，在水中几乎

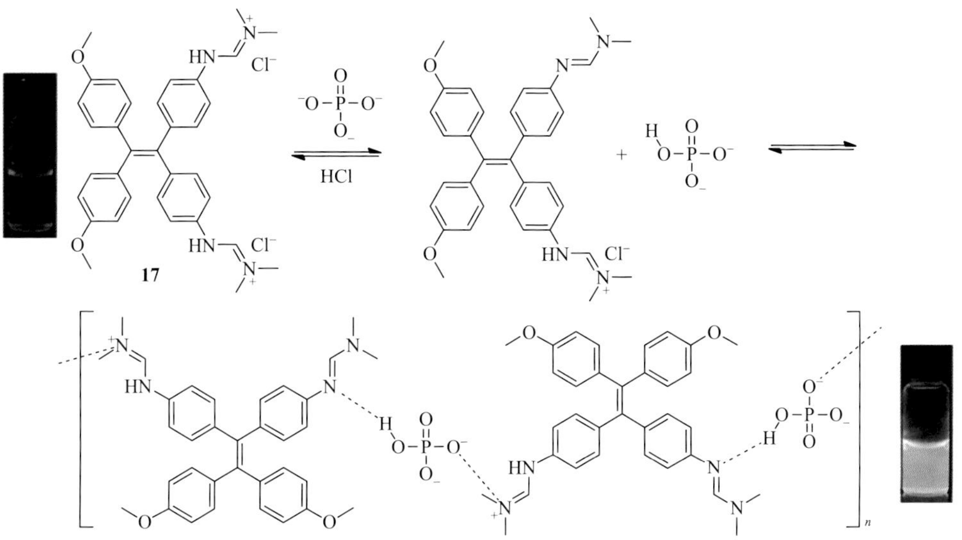

图 2-43 探针 17 对 Pi 的检测示意图

不发光。当加入 Pi 后,二盐酸盐转化成一盐酸盐,水溶性降低。同时,生成的磷酸氢根离子可以与一盐酸盐通过氢键及静电相互作用相连接,进一步促进一盐酸盐的聚集,使荧光显著增强。该方法对 Pi 的检测具有优异的选择性。

Wu 等[58]报道了一例双胍双脲基团功能化的 TPE 衍生物 **18**,用于 Pi 的选择性识别(图 2-44)。化合物 **18** 可以通过 2∶4 的配比与 Pi 配位生成稳定的配合物,从而抑制 TPE 的分子内旋转,激活其蓝色荧光。他们将这一现象命名为阴离子配位诱导发光(anion-coordination-induced emission)。

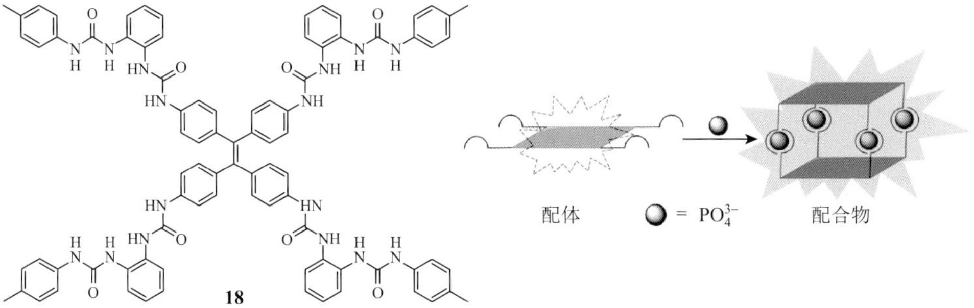

图 2-44 化合物 18 对 Pi 的检测示意图

Gao 和 You 等[59]报道了一例具有 AIE 特性的咪唑盐化合物 **19**,其能够在乙腈溶液中检测 $H_2PO_4^-$(图 2-45)。化合物 **19** 在乙腈中几乎不发光,但在 $H_2PO_4^-$ 存在下,探针的抗衡阴离子碘离子会被 $H_2PO_4^-$ 置换,溶解性降低,在乙腈中形成纳米聚集体,从而激活 AIE 效应,荧光增强。

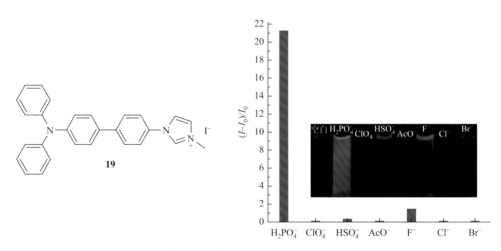

图 2-45 化合物 19 的结构式及对不同阴离子的荧光响应

焦磷酸根离子（$P_2O_7^{4-}$，PPi）是工业废水中较难处理的含磷污染源之一，也是一类重要的生物阴离子。研究表明，PPi 参与许多生命过程中的能量传递及新陈代谢，例如，在 DNA 聚合酶的催化下参与 DNA 的复制。PPi 还可作为生物标记物用于癌症、软骨钙质沉着症及关节炎等疾病的早期诊断。由此可见，对于 PPi 的检测在环境科学及生命医药科学等领域都有非常重要的意义。Cao 及其合作者[60]将双咪唑与 TPE 分子相结合，构建了一例用于 PPi 检测的荧光探针 BIM-TPE（图 2-46）。该探针能够在水溶液中自组装形成荧光较弱的球状纳米聚集体。当加入 PPi 时，PPi 可与双咪唑基团通过静电相互作用进行 1∶1 的结合，形成较大的棒状纳米聚集体，同时发出较强的荧光。在 PPi 浓度为 0～10 μmol/L 时，BIM-TPE 对 PPi 的荧光响应呈现良好的线性关系，检测限可低至 16 nmol/L。他们进一步将 BIM-TPE 应用于酶活性的评价及实际水样品中 PPi 的检测。

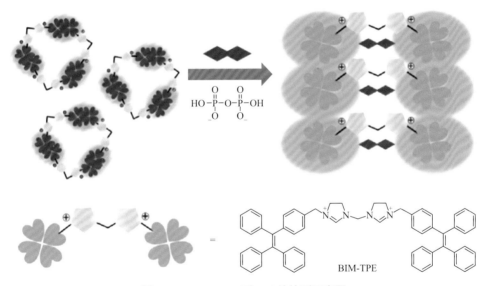

图 2-46　BIM-TPE 对 PPi 的检测示意图

Meng 及其合作者[61]在 TPE 分子的两个苯环上修饰二乙基三胺基团得到带有氨基的荧光探针 TPDA（图 2-47）。PPi 可通过氢键与 TPDA 进行特异性结合，导致 TPDA 发生分子间交联，进而激活其 AIE 特性，实现对 PPi 的高灵敏检测。TPDA 对 PPi 的检测限可低至 66.7 nmol/L。

Das 及其合作者[62]设计合成了一例苯并咪唑功能化的亚胺配体 **20**（图 2-48）。**20** 在 THF 中几乎没有荧光，而在 H_2O/THF（99∶1, $V\colon V$）的混合体系中，能通过 π-π 堆积及分子内、分子间的氢键作用聚集，激活分子内旋转受限（RIR）过程，导致聚集体在 530 nm 处出现荧光。当加入 PPi 后，PPi 与 NH 和 OH 之间的氢键

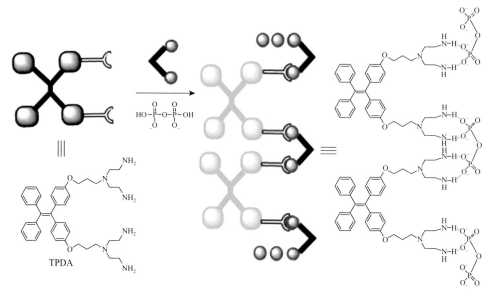

图 2-47 探针 TPDA 对 PPi 的检测示意图

作用使配体 **20** 进一步聚集，荧光增强。**20** 与 PPi 的表观结合常数为 4.2×10^{-5} L/mol，对 PPi 的检测限为 1.67 nmol/L。即使在其他竞争阴离子以较高浓度存在下，**20** 对 PPi 仍然具有优异的选择性。基于其良好的生物相容性，该探针可进一步应用于细胞中 PPi 的检测。

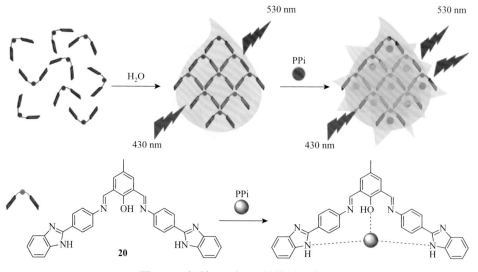

图 2-48 探针 20 对 PPi 的检测示意图

Zhao 等[63]设计合成了基于 DPA 功能化的 TPE 分子 TPE-DPA（图 2-49）。TPE-DPA 在聚集态具有强荧光发射，配合物 TPE-DPA-Cu^{2+}的形成增加了从 TPE-DPA 到 Cu^{2+}的电荷转移而使荧光猝灭。向配合物 TPE-DPA-Cu^{2+}溶液中加入 PPi，其能够与 Cu^{2+}发生竞争配位，重新释放 TPE-DPA 分子，并恢复其聚集态的荧光发射。TPE-DPA-Cu^{2+}对 PPi 的检测限可低至 56 nmol/L，且 PO_4^{3-}、三磷酸腺苷（ATP）、二磷酸腺苷（ADP）及一磷酸腺苷（AMP）对 PPi 的检测几乎没有干扰。该检测策略可进一步用于碱性磷酸酶（ALP）的活性分析及活细胞内 PPi 的成像。

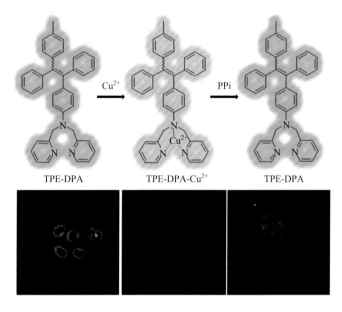

图 2-49　TPE-DPA-Cu^{2+}对 PPi 的检测示意图及对细胞内 PPi 成像图

2.2.6　其他阴离子

柠檬酸盐是一种有机三羧酸盐，是三羧酸循环中的重要代谢中间体，其在体内的含量与疾病息息相关，例如，重病患者血清内的柠檬酸根含量远远高于正常人的。因此，发展快速、简单的柠檬酸根检测具有重要的研究意义。Hua 等[64]利用三苯胺修饰的吡咯并吡咯二酮（DPP）作为报告基团，对称二酰胺吡啶盐作为识别基团，构建了两例基于 AIE 机制的柠檬酸根荧光探针（DPP-Py1 和 DPP-Py2，图 2-50）。在不同 pH 缓冲溶液中，DPP-Py1 和 DPP-Py2 均具有良好的稳定性，可对柠檬酸根分别实现比率型和点亮型荧光检测，其检测具有较高的准确度和灵敏度。DPP-Py1 和 DPP-Py2 对柠檬酸根的检测限分别为 1.8×10^{-7} mol/L 和 8.9×10^{-7} mol/L。一系列实验结果表明：DPP-Py1 和 DPP-Py2 分子中的二酰胺识别基团与柠檬酸根的羧基之间的相互作用导致探针聚集诱导发光。他们还将该类探针应用于尿液和血清中柠檬酸根的检测，显示了其在实际样品中的潜在应用价值。

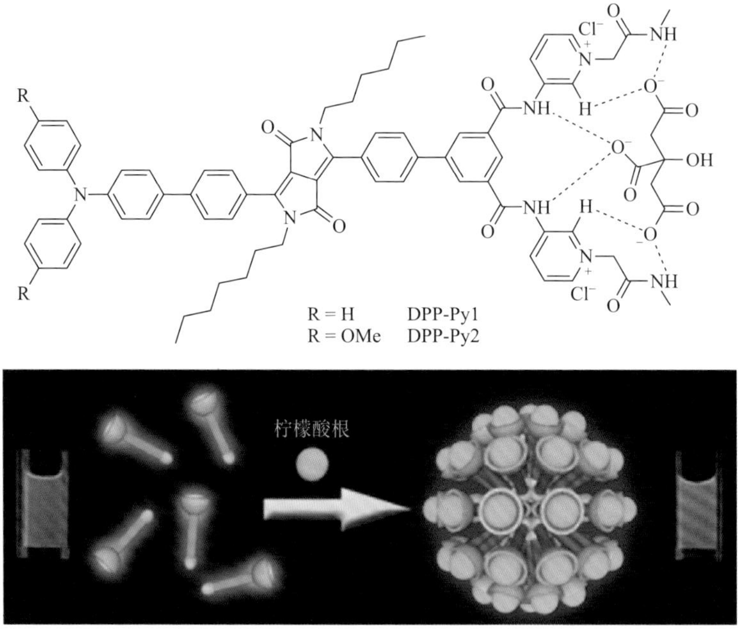

图 2-50　DPP-Py1 和 DPP-Py2 对柠檬酸根的检测示意图

2.3　气体和挥发性有机化合物

2.3.1　气体

二氧化碳（CO_2）气体的检测对环境及公共卫生等都具有重要的意义。Tang 课题组[65]利用 AIE 分子检测并定量分析了 CO_2 气体（图 2-51）。HPS 溶解于胺类溶剂（如二丙胺、DPA）中，得到无荧光发射的溶液。当 CO_2 气体鼓入该溶液中时，与其中的二丙胺反应生成氨基甲酸酯的离子液体。离子液体的高黏度和高极性抑制了 HPS 中外围苯环的自由旋转，使 HPS 分子发射荧光。当更多的 CO_2 气体鼓入溶液中时，更多的离子液体生成，荧光也就越强。因此，荧光强度值可以反映 CO_2 的含量。该工作提供了一种简单、价廉的 CO_2 定量分析方法，可用于预测火山喷发和环境中的危险信号等诸多领域。

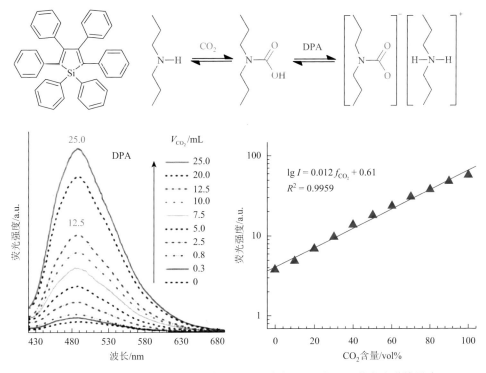

图 2-51 HPS 用于 CO_2 检测示意图及不同浓度 CO_2 对 HPS 荧光光谱的影响

胺在农业、医药及食品等领域都发挥着重要作用，但挥发性的胺蒸气对人类健康有着严重的危害。Tang 课题组[66]基于 AIE 和 ESIPT 机理，开发了一例用于胺蒸气检测的荧光传感器 HPQ-Ac（图 2-52）。由于分子内的氢键被破坏，ESIPT 过程被阻止，HPQ-Ac 的荧光被有效猝灭。当遇到胺蒸气后，HPQ-Ac 发生氨解反应，分子内的 ESIPT 过程恢复，从而激活了分子的荧光。该分子对胺蒸气的检测具有优异的选择性和灵敏度，且可制备成便携式的荧光试纸用于胺蒸气的检测。微生物生长所产生的挥发性胺蒸气（NH_3 和 NMe_3）是食品腐败的一个重要指标。他们进一步利用该试纸实现了对食物腐败的有效检测。如图 2-52 所示，室温下保存两天的鱼能使 HPQ-Ac 试纸显示出强烈的荧光，表明鱼已经腐败，不宜食用。

氯化氢（HCl）气体是一种对人类健康危害较大的刺激性气体。Liu 及其合作者[67]设计合成了一类基于苯并噻唑-烯醇双齿配体的硼化合物。该类硼化合物具有显著的 AIE 效应，在聚集状态和固态下均有明亮的发光。其中 N,N-二甲基氨基修饰的硼化合物 Borebt3 易被质子化，可作为 HCl 气体荧光响应的固态材料（图 2-53）。用 HCl 气体熏蒸后，化合物的荧光从 562 nm 红移至 580 nm。该荧光红移可能是质子化后，从苯并噻唑到 N,N-二甲基氨基的电荷转移过程增强引起

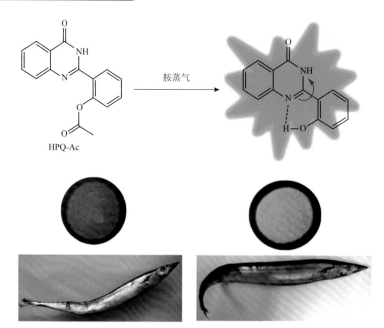

图 2-52　HPQ-Ac 对胺蒸气的响应机制和 HPQ-Ac 试纸对鱼新鲜度的检测

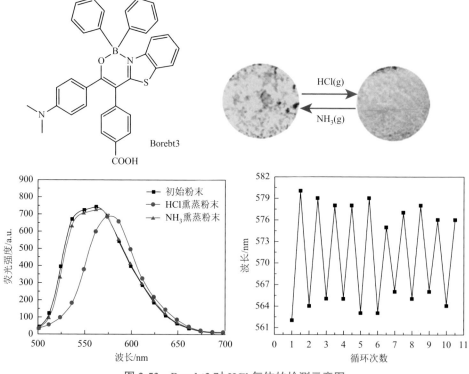

图 2-53　Borebt3 对 HCl 气体的检测示意图

的。用 NH_3 蒸气熏蒸后，化合物的荧光又恢复至开始的波长。这种通过 HCl/NH_3 熏蒸导致的波长红移/蓝移的过程可循环往复多次。

光气（$COCl_2$）是一种无色的剧毒气体，曾用作化学毒剂。光气经呼吸道吸入后，会引起以急性呼吸系统损害为主的全身性疾病。因此，开发快速、可靠的光气检测方法具有重要意义。Gao 和 Wang 等[68]设计合成了一例基于 AIE 性质的光气荧光探针 DATPE（图 2-54）。由于探针分子化学结构中含有共轭的邻苯二胺基团，DATPE 具有较强的 ICT 过程，表现出较弱的 AIE 特性。当 DATPE 与光气发生特异性反应后，邻苯二胺基团快速环化生成咪唑烷酮，ICT 过程被有效抑制，产物 IMPTPE 表现出强的 AIE 特性。值得一提的是，将 DATPE 制备成简易的试纸条，可用于痕量光气的检测，检测限可低至 0.1 ppm。

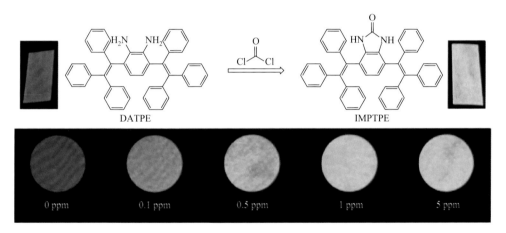

图 2-54　DATPE 对光气的检测示意图及 DATPE 试纸条对不同浓度光气的荧光响应

甲醛是工业生产中常用的原料，也是生活环境中挥发性室内污染物和公认的致癌物之一。发展高灵敏甲醛气体的检测方法对于人体健康至关重要。基于具有 AIE 效应的荧光团 TPE，Yin 等[69]开发了一种用于甲醛气体快速检测的荧光传感器 TPE-FA（图 2-55）。由于 PET 过程的存在，TPE-FA 分子的荧光被猝灭。在甲醛存在下，TPE-FA 发生 2-aza-Cope 重排反应，消去猝灭基团，荧光被点亮。基于 TPE-FA 的 AIE 特性，将 TPE-FA 固载在薄层色谱硅胶板上制备的便携式的固态传感器，可实现对甲醛气体的高灵敏定量检测。固态传感器对甲醛气体的检测限为 0.036 mg/m^3，该值低于世界卫生组织（World Health Organization，WHO）规定的室内居住环境中气态甲醛的标准值（0.1 mg/m^3）。

水蒸气与人类的生存和社会活动密切相关，对于湿度的检测与控制广泛应用于各个领域，如电子封装运输、半导体器件、食品工业及航空航天等。Tang 课题

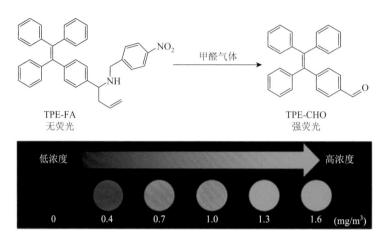

图 2-55 TPE-FA 对甲醛气体的检测示意图及固态下对不同浓度甲醛气体的荧光响应

组[70]采用 AIE 特性的荧光分子（TPE-Py 和 TPE-VPy）作为功能单元，通过超分子物理作用诱导其与聚丙烯酸高分子网络组装，并基于扭曲的分子内电荷转移机制，利用其在不同极性微环境下发射谱带的变化，开发了具有湿度响应的智能荧光传感器（图 2-56）。该智能荧光传感器在不同湿度条件下发射波长具有明显的变化，最大发射波长与湿度呈线性关系，实现了对湿度的实时、准确、定量、可视化检测。利用该传感材料优异的加工性能，将其应用于电子器件封装和管道内部检测中，实现了水蒸气的动态梯度分布"可视化"测量。进一步采用电纺技术将 AIE

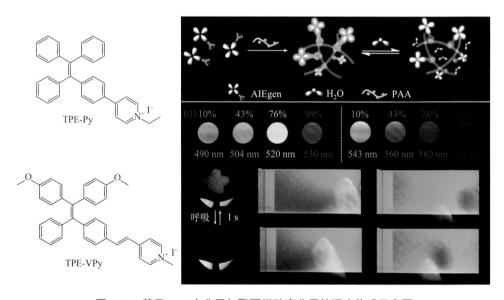

图 2-56 基于 AIE 小分子与聚丙烯酸高分子的湿度传感示意图

传感材料加工得到低维纳米纤维膜，增加材料的活性比表面积，提高了该智能湿度传感器的敏感度。利用纳米纤维膜来感应人体湿度微环境的变化，实现了人体活动跟踪监测，包括指纹和汗孔的成像。

水分子的特殊化学结构使其容易形成氢键，这为构建水的荧光探针提供了思路。Han 课题组[71]报道了一例含有羧酸基团的红色荧光化合物 DBIA（图 2-57）。在不同含量的水蒸气熏蒸下，该化合物的非晶态薄膜能够自组装形成不同形貌的微纳结构。荧光显微镜及 SEM 成像证实了水蒸气诱导 DBIA 自组装结构的形成。动态光谱和理论计算进一步证实了 DBIA 分子上的羧基与水分子之间形成的氢键是自组装发生的驱动力。值得注意的是，在自组装的同时，DBIA 的 AIE 特性也被激活，荧光强度增强。进一步将 DBIA 制备成简易的固态薄膜，实现了对空气湿度简便快速的检测。其对水的检测限为 2.64 mmol/L，对相对湿度的检测限为 22.5%。

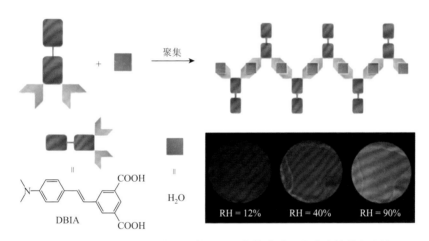

图 2-57　DBIA 对水的传感示意图及固态薄膜对湿度响应的荧光照片

2.3.2　挥发性有机化合物

根据 WHO 的定义，挥发性有机化合物（volatile organic compounds，VOCs）是指在常温下，沸点 50～260℃的各种有机化合物。VOCs 按其化学结构，可以进一步分为：烷类、芳烃类、酯类、醛类和其他等。最常见的有苯、甲苯、二甲苯、苯乙烯、三氯乙烯、三氯甲烷、三氯乙烷、二异氰酸酯（TDI）、二异氰甲苯酯等。在 VOCs 中，苯衍生物如甲苯和二甲苯，具有较大的毒性，会给人体健康带来巨大风险。如图 2-58 所示，Liang 和 Tang 等[72]将 TPE 与环糊精共价连接，得到了 TPE 修饰的环糊精（TPE-CD）。TPE-CD 可自组装形成具有强荧光发射的纳米薄片。其中疏水的 TPE 荧光层位于两层亲水的环糊精中间，形成三明治的夹心结构。基于疏水-疏水相互作用，环糊精的疏水空腔可吸附并收集 VOCs，进一步将收集的 VOCs 运输至含有 TPE 的荧光层，猝灭其荧光，其中二甲苯的猝灭效应最为明显。利用 TPE-CD 纳米薄片能够快速（秒级）检测二甲苯，其检测限可低至 5 μg/L。

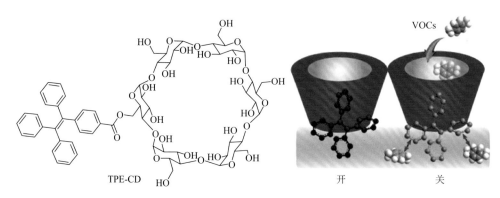

图 2-58　TPE-CD 对 VOCs 的检测示意图

传统的 VOCs 荧光探针是利用荧光波长的改变实现对 VOCs 的检测，荧光分子相互作用较弱，使探针的灵敏性和特异性较差。Zhang 和 Wu 等[73]通过将聚合物和 AIE 分子结合，在不对称浸润性界面上限域构建了聚合物/AIE 荧光微米线阵列作为 VOCs 传感器，利用聚合物溶胀诱导 AIE 分子发光强度的变化实现对 VOCs 的高灵敏和特异性检测（图 2-59）。该传感平台可实现对不同 VOCs 的识别，并且通过对聚合物侧链结构的调控，可进一步实现对性质相似的苯和甲苯的区分。该传感平台还具有稳定性好、响应快、灵敏度高等特点。

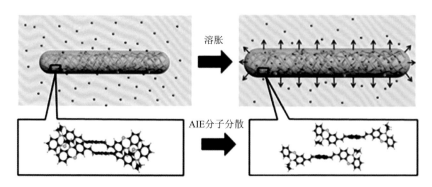

图 2-59　聚合物/AIE 荧光微米线阵列对 VOCs 的检测示意图

2.4 酸度

酸度是众多化学生物反应过程中的重要参数。例如，许多生理过程都和酸度密切相关，细胞中的酸性或碱性异常会引起细胞功能紊乱，严重时还会导致癌症、阿尔茨海默病等疾病。酸雨和污水引起的土壤、河流等的酸化会对生态环境造成一定的危害。因此，酸度的检测对化学和生物学的研究十分重要。Tang 等[74]设计合成了基于 TPE 的两亲性半花菁染料 TPE-Cy，其可通过荧光发射的波长和强度两个参数实现较宽范围的 pH 检测（图 2-60）。在中性环境中，两亲性的 TPE-Cy 具有一定的亲水性，在水中堆积较为松散，呈现较弱的红色荧光。在酸性环境中，TPE-Cy 分子上的磺酸根被质子化，分子呈现电正性，疏水性增强并在水中的堆积变得紧密，呈现较强的红色荧光。而在碱性环境中，溶液中的 OH⁻能与 TPE-Cy 发生 1,2-马氏加成反应，导致 TPE-Cy 的共轭结构被破坏，疏水性增强并在水中聚集，呈现较强的蓝色荧光。基于灵敏的 pH 响应特性，该探针也被成功应用于细胞内不同 pH 下的成像[75]。

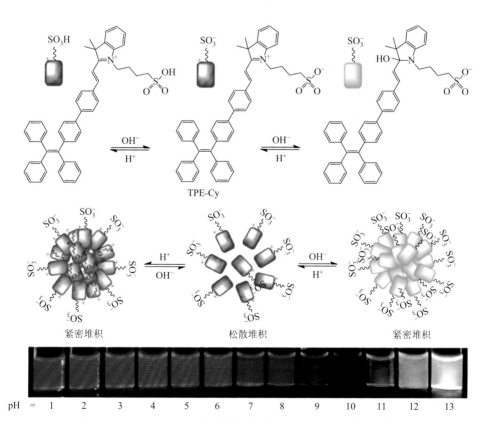

图 2-60　TPE-Cy 对 pH 的检测示意图及在不同 pH 下的荧光照片

Tang 等[76]基于 ICT 原理设计并合成了一例含有吡啶基团的 pH 荧光探针 CP$_3$E（图 2-61）。CP$_3$E 在溶液中荧光较弱，但在聚集态时具有强的蓝色荧光，表现出典型的 AIE 效应。在 pH 为 1 和 2 的 THF-buffer（9∶1，V/V）溶液中，探针 CP$_3$E 结构中的吡啶基团被质子化，此时探针具有较低的亲脂性和较强的 ICT 效应，荧光较弱。在 pH 从 2 升到 7 的过程中，由于大量的探针分子未被质子化，荧光逐渐增强。在 pH>7 时，荧光强度达到最大并保持不变。进一步将 CP$_3$E 沉积在滤纸上制备了简易的 pH 检测试纸条。未经任何处理的试纸条可发出明亮的蓝色荧光。加入酸性溶液（pH 为 1 或 2）后，试纸条的荧光减弱并转变为黄色荧光。在 pH 为 3 和 4 的情况下，试纸条的发光颜色与未经任何处理时的发光颜色相似，但发光强度减弱。在 pH>4 时，由于探针主要以中性分子形式存在，试纸条的荧光几乎没有差异。

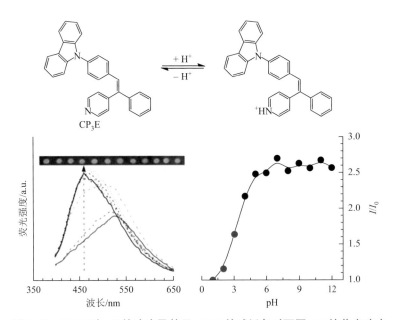

图 2-61　CP$_3$E 对 pH 的响应及基于 CP$_3$E 的试纸条对不同 pH 的荧光响应

Tong 等[77]基于 AIEE 机制设计合成了一例比率型 pH 荧光探针 **21**。如图 2-62 所示，在酸性环境中，探针 **21** 以中性形式存在并形成聚集体，表现出明亮的黄色荧光（559 nm）。当 pH 从 3.43 升高至 5.63 时，探针 **21** 结构中的羧酸基团去质子化。此时探针带一个负电荷，溶解度增大，荧光减弱，此过程的 pK_a 为 4.8。当 pH 从 5.63 升高至 9.56 时，探针 **21** 结构中的酚羟基进一步去质子化。苯酚上氧原子的负电荷使苯酚到亚胺上的碳原子的电子离域增强，增大了 ICT 效应，在 516 nm 处出现新的荧光峰。此过程的 pK_a 为 7.4。在 pH 从 5.0 升高到 7.0 的过程中，探

针 **21** 的荧光由橘色变为绿色，516 nm 和 559 nm 处的荧光强度比值（I_{516}/I_{559}）逐渐增大。该探针具有良好的稳定性、选择性和膜通透性，可用于检测 HepG2 细胞的 pH 变化。

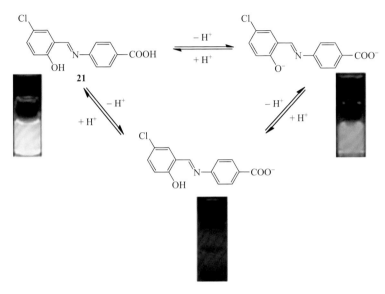

图 2-62　探针 **21** 对 pH 的荧光检测示意图

如图 2-63 所示，Li 及其合作者[78]制备了具有不同荧光波长的 4-*N*, *N*-二甲氨基苯胺水杨醛席夫碱衍生物（**22**~**24**）。该类化合物具有独特的 AIE 特性，能够在聚集状态下发出明亮的荧光。在酸性环境中时，该类化合物能发生水解反应，生成 4-*N*, *N*-二甲氨基苯胺和相应的水杨醛基团，进而猝灭其荧光。三个化合物的滴定突跃分别在 5.3、4.1 和 3.5 附近，说明水杨醛取代基（4-H、4-OCH$_3$ 和 5-Cl）的改变可实现对探针分子滴定突跃的调控。该类探针对 pH 的检测具有多色和不同 pH 依赖的荧光响应等特点。

Li、Hou 和 Tang 等[79]设计合成了一例基于苯并噻唑的 AIE 化合物 **25**（图 2-64）。在极性溶剂中或固态时，探针 **25** 呈现黄色荧光。在质子性溶剂中时，探针 **25** 呈现蓝色荧光。而在水含量较高或碱性介质中时，探针 **25** 呈现青色的荧光。这种随环境变化而变化的多重荧光发射特性归因于探针分子的 ESIPT 和 RIR 过程。利用 484 nm 和 551 nm 处的荧光强度比值（I_{484}/I_{551}），该探针可实现对 pH 的比率型荧光检测。值得一提的是，在 pH 从 6.9 升高到 8.0 时，探针 **25** 对 pH 具有良好的线性检测能力，其 pH 突跃范围的中点为 7.5。该值与生理环境 pH 匹配较好，表明探针 **25** 可用于中性水样品和活细胞中 pH 的灵敏检测。

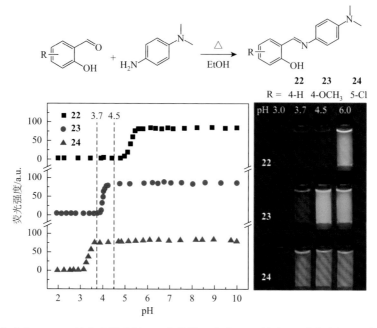

图 2-63　化合物 22~24 的荧光强度随 pH 变化情况和在 99% 的水/乙醇溶液（V/V）中不同 pH 下的荧光照片（365 nm 紫外灯）

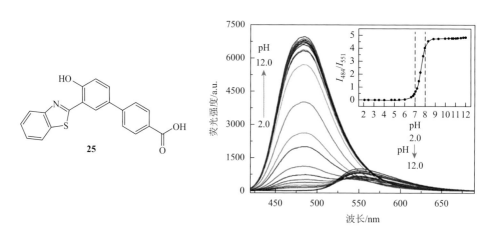

图 2-64　探针 25 的结构式及 pH 对其发射光谱的影响

（赵　娜）

参考文献

[1] Chua M H, Zhou H, Zhu Q, et al. Recent advances in cation sensing using aggregation-induced emission. Materials Chemistry Frontiers，2021，5：659-708.

[2] Alam P, Leung N L C, Zhang J, et al. AIE-based luminescence probes for metal ion detection. Coordination Chemistry Reviews, 2021, 429: 213693.

[3] Li Y, Zhong H, Huang Y, et al. Recent advances in AIEgens for metal ion biosensing and bioimaging. Molecules, 2019, 24: 4593.

[4] Wang X, Hu J, Liu T, et al. Highly sensitive and selective fluorometric off-on K^+ probe constructed via host-guest molecular recognition and aggregation-induced emission. Journal of Materials Chemistry, 2012, 22: 8622-8628.

[5] Lu D, He L, Wang Y, et al. Tetraphenylethene derivative modified DNA oligonucleotide for *in situ* potassium ion detection and imaging in living cells. Talanta, 2017, 167: 550-556.

[6] Gao M, Li Y, Chen X, et al. Aggregation-induced emission probe for light-up and *in situ* detection of calcium ions at high concentration. ACS Applied Materials & Interfaces, 2018, 10: 14410-14417.

[7] Zhang J, Yan Z, Wang S, et al. Water soluble chemosensor for Ca^{2+} based on aggregation-induced emission characteristics and its fluorescence imaging in living cells. Dyes and Pigments, 2018, 150: 112-120.

[8] Luo Z, Yuan X, Yu Y, et al. From aggregation-induced emission of Au(Ⅰ)-thiolate complexes to ultrabright Au(0)@Au(Ⅰ)-thiolate core-shell nanoclusters. Journal of the American Chemical Society, 2012, 134: 16662-16670.

[9] Guo Y, Tong X, Ji L, et al. Visual detection of Ca^{2+} based on aggregation induced emission of Au(Ⅰ)-Cys complexes with superb selectivity. Chemical Communications, 2015, 51: 596-598.

[10] Wu H, Zhou Y, Yin L, et al. Helical self-assembly-induced singlet-triplet emissive switching in a mechanically sensitive system. Journal of the American Chemical Society, 2017, 139: 785-791.

[11] Chen G, Zhou Z, Feng H, et al. An aggregation-induced phosphorescence probe for calcium ion-specific detection and live-cell imaging in *Arabidopsis thaliana*. Chemical Communications, 2019, 55: 4841-4844.

[12] Neupane L N, Oh E T, Park H J, et al. Selective and sensitive detection of heavy metal ions in 100% aqueous solution and cells with a fluorescence chemosensor based on peptide using aggregation-induced emission. Analytical Chemistry, 2016, 88: 3333-3340.

[13] Gui S, Huang Y, Hu F, et al. Bioinspired peptide for imaging Hg^{2+} distribution in living cells and zebrafish based on coordination-mediated supramolecular assembling. Analytical Chemistry, 2018, 90: 9708-9715.

[14] Yuan B, Wang D X, Zhu L N, et al. Dinuclear Hg^{II} tetracarbene complex-triggered aggregation-induced emission for rapid and selective sensing of Hg^{2+} and organomercury species. Chemical Science, 2019, 10: 4220-4226.

[15] Dai D, Li Z, Yang J, et al. Supramolecular assembly-induced emission enhancement for efficient mercury(Ⅱ) detection and removal. Journal of the American Chemical Society, 2019, 141: 4756-4763.

[16] Zhao N, Lam J W Y, Sung H H Y, et al. Effect of the counterion on light emission: a displacement strategy to change the emission behaviour from aggregation-caused quenching to aggregation-induced emission and to construct sensitive fluorescent sensors for Hg^{2+} detection. European Journal of Chemistry, 2014, 20: 133-138.

[17] Zhang R, Li P F, Zhang W J, et al. A highly sensitive fluorescent sensor with aggregation-induced emission characteristics for the detection of iodide and mercury ions in aqueous solution. Journal of Materials Chemistry C, 2016, 4: 10479-10485.

[18] Chatterjee A, Banerjee M, Khandare D G, et al. Aggregation-induced emission-based chemodosimeter approach for selective sensing and imaging of Hg(Ⅱ) and methylmercury species. Analytical Chemistry, 2017, 89: 12698-12704.

[19] Zhang L, Hu W, Yu L, et al. Click synthesis of a novel triazole bridged AIE active cyclodextrin probe for specific detection of Cd^{2+}. Chemical Communications, 2015, 51: 4298-4301.

[20] Liu L, Zhang G, Xiang J. Fluorescence "turn on" chemosensors for Ag^+ and Hg^{2+} based on tetraphenylethylene motif featuring adenine and thymine moieties. Organic Letters, 2008, 10: 4581-4584.

[21] Li Y, Liu Y, Zhou H, et al. Ratiometric Hg^{2+}/Ag^+ probes with orange red-white-blue fluorescence response constructed by integrating vibration-induced emission with an aggregation-induced emission motif. European Journal of Chemistry, 2017, 23: 9280-9287.

[22] Sun F, Zhang G, Zhang D, et al. Aqueous fluorescence turn-on sensor for Zn^{2+} with a tetraphenylethylene compound. Organic Letters, 2011, 13: 6378-6381.

[23] Hong Y, Chen S, Leung C W T, et al. Fluorogenic Zn(Ⅱ) and chromogenic Fe(Ⅱ) sensors based on terpyridine-substituted tetraphenylethenes with aggregation-induced emission characteristics. ACS Applied Materials & Interfaces, 2011, 3: 3411-3418.

[24] Shyamal M, Prativa M, Maity S, et al. Highly selective turn-on fluorogenic chemosensor for robust quantification of Zn(Ⅱ) based on aggregation induced emission enhancement feature. ACS Sensors, 2016, 1: 739-747.

[25] Jung S H, Kwon K Y, Jung J H. A turn-on fluorogenic Zn(Ⅱ) chemoprobe based on a terpyridine derivative with aggregation-induced emission (AIE) effects through nanofiber aggregation into spherical aggregates. Chemical Communications, 2015, 51: 952-955.

[26] Li N, Feng H L, Gong Q, et al. BINOL-based chiral aggregation-induced emission luminogens and their application in detecting copper(Ⅱ) ions in aqueous media. Journal of Materials Chemistry C, 2015, 3: 11458-11463.

[27] Feng H T, Song S, Chen Y C, et al. Self-assembled tetraphenylethylene macrocycle nanofibrous materials for the visual detection of copper(Ⅱ) in water. Journal of Materials Chemistry C, 2014, 2: 2353-2359.

[28] Sanji T, Nakamura M, Tanaka M. Fluorescence "turn-on" detection of Cu^{2+} ions with aggregation-induced emission-active tetraphenylethene based on click chemistry. Tetrahedron Letters, 2011, 52: 3283-3286.

[29] Feng X, Li Y, He X, et al. A substitution-dependent light-up fluorescence probe for selectively detecting Fe^{3+} ions and its cell imaging. Advanced Functional Materials, 2018, 28: 1802833.

[30] Thavornsin N, Rashatasakhon P, Sukwattanasinitt M, et al. Salicylaldimine-functionalized poly(m-phenyleneethynylene) as turn-on chemosensor for ferric ion. Journal of Polymer Science Part A: Polymer Chemistry, 2018, 56: 1155-1161.

[31] Han T, Feng X, Tong B, et al. A novel "turn-on" fluorescent chemosensor for the selective detection of Al^{3+} based on aggregation-induced emission. Chemical Communications, 2012, 48: 416-418.

[32] Gui S, Huang Y, Hu F, et al. Fluorescence turn-on chemosensor for highly selective and sensitive detection and bioimaging of Al^{3+} in living cells based on ion-induced aggregation. Analytical Chemistry, 2015, 87: 1470-1474.

[33] Samanta S, Goswami S, Hoque M N, et al. An aggregation-induced emission (AIE) active probe renders Al(Ⅲ) sensing and tracking of subsequent interaction with DNA. Chemical Communications, 2014, 50: 11833-11836.

[34] Peng L, Zhou Z, Wang X, et al. A ratiometric fluorescent chemosensor for Al^{3+} in aqueous solution based on aggregation-induced emission and its application in live-cell imaging. Analytica Chimica Acta, 2014, 829: 54-59.

[35] Snthiys K, Sen S K, Natarajan R, et al. D-A-D Structured bis-acylhydrazone exhibiting aggregation-induced emission, mechanochromic luminescence, and Al(Ⅲ) detection. Journal of Organic Chemistry, 2018, 83: 10770-10775.

[36] Li Q, Wu X, Huang X, et al. Tailoring the fluorescence of AIE-active metal-organic frameworks for aqueous sensing of metal ions. ACS Applied Materials & Interfaces, 2018, 10: 3801-3809.

[37] Khandare D G, Joshi H, Banerjee M, et al. An aggregation-induced emission based "turn-on" fluorescent chemodosimeter for the selective detection of Pb^{2+} ions. RSC Advances, 2014, 4: 47076-47080.

[38] Ji L, Guo Y, Hong S, et al. Label-free detection of Pb^{2+} based on aggregation induced emission enhancement of Au nanoclusters. RSC Advances, 2015, 5: 36582-36586.

[39] Chua M H, Shah K W, Zhou H, et al. Recent advances in aggregation-induced emission chemosensors for anion sensing. Molecules, 2019, 24: 2711.

[40] La D D, Bhosale S V, Jones L A, et al. Tetraphenylethylene-based AIE-active probes for sensing applications. ACS Applied Materials & Interfaces, 2018, 10: 12189-12216.

[41] Pang L, Wang M, Zhang G, et al. A fluorescence turn-on detection of cyanide in aqueous solution based on the aggregation-induced emission. Organic Letters, 2009, 11: 1943-1946.

[42] Huang X, Gu X, Zhang G, et al. A highly selective fluorescence turn-on detection of cyanide based on the aggregation of tetraphenylethylene molecules induced by chemical reaction. Chemical Communications, 2012, 48: 12195-12197.

[43] Zhang Y P, Li D D, Li Y, et al. Solvatochromic AIE luminogens as supersensitive water detectors in organic solvents and highly efficient cyanide chemosensors in water. Chemical Science, 2014, 5: 2710-2716.

[44] Gabr M T, Pigge F C. A fluorescent turn-on probe for cyanide anion detection based on an AIE active cobalt(II) complex. Dalton Transactions, 2018, 47: 2079-2085.

[45] Lin Q, Guan X W, Fan Y Q, et al. A tripodal supramolecular sensor to successively detect picric acid and CN^- through guest competitive controlled AIE. New Journal of Chemistry, 2019, 43: 2030-2036.

[46] Jiang G, Liu X, Wu Y, et al. An AIE based tetraphenylethylene derivative for highly selective and light-up sensing of fluoride ions in aqueous solution and in living cells. RSC Advances, 2016, 6: 59400-59404.

[47] Li G, Guan W, Du S, et al. Anion-specific aggregation induced phosphorescence emission (AIPE) in an ionic iridium complex in aqueous media. Chemical Communications, 2015, 51: 16924-16927.

[48] Wang C, Ji H, Li M, et al. A highly sensitive and selective fluorescent probe for hypochlorite in pure water with aggregation induced emission characteristics. Faraday Discuss, 2017, 196: 427-438.

[49] Jia X, Li J, Wang E. Cu nanoclusters with aggregation induced emission enhancement. Small, 2013, 9: 3873-3879.

[50] Li Z, Guo S, Lu C. A highly selective fluorescent probe for sulfide ions based on aggregation of Cu nanocluster induced emission enhancement. Analyst, 2015, 140: 2719-2725.

[51] Huang G, Zhang G, Zhang D. Turn-on of the fluorescence of tetra (4-pyridylphenyl) ethylene by the synergistic interactions of mercury(II) cation and hydrogen sulfate anion. Chemical Communications, 2012, 48: 7504-7506.

[52] Lin T, Su X, Wang K, et al. An AIE fluorescent switch with multi-stimuli responsive properties and applications for quantitatively detecting pH value, sulfite anion and hydrostatic pressure. Materials Chemistry Frontiers, 2019, 3: 1052-1061.

[53] Gao T, Cao X, Ge P, et al. A self-assembled fluorescent organic nanoprobe and its application for sulfite detection in food samples and living systems. Organic & Biomolecular chemistry, 2017, 15: 4375-4382.

[54] Li N, Liu Y Y, Li Y, et al. Fine tuning of emission behavior, self-assembly, anion sensing, and mitochondria targeting of pyridinium-functionalized tetraphenylethene by alkyl chain engineering. ACS Applied Materials & Interfaces, 2018, 10: 24249-24257.

[55] Chen S, Ni X L. Development of an AIE based fluorescent probe for the detection of nitrate anions in aqueous solution over a wide pH range. RSC Advances, 2016, 6: 6997-7001.

[56] Anuradha, Latham K, Bhosale S V. Selective detection of nitrite ion by an AIE-active tetraphenylethene dye through a reduction step in aqueous media. RSC Advances, 2016, 6: 45009-45013.

[57] Yuan Y X, Wang J H, Zheng Y S. Selective fluorescence turn-on sensing of phosphate anion in water by tetraphenylethylene dimethylformamidine. Chemistry: An Asian Journal, 2019, 14: 760-764.

[58] Zhao J, Yang D, Yang X J, et al. Anion-coordination-induced turn-on fluorescence of an oligourea-functionalized tetraphenylethene in a wide concentration range. Angewandte Chemie International Edition, 2014, 53: 6632-6636.

[59] Gao C, Gao G, Lan J, et al. An AIE active monoimidazolium skeleton: high selectivity and fluorescence turn-on for $H_2PO_4^-$ in acetonitrile and ClO_4^- in water. Chemical Communications, 2014, 50: 5623-5625.

[60] Li C T, Xu Y L, Yang J G, et al. Pyrophosphate-triggered nanoaggregates with aggregation-inducedemission. Sensors and Actuators B, 2017, 251: 617-623.

[61] Liu W, Yu W, Li X, et al. Pyrophosphate-triggered intermolecular cross-linking of tetraphenylethylene molecules for multianalyte detection. Sensors and Actuators B, 2018, 266: 170-177.

[62] Gogoi A, Mukherjee S, Ramesh A, et al. Aggregation-induced emission active metal-free chemosensing platform for highly selective turn-on sensing and bioimaging of pyrophosphate anion. Analytical Chemistry, 2015, 87, 13: 6974-6979.

[63] Li P F, Liu Y Y, Zhang W J, et al. A fluorescent probe for pyrophosphate based on tetraphenylethylene derivative with aggregation-induced emission characteristics. ChemistrySelect, 2017, 2: 3788-3793.

[64] Hang Y, Wang J, Jiang T, et al. Diketopyrrolopyrrole-based ratiometric/turn-on fluorescent chemosensors for citrate detection in the near-infrared region by an aggregation-induced emission mechanism. Analytical Chemistry, 2016, 88: 1696-1703.

[65] Liu Y, Tang Y, Barashkow N N, et al. Fluorescent chemosensor for detection and quantitation of carbon dioxide gas. Journal of the American Chemical Society, 2010, 132: 13951-13953.

[66] Gao M, Li S, Lin Y, et al. Fluorescent light-up detection of amine vapors based on aggregation-induced emission. ACS Sensors, 2016, 1: 179-184.

[67] Liu Q, Wang X, Yan H, et al. Benzothiazole-enamide-based BF_2 complexes: luminophores exhibiting aggregation-induced emission, tunable emission and highly efficient solid-state emission. Journal of Materials Chemistry C, 2015, 3: 2953-2959.

[68] Cheng K, Yang N, Li Q, et al. Selectively light-up detection of phosgene with an aggregation-induced emission-based fluorescent sensor. ACS Omega, 2019, 4, 27: 22557-22561.

[69] Zhao X, Ji C, Ma L, et al. An aggregation-induced emission-based "turn-on" fluorescent probe for facile detection of gaseous formaldehyde. ACS Sensors, 2018, 3: 2112-2117.

[70] Cheng Y, Wang J, Qiu Z, et al. Multiscale humidity visualization by environmentally sensitive fluorescent molecular rotors. Advanced Materials, 2017, 29: 1703900.

[71] Sun J, Yuan J, Li Y, et al. Water-directed self-assembly of a red solid emitter with aggregation-enhanced emission: implication for humidity monitoring. Sensors and Actuators B, 2018, 263: 208-217.

[72] Liang G, Ren F, Gao H, et al. Bioinspired fluorescent nanosheets for rapid and sensitive detection of organic pollutants in water. ACS Sensors, 2016, 1: 1272-1278.

[73] Jiang X, Gao H, Zhang X, et al. Highly-sensitive optical organic vapor sensor through polymeric swelling induced

variation of fluorescent intensity. Nature Communications, 2018, 9: 3799.

[74] Chen S, Liu J, Liu Y, et al. An AIE-active hemicyanine fluorogen with stimuli-responsive red/blue emission: extending the pH sensing range by "switch + knob" effect. Chemical Science, 2012, 3: 1804-1809.

[75] Chen S, Hong Y, Liu Y, et al. Full-range intracellular pH sensing by an aggregation-induced emission-active two-channel ratiometric fluorogen. Journal of the American Chemical Society, 2013, 135: 4926-4929.

[76] Yang Z, Qin W, Lam J W Y, et al. Fluorescent pH sensor constructed from a heteroatomcontaining luminogen with tunable AIE and ICT characteristics. Chemical Science, 2013, 4: 3725-3730.

[77] Song P, Chen X, Xiang Y, et al. A ratiometric fluorescent pH probe based on aggregation-induced emission enhancement and its application in live-cell imaging. Journal of Materials Chemistry, 2011, 21: 13470-13475.

[78] Feng Q, Li Y Y, Wang L, et al. Multiple-color aggregation-induced emission (AIE) molecules as chemodosimeters for pH sensing. Chemical Communications, 2016, 52: 3123-3126.

[79] Li K, Feng Q, Niu G, et al. Benzothiazole-based AIEgen with tunable excited-state intramolecular proton transfer and restricted intramolecular rotation processes for highly sensitive physiological pH sensing. ACS Sensors, 2018, 3: 920-928.

聚集诱导发光材料用于生物传感与分析

随着细胞生物学和分子生物学的建立和发展，现代生物学的研究方向逐渐转向微观世界，研究对象也变为微观个体，如细菌、细胞等构成生命的基本单位，或者是构成这些单位的更小的分子，如核酸、蛋白质、ATP 等。这些研究对象中的大部分都是微小而无色的，难以使用传统的光学显微技术对其进行直观的定性和定量研究。荧光探针及对应的荧光显微技术的发明及在生物研究领域的应用使得这一情况大为改观，人们由此开始能够对目标分子进行荧光定位及定量，甚至是长时间追踪。聚集诱导发光材料由于具有荧光信号强、背景荧光低、光稳定性好，以及特有的"点亮"式发光特性，十分适合用于生物学研究。自 2006 年唐本忠等第一次将聚集诱导发光材料用于蛋白质的检测以来，人们相继开发了各式各样的基于聚集诱导发光材料的生物探针，用于对不同生物分子（如核酸、蛋白质等）的传感和分析。

3.1 核酸

3.1.1 脱氧核糖核酸

脱氧核糖核酸（DNA）中的遗传信息以四个含氮碱基组成的代码形式进行编码和储存。这四个含氮碱基分别是腺嘌呤（adenine，A）、胸腺嘧啶（thymine，T）、鸟嘌呤（guanine，G）和胞嘧啶（cytosine，C）。用于储存遗传信息的双链 DNA 通常以两条单链 DNA 中的碱基互补配对（A-T 与 C-G）的方式形成双螺旋。碱基对的排列顺序决定了构建和维持有机体的必要信息——遗传信息。人类基因组 DNA 由大约 30 亿个碱基对组成，在所有人类个体中，这些碱基对中超过 99%的序列是保守的，可见生命的遗传与进化的重要意义。由于其重要功能，DNA 相关检测在临床诊断、环境监测及法医物证鉴定等方面都起着重要的作用。利用双链

DNA 的碱基互补配对的特性，DNA 检测体系中一个最常见的方法是将目标 DNA 与其互补探针直接杂交，利用与目标 DNA 互补配对的探针上的分子来输出信号，如荧光原位杂交（fluorescence *in situ* hybridization，FISH）技术。另外，常见的 DNA 传感模型还有"三明治"模型、竞争模型及分子信标等。

与传统的 DNA 传感模型不同，利用 AIE 分子特有的聚集诱导发光特性，可将其用于设计新颖的无需互补探针而直接作用于目标 DNA 本身的传感器。例如，张德清及其合作者最早利用 AIE 机理及静电相互作用来构建 DNA 识别探针。他们设计合成了季铵盐修饰的噻咯衍生物，其在水溶液中具有良好的溶解性，几乎不发荧光。但当探针与 DNA，尤其是长链的 DNA 以静电相互作用结合后，探针分子发生聚集，荧光显著增强，进而实现对 DNA 的灵敏检测。DNA 酶能够将 DNA 裂解而使探针重新分散在水中，使荧光信号减弱。因此，利用该探针还可以实现对 DNA 酶裂解 DNA 过程的实时监测及对 DNA 酶的筛选（图 3-1）。

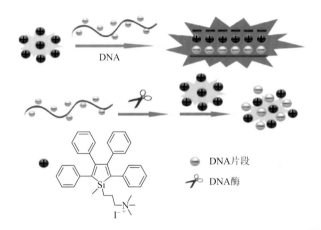

图 3-1　带正电的水溶性 AIE 探针对 DNA 和 DNA 酶的检测[1]

氧化石墨烯（graphene oxide，GO）是一类典型的二维纳米片状材料，具有很强的荧光猝灭能力，能够极大降低荧光探针的背景信号。GO 与单链 DNA（ssDNA）的碱基之间具有强烈的 π-π 堆积相互作用，能够吸附 ssDNA，而对双链 DNA（dsDNA）吸附能力较弱。利用这一特性，田文晶及其合作者开发了一例对目标 ssDNA 具有高灵敏性和特异性的 AIE 探针。他们设计了带有季铵盐基团的 9,10-联苯乙烯基蒽（DSAI）作为 AIE 探针（图 3-2）。DSAI 与 GO 形成 DSAI-GO 复合物，荧光被猝灭。目标 ssDNA 能与探针 ssDNA 杂交形成 dsDNA。此时，dsDNA 被释放，进一步与 DSAI 以静电相互作用结合使 DSAI 发生聚集，荧光被点亮。该策略也可用于其他目标分子的高灵敏检测。

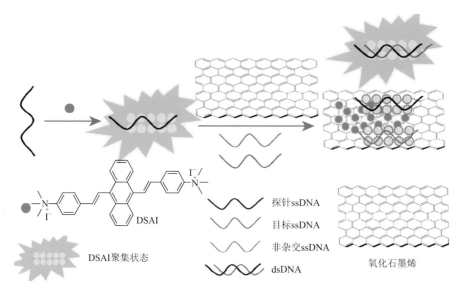

图 3-2　利用 GO 可以降低荧光探针背景，结合带正电的水溶性 AIE 探针，可用于检测能与探针 ssDNA 杂交形成 dsDNA 的目标 ssDNA[2]

单核苷酸多态性（single nucleotide polymorphisms，SNPs）是生物体中最常见的序列变异形式，是由 DNA 中的单个碱基对的突变引起的。SNPs 的准确检测可以帮助区分不同个体之间或者与突变体之间的基因差别，为特定疾病的遗传信息提供临床诊断依据。目前，大部分用于 DNA 检测和 SNPs 诊断的探针都由两个部分组成，即 DNA 杂交部分和修饰其上的信号传导部分，如常见的分子信标。这种杂交检测手段不仅受限于对探针 ssDNA 的复杂修饰，而且由于绝大部分 DNA 以双螺旋的形式（dsDNA）而不是 ssDNA 存在于生物体中，探针 ssDNA 与待测 DNA 可能存在不完全杂交，因此，信噪比较低、准确性有限。

最近，罗亮及其合作者报道了一种具有双荧光发射的 AIE 型化合物 TPBT（图 3-3）。它与蛋白质、ssDNA 及聚阴离子结合时，在 640 nm 处发出红色荧光。但当 TPBT 与 dsDNA 结合时，会在 537 nm 处出现一个新的绿色荧光峰。通过一系列机理研究，发现 TPBT 在 537 nm 的绿色荧光峰与 DNA 的双螺旋结构密切相关。鉴于此，可进一步利用 TPBT 区分 dsDNA 序列中的 SNPs。使用这种探针检测紫外线对 DNA 的损伤具有极高的灵敏性和特异性。这种无标签的、基于 AIEgens 的 dsDNA 分析方法具有简便、可靠、通用性强等优点，将在基因组学和疾病诊断领域发挥重大作用。

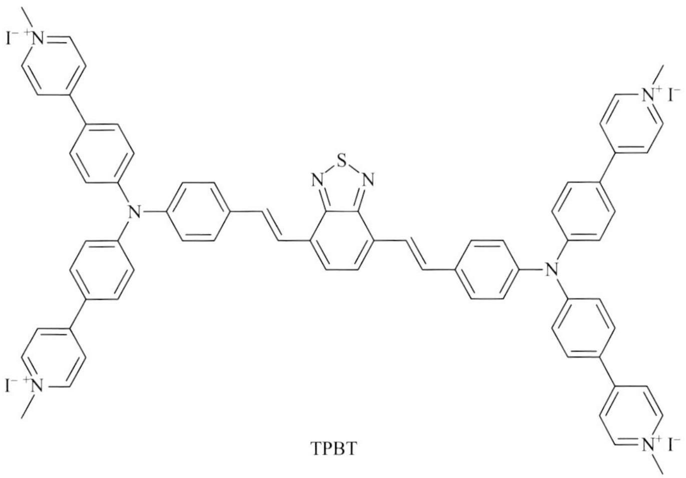

第 3 章 聚集诱导发光材料用于生物传感与分析

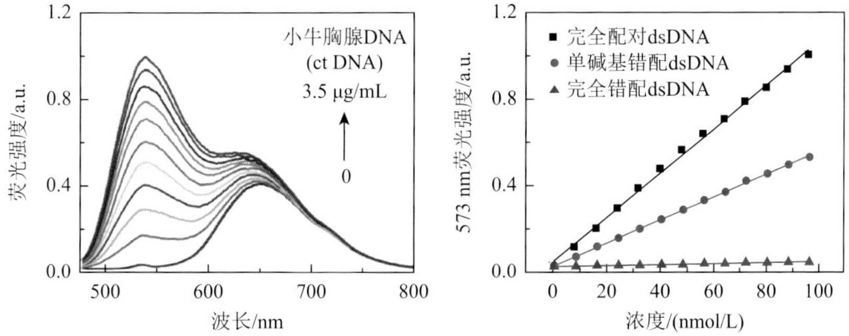

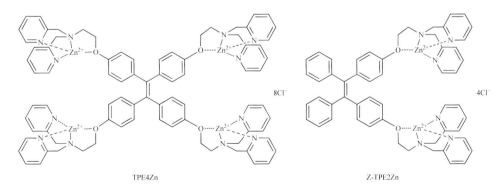

图 3-3 具有双荧光发射的 AIE 型化合物 TPBT 对 dsDNA 的检测[3]

除了静电相互作用，金属-配体相互作用也可用来设计 DNA 探针。杨楚罗及其合作者将金属-配体相互作用与 AIE 机制相结合，设计并合成了一种四苯乙烯修饰的锌配合物 TPE4Zn（图 3-4）。由于金属-配体的配位作用比氢键和静电相互作

图 3-4 基于锌配合物的 DNA 探针 TPE4Zn 与 Z-TPE2Zn[4]

用更有效，TPE4Zn 对无二级结构且较短 ssDNA 的检测具有更高的灵敏度。由于 TPE4Zn 本身有荧光，与 DNA 结合之后，荧光增强倍数不到原来的 10 倍。他们进一步通过分子结构优化，发展了具有低背景及高灵敏度的 DNA 检测探针 Z-TPE2Zn。Z-TPE2Zn 与 ssDNA 结合后，荧光强度可增加 100 倍以上。该荧光增强倍数比经典的 DNA 探针溴化乙锭高出许多。

利用碱基互补配对，可以设计对 DNA 序列有更高特异性的 AIE 探针。2014 年唐本忠课题组报道了一个可检测 ssDNA 的探针。他们将碱基 T 修饰到 AIE 分子 TPE 上，构建了探针 TPE-T（图 3-5）。TPE-T 在乙醇中可以溶解且不发光。在水含量 60% 以下的乙醇溶液中，该探针也没有明显的发光，当水含量进一步增加，该探针开始聚集发光。在水含量 99% 的溶液体系中，TPE-T 的发射峰在 450 nm 处，发光强度为在纯乙醇中的 400 倍。当遇到 dsDNA 时，由于 dsDNA 的两条链互补，TPE-T 不能与之结合，故不发出荧光，当含 A 的 ssDNA 存在时，TPE-T 通过分子上的 T 与 ssDNA 上的 A 识别和结合，限制分子内运动，从而发出荧光，并且 ssDNA 含有的 A 越多，发光越强。利用该分子，可以特异性检测含 A 的 ssDNA。

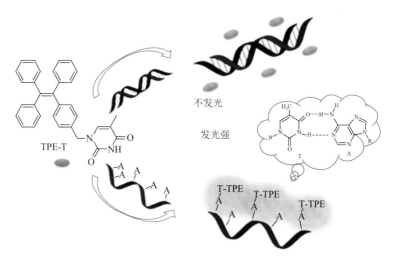

图 3-5　可特异性检测含 A 的 ssDNA 的 AIE 探针[5]

利用 DNA 的互补配对杂交使 AIE 分子结构固化进而产生荧光发射，研究者能够使用 AIE 探针对有特定序列的 DNA 进行灵敏检测。刘斌及其合作者设计合成了一类基于 AIE 机理的单标记 DNA 探针。他们将 TPE 分子通过点击反应引入到特定 ssDNA 序列中构建了探针 TPE-DNA$_p$（图 3-6）。在目标互补 DNA（DNA$_t$）存在下，探针 TPE-DNA$_p$ 与其发生杂交，TPE 的分子内自由旋转的苯环被有效限制，体系的荧光显著增强。该策略对 DNA$_t$ 的检测限可达 0.3 μmol/L。相比于传统的基于 DNA 杂交的双标记分子信标和 FRET 方法，该方法具有合成简单、成本低、普适性广等优点。

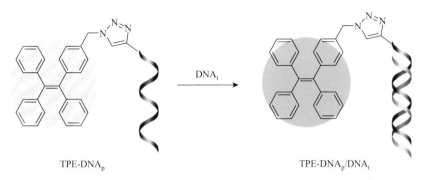

图 3-6　TPE 分子修饰的 ssDNA 作为探针检测目标互补 DNA[6]

AIE 探针不仅可以用来检测 DNA 的有无、浓度，也可用来监测 DNA 的二级结构。G-四链体（G-quadruplex）是一种广泛存在的 DNA 二级结构，由富含鸟嘌呤序列的 DNA 通过 Hoogsteen 氢键连接而成。基于静电相互作用的原理，唐本忠及其合作者设计合成了一例阳离子型的水溶性 TPE 衍生物 TTAPE（图 3-7）用以检测 G-四链体。TTAPE 在水溶液中几乎不发光，但当其与富含鸟嘌呤的 ssDNA（G1）以静电相互作用结合后，TTAPE 在 470 nm 的荧光被点亮。向上述体系中加入 K^+，诱导 G1 二级结构 G-四链体的形成，此时，TTAPE 的荧光红移至 492 nm。当进一步加入能与 G1 发生杂交的 ssDNA（C1），G-四链体发生解折叠，TTAPE 的荧光发生猝灭。鉴于此荧光灵敏的变化过程，TTAPE 可用于 G-四链体折叠过程，以及其与互补 DNA 发生解折叠过程的实时监测。

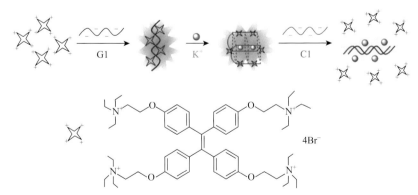

图 3-7　TTAPE 用于 G-四链体折叠过程，以及其与互补 DNA 发生相互作用后解折叠过程的实时监测[7]

细胞增殖的速度可以用来评估物质毒性、药物安全、细胞健康。而测定新合成的 DNA 是检测细胞增殖最准确的方法之一。利用 AIE 探针和胸腺嘧啶核苷酸类似物,可以实现细胞 DNA 合成的精确测定。5-乙炔基-2′-脱氧尿嘧啶核苷(EdU)是一种胸腺嘧啶核苷酸类似物,细胞增殖时可以将其插入正在复制的 DNA 分子中。唐本忠等将含叠氮的 AIE 染料与 EdU 中的炔基进行高效的点击反应,进而对新合成的 DNA 进行了荧光标记(图 3-8)。此方法可有效地检测处于 S 期的细胞百分数,并据此进行细胞增殖分析。对比有自猝灭问题的传统荧光染料,无论是比较被标记细胞核的荧光强度还是光稳定性,AIE 染料都更胜一筹,展现了在该应用中的优势。

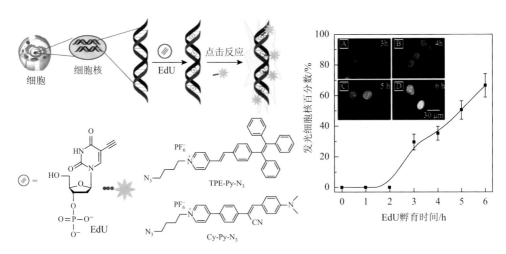

图 3-8 利用带叠氮的 AIE 染料,可以标记插入新合成 DNA 中带三键的胸腺嘧啶核苷酸类似物,进而评估 DNA 复制和细胞增殖的状况[8]

3.1.2 核糖核酸

核糖核酸(RNA)是普遍存在于动物、植物、微生物及部分病毒和噬菌体内的执行编码、解码、调节和表达基因多个重要功能的一个家族,主要包括信使 RNA(messenger RNA,mRNA)、转运 RNA(transfer RNA,tRNA)、核糖体 RNA(ribosomal RNA,rRNA)、核小 RNA(small nuclear RNA,snRNA)及其他非编码 RNA。与 DNA 类似,RNA 也是以核苷酸链的形式存在。DNA 与 RNA 最大的不同在于分子中的核糖,DNA 中 2-脱氧核糖在 RNA 中被替换成核糖。在 DNA 中的四个碱基分别为 A、T、C、G,而在 RNA 中尿嘧啶(U)取代了胸腺嘧啶(T)。一些非编码 RNA,如干扰小 RNA(small interfering RNA, siRNA)、微 RNA（microRNA，miRNA）和 mRNA 在调节蛋白质和人类癌症发生中起着重要作用，对于这些 RNA 的灵敏检测对于癌症的早期诊断及药物的发现具有重要的意义。

miR-21 是哺乳动物中第一个被鉴定的 miRNA，与包括乳腺癌、肺癌、膀胱癌、前列腺癌、胰腺癌等在内的多种肿瘤有关。娄筱叮及其合作者报道了一种基于 AIE 机制和恒温扩增技术的超灵敏检测 miR-21 的方法（图 3-9）。首先将 TPE 分子修饰在 DNA 末端得到探针 TPE-DNA。TPE-DNA 含有亲水的大分子 DNA，整体亲水性较好，在水溶液中是分散的，荧光较弱。加入 miR-21 后，miR-21 会与 TPE-DNA 探针杂交形成 DNA 的 3′-羟基平滑末端。此时，核酸外切酶Ⅲ（exonucleaseⅢ，Exo Ⅲ）作为信号放大器，将探针中的 DNA 部分催化成单核苷酸，释放出疏水的 TPE 分子，同时 miR-21 解离出来，与第二个 TPE-DNA 探针再次杂交，进入新的循环周期。一个 miR-21 能产生很多疏水的 TPE 分子，TPE 分子聚集程度越来越大，从而激活其 AIE 特性，发出强烈的蓝色荧光。通过调节反应温度可以提高 miR-21 的检测限。结果表明：反应温度为 4℃时，该探针对 miR-21 的检测限可低至 10 amol/L，相当于在 50 μL 的体积内仅有约 300 个目标分子。作者将此 miR-21 的检测方法应用于临床样品的检测，成功检测出 21 例膀胱癌患者的尿样本。

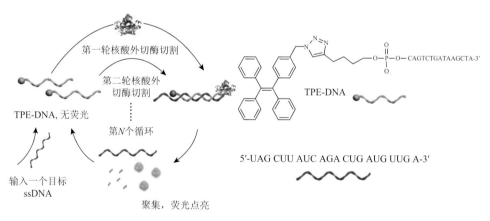

图 3-9 基于 AIE 机制和恒温扩增技术超灵敏检测 miR-21 的方法[9]

在上述体系基础上，研究者们又合成了一个具有黄色荧光的 AIE 分子，将其修饰在 DNA 末端，得到另一个复合探针 TPEPy-LDNA（图 3-10）。基于上述恒温扩增技术，TPEPy-LDNA 探针可区分癌症患者的尿液样本和正常人的尿液样本。利用 TPEPy-LDNA 分别对乳腺癌细胞（MCF-7）、宫颈癌细胞（HeLa）和人胚肺成纤维细胞（HLF）三种细胞进行荧光成像，并以传统染料（亚胺荧光素 FAM 和花青素 Cy3）修饰的 DNA 探针（FAM-LDNA，Cy3-MBDNA）作为对照。结果表明：三种探针均在 MCF-7 细胞内检测到较强信号。TPEPy-LDNA 对细胞内的 miR-21 长时间成像示踪发现：随着时间延长，荧光强度增强。与另外两种传统染料修饰的 DNA 探针相比，TPEPy-LDNA 具有优异的抗光漂白能力。

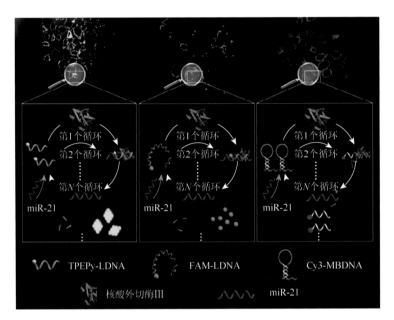

图 3-10　TPEPy-LDNA 对 MCF-7 细胞、HeLa 细胞和 HLF 细胞三种细胞内 miR-21 的荧光成像[10]

由于现实的生物医学研究及临床检验过程中样本数量通常较大，因此开发快速高通量的核酸检测方法具有重大意义和迫切需求。具有微型化特征的微阵列芯片是一种空间有序的识别、固定配体的阵列，可在相同条件下通过单次实验实现快速简单地对上千个阵列单元的平行检测，因此适合与基于 AIE 探针的新型核酸检测方法联用进行快速、高通量的核酸检测。

张学记等基于超浸润微芯片的蒸发富集效应和 AIE 探针特有的聚集诱导发光特性，构建了基于 AIE 特性的超浸润微芯片（图 3-11）。在识别过程中，样本溶液在微孔中富集杂交，形成四通连接结构，限制 TPE-DNA 中苯环的自由运动，从而激活其 AIE 性质，使其荧光增强。作者将前列腺癌生物标志物 miR-141 作为目标 miRNA，验证了该传感平台的性能。结果显示：荧光强度比值（F/F_0-1）与 miR-141 浓度的对数（$\lg C$）成正比（$R^2 = 0.9953$），这一结果表明该 AIE 微芯片作为生物传感平台可进行定量分析检测。该 AIE 微芯片对 miR-141 的检测限低至 1 pmol/L，可用于血清样本中 miR-141 的检测，具有潜在的临床应用价值。

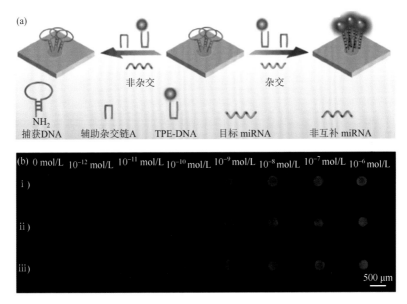

图 3-11 （a）基于 AIE 机制的超浸润微芯片检测 miRNA；（b）不同浓度 miR-141 三组平行检测的荧光照片[11]

3.2 氨基酸和蛋白质

蛋白质是最重要的生物大分子之一，是生命活动的主要承担者。一切生命活动都离不开蛋白质。蛋白质是构成细胞和生物体的重要物质，有些蛋白质可以起到生物催化作用，有些起到运输载体的作用，有些具有信息传递作用。某些蛋白质的含量、结构或者功能变化，预示着疾病的产生。因此，对于蛋白质的定性和定量检测具有重要的生物学意义。氨基酸是组成蛋白质的基本单元。构成人体蛋白质的基本氨基酸有 21 种。这些氨基酸通过肽键以不同的顺序连接起来构成多肽，经加工折叠形成蛋白质。某些氨基酸的缺乏可以引起身体机能障碍，导致疾病。因此，将 AIE 探针用于对氨基酸及蛋白质的检测，不仅能够扩大探针的使用范围，也将为生物医学领域的进展提供重要研究工具。

3.2.1 氨基酸

唐本忠及其合作者通过将马来酰亚胺基团共轭连接到TPE分子上得到化合物TPE-MI（图3-12）。由于马来酰亚胺基团的猝灭作用，TPE-MI在溶液中及固态下均不发光。但当含有巯基的氨基酸与马来酰亚胺基团发生加成反应之后，TPE-MI的荧光能被点亮。因此，TPE-MI可作为含有巯基的氨基酸（如半胱氨酸）的特异性固态荧光探针。将TPE-MI滴于薄层层析（TLC）板上可实现对L-半胱氨酸的高灵敏检测，其检测浓度可低至1 ppb。值得注意的是，由于TPE-MI在与巯基反应前无论是在溶液中还是固态下均完全不发光，所以背景低、干扰小。该染料及其衍生物被应用于细胞中蛋白质聚集的实时监测中，取得了极好的效果。

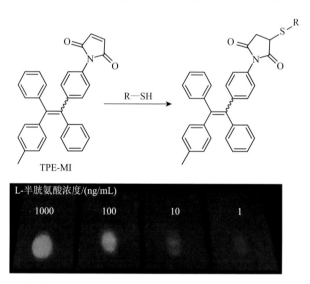

图3-12 TPE-MI检测原理和TPE-MI对薄层层析板上不同浓度的L-半胱氨酸的检测[12]

除了半胱氨酸，人体内还有一种含巯基的半胱氨酸同系物，即高半胱氨酸（homocysteine，Hcy）。据研究，血液中Hcy的含量与心脏病发病率有密切的相关性，并且过多的Hcy可能与老年人的骨质疏松有关。唐本忠及其合作者利用TPE-Cy化合物的AIE特性，以及易与巯基氨基酸发生加成反应的特点，实现了对Hcy的选择性识别（图3-13）。核磁共振滴定分析证明：巯基氨基酸能与TPE-Cy分子发生1,4-加成反应而使TPE-Cy分子的共轭性被破坏。Hcy的位阻较小，能够促进加成反应的进行。同时Hcy较强的疏水性，使其与TPE-Cy的加成产物在溶液中更容易聚集，最终表现为红色荧光消失，较强的蓝色荧光出现。半胱氨酸（Cys）虽然也可以与TPE-Cy发生加成反应，但加成产物的亲水性较好，最终表现为红色荧光消失，而蓝色荧光较弱。谷胱甘肽（GSH）则由于具有较大的位阻，不宜与 TPE-Cy 进行有效的加成反应，仍然使 TPE-Cy 发射红色荧光。

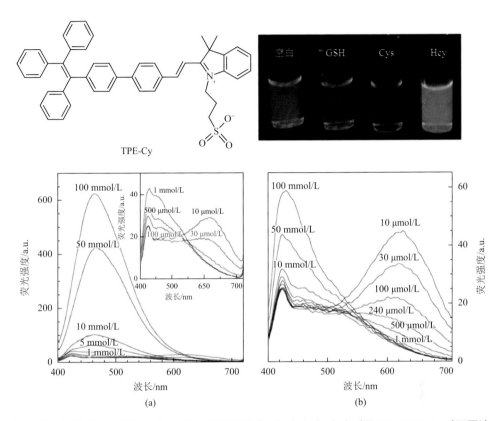

图 3-13　TPE-Cy 对 GSH、Cys、Hcy 的不同响应，（a）和（b）分别展示了 TPE-Cy 对不同浓度的 Hcy 和 Cys 的响应[13]

GSH 是一种由谷氨酸、半胱氨酸及甘氨酸组成的三肽，是体内一种重要的抗氧化剂，其侧链含有一个巯基。唐本忠及其合作者设计合成了一例具有 AIE 特性的 TPE 衍生物（TPE-DCV，图 3-14）用于特异性检测 GSH。TPE-DCV 能与巯基发生巯基-烯键反应，从而改变 TPE-DCV 的荧光。有意思的是，只有 GSH 能使 TPE-DCV 呈现明亮的绿色荧光，而 Cys 和 Hcy 均不能使其荧光增强，因此 TPE-DCV 能够选择性地识别 GSH。研究发现，GSH 与 TPE-DCV 的加成产物疏水性更差，在体系中易形成聚集体，从而表现出强的荧光。Cys 和 Hcy 的疏水性较 GSH 小，使其加成产物具有较好的水溶性，在体系中的荧光极弱。他们利用 GSH 使 TPE-DCV 荧光增强的特性，使用 TPE-DCV 作为荧光探针跟踪了谷胱甘肽还原酶的动力学过程，并利用 TPE-DCV 对细胞内 GSH 的分布进行了有效成像。

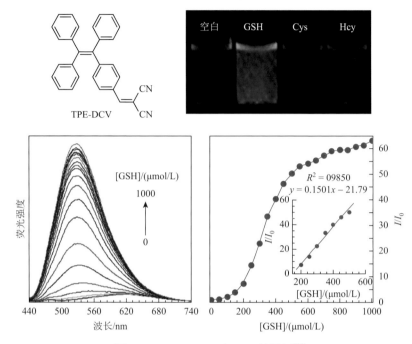

图 3-14 TPE-DCV 对 GSH 的检测[14]

TPE-DCV 与 GSH 反应后发出绿色荧光,荧光强度随 GSH 浓度增加而增强

利用这三种物质与醛基的反应速率的不同,孙景志及其合作者开发了一例以醛基为反应基团的荧光探针 DMBFDPS,其能够同时区分 Cys、Hcy 和 GSH(图 3-15)。这种识别主要基于反应依赖的荧光团聚集,以及探针分子和分析物加合物的溶解度。根据 DMBFDPS 与 Cys 和 Hcy 的反应动力学的差异,简单通过荧光强度的变化,即可将结构十分近似的 Cys 和 Hcy 区分开。而 GSH 能够使 DMBFDPS 与 Cys 的混合物荧光猝灭,利用该特性,则可通过荧光滴定的方法将 GSH 鉴别出来。该荧光探针还可用于去蛋白质后的血浆中 Cys 的检测,有望用于 Cys 的临床检测和鉴定。

张德清及其合作者将聚(离子液体)光子球与 AIE 技术结合,开发了一种能快速高效准确分辨 20 种不同氨基酸的检测技术(图 3-16)。离子液体通常是一种在常温下呈液态的熔融有机盐,具有蒸气压低等多种独特的理化性质。而聚(离子液体)则是以构成离子液体的分子作为单体,将其聚合而得到的聚合物,通常呈准固态或凝胶状,兼具离子液体和聚合物的优点。他们以自组装的二氧化硅纳米颗粒作为核心,在其上浸润离子液体单体、交联剂及 AIE 荧光分子,然后进行聚合反应,随后使用氟化氢刻蚀掉二氧化硅核心,得到了 AIE 掺杂的聚(离子液体)光子球。该光子球本身具有独特的光子晶体(即阻止特定波长的光穿过)性

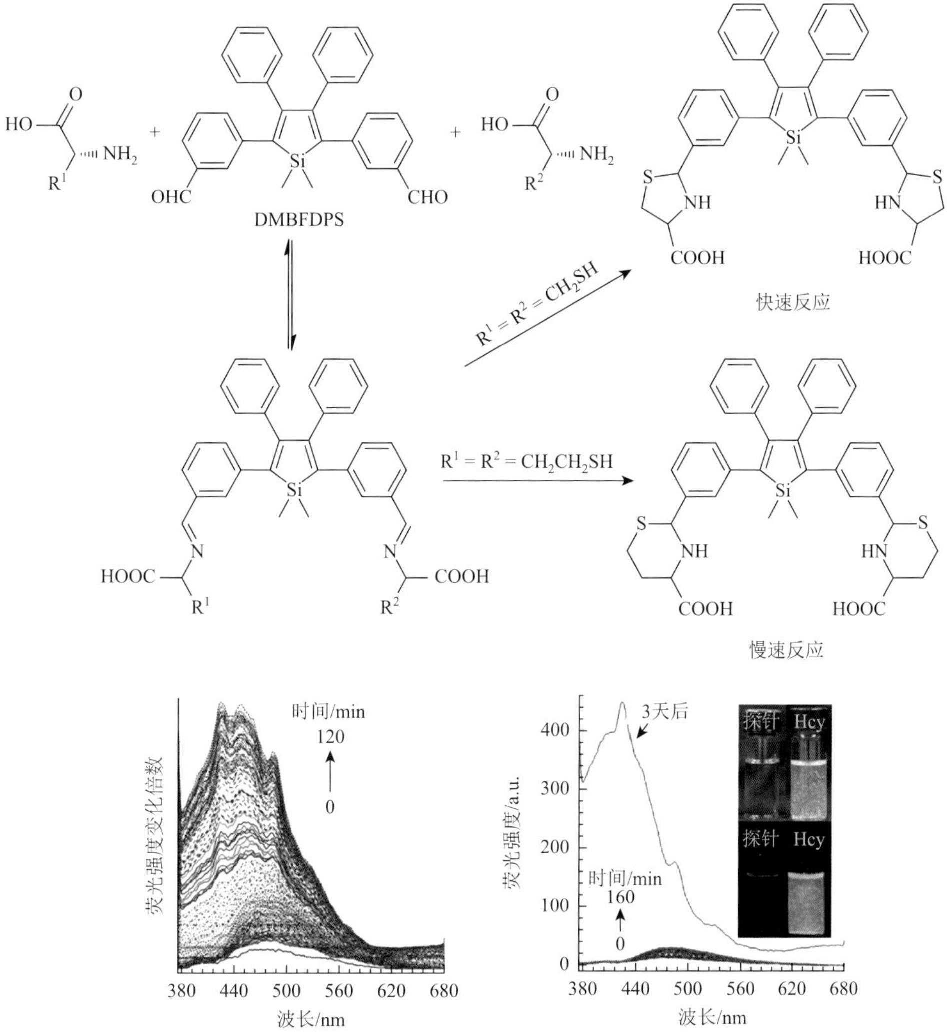

图 3-15 DMBFDPS 能够同时区分 Cys、Hcy 和 GSH[15]

能,并且还在一定范围内发射荧光。以这种光子球作为探针与不同种类的氨基酸反应后,由于其内部的结构发生变化,其光子晶体性能及荧光发射强度都发生改变。他们以 AIE 掺杂的聚(离子液体)光子球作为探针,将其与氨基酸发生反应,

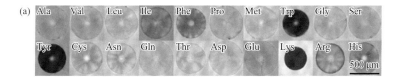

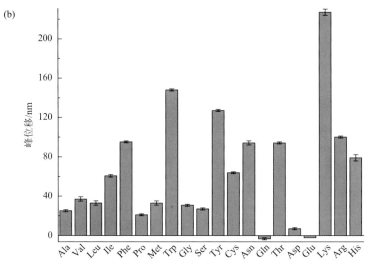
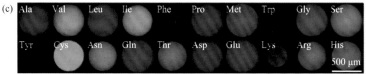
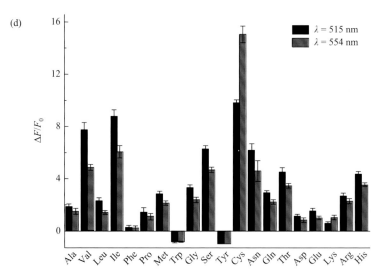

图 3-16 （a，b）AIE 掺杂的聚（离子液体）光子球与 20 种不同氨基酸发生反应后的荧光颜色变化（a）以及峰位移（b）；（c，d）AIE 掺杂的聚离子液体球与 20 种不同氨基酸发生反应后的荧光强度变化[16]

Ala：丙氨酸；Val：缬氨酸；Leu：亮氨酸；Ile：异亮氨酸；Phe：苯丙氨酸；Pro：脯氨酸；Met：甲硫氨酸；Trp：色氨酸；Gly：甘氨酸；Ser：丝氨酸；Tyr：酪氨酸；Cys：半胱氨酸；Asn：天冬酰胺；Gln：谷氨酰胺；Thr：苏氨酸；Asp：天冬氨酸；Glu：谷氨酸；Lys：赖氨酸；Arg：精氨酸；His：组氨酸

然后分析探针的光子晶体性能，515 nm 及 554 nm 处的荧光强度变化作为信号，随后对得到的三种信号进行主成分分析（principal component analysis，PCA）和线性判别分析（linear discriminant analysis，LDA），开发了一种利用单一探针进行矩阵分析检测氨基酸的方法。使用这种探针对人体必需的 20 种氨基酸样品进行分析，准确率为 100%。半定量实验显示，探针在 0.1～10 mmol/L 氨基酸浓度范围内具有良好的分辨率。随后对 26 份混合氨基酸样本进行了检测分析，准确率也为 100%。最后又对人类尿液样本中的 20 种氨基酸进行检测，准确率同样为 100%。

3.2.2 蛋白质及其构象

蛋白质电泳是现代分子生物学中一种重要而常见的蛋白质分析技术，它利用不同蛋白质的荷质比等性质不同，在电场下的迁徙速度不同，将蛋白质分离，以供检测分析。电泳过程必须在固定支持介质中进行，以减少扩散和对流等干扰。现在最常用的蛋白质电泳介质是聚丙烯酰胺凝胶。电泳过后的蛋白凝胶经染色，才会显现蛋白条带。荧光染料因具有高灵敏度，而被用于蛋白凝胶染色。2013 年，唐本忠课题组便曾使用带苄溴的 TPE 对蛋白凝胶上含巯基的蛋白条带进行染色[17]。2018 年，研究者们开发了一种新型的荧光银染技术，可以对电泳后的蛋白凝胶高效地染色。

在蛋白质的电泳检测中，银染色方法对蛋白质含量的检测范围非常广，并且比经典的考马斯亮蓝染色的灵敏度高 10～100 倍。它的工作原理是银离子通过与羧基、胺、巯基和其他富电子化学基团相互作用从而与生物靶标结合，然后通过将银离子还原为深色的金属银颗粒来实现检测。由于蛋白质不同位点的环境不同引起还原反应进行的程度不同，因此形成的银颗粒通常具有不同的尺寸，而不同尺寸的银颗粒颜色不同，这会导致被染色的蛋白质颜色不同，从而表现出较差的蛋白质定量线性关系。另外，为了在银染剂中获得较高的灵敏度，通常加入戊二醛敏化，以使蛋白质上的银离子达到饱和。然而，戊二醛会与蛋白质形成共价交联结构，给下游的质谱分析带来很大的困难。唐本忠和陈斯杰等报道了一种新型的水溶性银离子荧光探针 TPE-4TA（图 3-17），对银离子进行荧光可视化。TPE-4TA 中的四唑基团与银离子的配位导致聚集，从而引发 AIE 活性探针的荧光。荧光聚集体与生物银染剂整合在一起，从而形成了一种高效、稳健的荧光银染法用于凝胶内蛋白质显色。该方法操作简单直接，并避免了使用有毒的戊二醛。与常规硝酸银染色和著名的荧光染料 SPRYO Ruby 染色相比，该染色剂的灵敏度提高了 1～16 倍，并且在超过 2000 倍（每条带中蛋白质含量可低至 0.024～0.061 ng，高达 50～75 ng）的蛋白质定量范围内显示出良好的线性关系。这种利用荧光的新颖的银染色方法可能为研究许多其他嗜银生物结构开辟一条新途径。

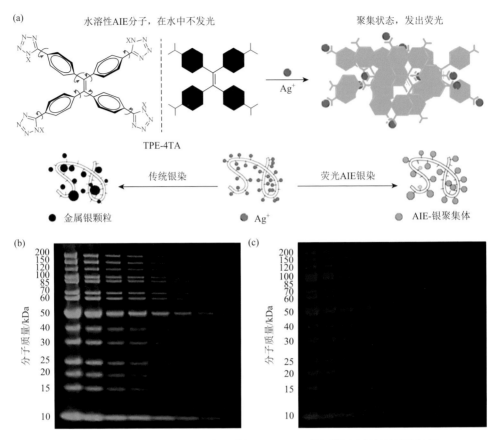

图 3-17 （a）TPE-4TA 结构（X = H 或 Na$^+$）、TPE-4TA 检测银离子的原理及利用 TPE-4TA 进行荧光 AIE 银染的原理;（b）TPE-4TA 用于凝胶内蛋白质显色;（c）商业化染料 SPRYO Ruby 用于凝胶内蛋白质显色[18]

除了检测蛋白凝胶中的蛋白质，AIE 探针也可用来检测液体样本中的蛋白质。人血清白蛋白（human serum albumin，HSA）是人体血浆中含量最为丰富的一种蛋白质。HSA 在人体内有着重要的生理作用，如结合并转运氨基酸和酯类、抗氧化、参与酶催化活动、维持血浆渗透压等。HSA 在正常血清中的含量为 35～50 g/L，其浓度异常通常能够反映出人体内某些生理指标异常，也是心血管类疾病、肝病、糖尿病和肾病等疾病的早期标志之一。例如，当 HSA 在血清中的含量低于 35 g/L 时，临床上即诊断为低蛋白血症，通常能够反映患者营养不良、肝功能衰竭、肾脏疾病等。当 HSA 含量超过 50 g/L 时，可能代表慢性脱水和体脂含量升高等生理异常状况。因此，精确测定 HSA 的含量对于特殊疾病的诊断具有极为重要的研究和应用意义。

唐本忠等设计合成了基于 TPE 的水溶性探针 BSPOTPE（图 3-18），其在 PBS 缓冲液中的荧光极弱。逐渐加入 HSA 后，探针在 475 nm 处的荧光强度迅速增强。

当加入 10 μmol/L HSA 后,探针的荧光强度增强了约 300 倍,其检测限为 1 nmol/L。通过分子对接模拟得知,结合后探针位于ⅢA、ⅠB、ⅡA 之间的疏水空腔。他们进一步使用探针在人工尿液中对 HSA 进行了检测,并检测了盐酸胍(GndHCl)诱导的 HSA 解聚过程。此外,该探针还可作为聚丙烯酰胺凝胶电泳分析中的蛋白质染色试剂。

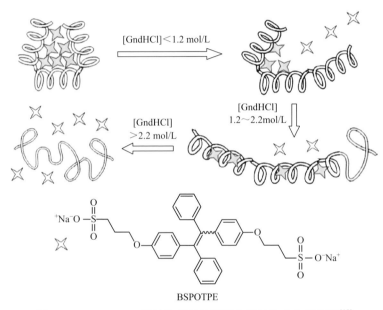

图 3-18　BSPOTPE 的结构及其检测蛋白质结构变化的原理[19]

董宇平等合成了一种具有 AIE 效应的水溶性 1,2,5-三苯基吡咯衍生物(DP-TPPNa,图 3-19)用于对血清白蛋白的检测。DP-TPPNa 在 PBS 缓冲液中荧光较弱,加入白蛋白能够使其荧光强度显著增强。加入浓度为 150 μg/mL 的 HSA 可使 DP-TPPNa 的荧光强度增强 9 倍。DP-TPPNa 对牛血清白蛋白(bovine serum albumin,BSA)的检测限为 2.18 μg/mL,对 HSA 的检测限为 1.68 μg/mL。DP-TPPNa 对白蛋白的荧光响应时间较短,其与白蛋白混合 6 s 后就能得到稳定的荧光。

赵蕊及其合作者报道了一例基于有机小分子的纳米荧光传感器,并将其用于 HSA 的位置特异性识别和构象变化监测。她们首先设计合成了 TPE 的衍生物 TPE-red-COOH(图 3-20)。TPE-red-COOH 自组装形成几乎无荧光的纳米颗粒。只有 HSA 能够使该纳米组装体发生解离,并进一步与 TPE-red-COOH 分子进行特异性结合。机理研究表明:HSA 和 TPE-red-COOH 之间的多重非共价相互作用是 TPE-red-COOH 纳米组装体发生解离并被捕获到 HSA 空腔中的驱动力。TPE-red-COOH 分子内自由旋转的苯环在 HSA 疏水空腔中被有效限制,从而激

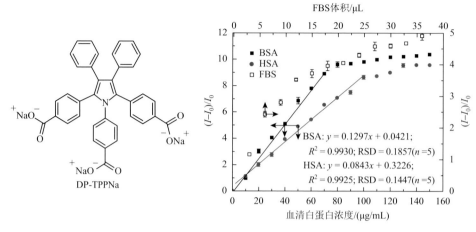

图 3-19　DP-TPPNa 的结构及其对 HSA、BSA 和胎牛血清（FBS）的响应[20]

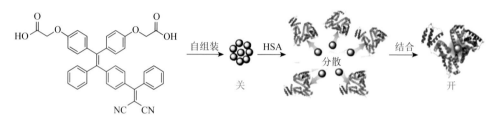

图 3-20　基于 TPE-red-COOH 的纳米传感器对 HSA 的检测[21]

活了其 AIE 特性，荧光增强。他们利用该荧光纳米传感器，进一步研究了 HSA 在变性过程中的逐步构象转变。

童爱军及其合作者报道了一例比率型白蛋白探针（图 3-21）。探针在 pH 为 7.4 的缓冲液中发生去质子过程，表现出蓝色荧光。加入 BSA 或者 HSA，探针在 518 nm 处的荧光被点亮。518 nm 和 436 nm 处的荧光强度比值与蛋白质的浓度呈现良好的线性关系。探针对 BSA 的检测限为 16.2 μg/mL，对 HSA 的检测限为 10.5 μg/mL。

监测血液中 HSA 浓度对于老年人或慢性病患者尤为重要。最近，刘国珍及其合作者设计合成了一种具有 AIE 特性的双发射查耳酮探针 4-MC（图 3-22）。随着 HSA 浓度的增加，4-MC 的荧光颜色从聚集态的红色（620 nm）逐渐转变成单体态的黄色（520 nm）。利用 4-MC 在聚集态（620 nm）和单体态（520 nm）的荧光强度的比值，即可实现对 HSA 的定量分析。他们进一步将 4-MC 化合物集成在纸基分析设备上，成功实现了全血样本中 HSA 浓度的监测。利用这种自制的检测系统，即使是肉眼也能很容易地分辨血液中 HSA 的浓度，特别适合家庭使用。

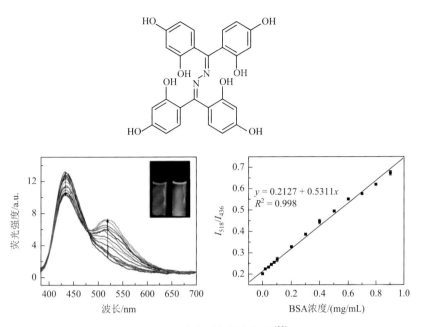

图 3-21 比率型白蛋白探针[22]

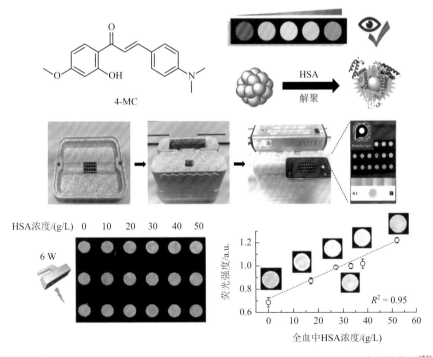

图 3-22 具有 AIE 特性的双发射查耳酮探针 4-MC 对全血样本中 HSA 浓度的监测[23]

丙种球蛋白γ-球蛋白是具有抗体活性,且能与相应抗原特异性结合的一类球蛋白。最重要的γ球蛋白是免疫球蛋白,包括IgG、IgA、IgM、IgD和IgE。其中以IgG为主,约占免疫球蛋白总量的75%。γ-球蛋白在疾病识别和控制中起着重要作用。血清中γ-球蛋白的浓度通常维持在一个稳定的水平[$(8.3\sim23.0)\times10^3$ μg/mL]。γ-球蛋白浓度升高或降低都可能诱发疾病。高γ-球蛋白水平可导致类风湿性关节炎、肝病和传染病。低γ-球蛋白水平可导致体液免疫功能低和代谢疾病。因此,开发灵敏、可靠的γ-球蛋白的检测方法对临床诊断具有重要意义。

李海军及其合作者报道了具有AIE特性的阳离子型探针TABD-Py-PF$_6$(图3-23),并将其用于血清中γ-球蛋白的原位定量测定。γ-球蛋白的加入能够使TABD-Py-PF$_6$的荧光强度显著增强。在γ-球蛋白浓度为7.89～300 μg/mL时,TABD-Py-PF$_6$的荧光强度对蛋白质浓度呈现良好的线性关系,其对γ-球蛋白的检测限可低至7.89 μg/mL。此外,TABD-Py-PF$_6$对γ-球蛋白的响应时间非常短(小于5 s),适用于实时检测。探针TABD-Py-PF$_6$与γ-球蛋白之间合适的静电相互作用是导致该特异性蛋白识别的主要因素,TABD-Py-PF$_6$与γ-球蛋白之间特异性的结合能够限制TABD-Py-PF$_6$分子内的自由旋转,激活其AIE特性。

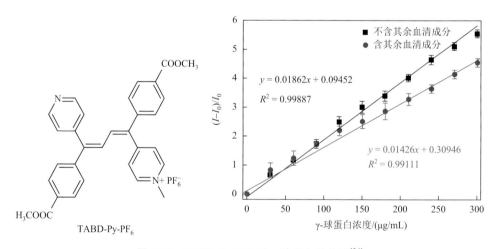

图3-23 TABD-Py-PF$_6$对γ-球蛋白的检测[24]

利用AIE原理,研究者也可以设计合适的探针,以实现对特定蛋白质的特异性检测。例如,整合素α$_v$β$_3$过量表达在多种癌细胞上,在调控癌细胞生长和迁移中起到重要作用,而含有RGD(精氨酸-甘氨酸-天冬氨酸)的三肽序列是整合素α$_v$β$_3$的配体,可与整合素α$_v$β$_3$特异性识别和结合。2012年,刘斌课题组和唐本忠课题组合作设计合成了一个基于四苯基噻咯的生物探针,用于特异性检测整合素α$_v$β$_3$。他们将cRGD环肽修饰于四苯基噻咯上,制成分子TPS-2cRGD(图3-24)。

经 cRGD 环肽修饰，本不溶于水的四苯基噻咯亲水性变强，在水中可以溶解，且基本不发荧光。当遇到整合素 $α_vβ_3$ 时，cRGD 环肽介导探针与目标蛋白质结合，当结合到蛋白质上之后，AIE 探针分子内运动受到限制，非辐射跃迁过程被阻断，发出荧光。

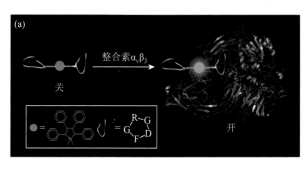
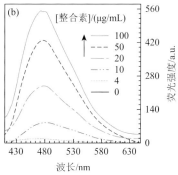

图 3-24　（a）经 cRGD 环肽修饰的 AIE 分子对整合素 $α_vβ_3$ 特异性检测的原理；（b）随着整合素浓度上升，该探针的荧光信号增强[25]

通过分子设计，AIE 分子也可应用于筛选与特定蛋白或多肽有相互作用的生物活性肽。多肽间或多肽与蛋白质间的相互作用在细胞生化过程中起着至关重要的作用，对发现新的肽基抗肿瘤药物和治疗策略有很大的帮助。与蛋白质等生物大分子相比，多肽具有体积小、稳定性高、细胞通透性好的特征。多肽化学和生物学的进步使得可以从各种可选的构建模块中创建高含量的多肽库。但是，由于其高度复杂、多样和不稳定的性质，在筛选和鉴定过程中仍然存在挑战。这是由于库中候选化合物数量巨大，而且候选化合物的结构相似性高。因此，研究者迫切需要新型的多肽探针以对更多的定向设计和筛选的多肽进行鉴定。在筛选生物活性肽的方法中，基于荧光的策略具有灵敏度高、通用性强和操作简单的特点。然而，常规荧光团的使用通常会遇到以下问题，包括聚集导致荧光猝灭（ACQ）、严重的背景干扰、有限的检测灵敏度及与溶液中筛选的不兼容性。为了便于对所选序列的检测和识别，探针与目标多肽通常在固-液非均匀界面上相互作用，此时靶分子或候选配体都将被固定。为了减少背景信号和非特异性吸附，通常需要多个洗涤步骤。固定化或洗涤过程妨碍了实时监测，并可能影响生物分子之间相互作用。与基于传统荧光团的筛选方法相比，使用 AIE 探针的检测方法可以减少背景干扰，具有较高的灵敏度。

溶酶体蛋白跨膜 4（LAPTM4B）在大多数实体肿瘤中过表达，在肿瘤的发生、转移和代谢中发挥着重要作用，是设计多肽探针的理想靶点。赵睿和张德清等根据其亲水性、扩展构象和可结合性，选择其亲水性的细胞外环片段 EL1（ADPDQYNFSSSELGG）作为靶点（图 3-25）。将具有 AIE 性质的四苯乙烯引入到目标片段 EL1 上，使 EL1 与候选肽之间的相互作用成为一个自指示系统，其中结合亲和力与荧光强度呈正相关。通过高通量检测混合溶液的荧光强度，可以一步筛选出与 EL1 结合最强的多肽。通过识别靶蛋白 LAPTM4B，所选肽段可用于癌细胞的成像和检测。肽在癌细胞中的内化和随后的转运到溶酶体，表明在生物标记物追踪和靶向给药方面具有更广阔的潜力。

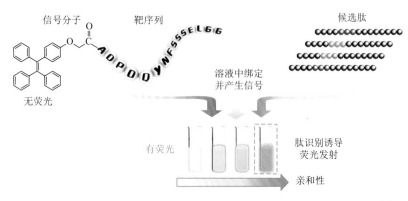

图 3-25　利用多肽修饰的 AIE 探针筛选与目标多肽有相互作用的多肽[26]

大多数天然蛋白质通常会正常折叠进而发挥其生理功能。然而，某些蛋白质在一定病理条件下会发生错误折叠和聚集，形成不溶性蛋白纤维，最终沉积在组织和器官中。该类蛋白质称为淀粉样蛋白（amyloid protein），该过程称为淀粉样蛋白聚集（amyloid protein aggregates）。淀粉样蛋白的错误折叠和异常聚集通常被认为与一系列神经退行性疾病的发生密切相关，如老年人群中常见的阿尔茨海默病（Alzheimer's disease，AD）和帕金森病（Parkinson's disease，PD）。目前被广泛认可的 AD 病理机制为 β-淀粉样蛋白（β-amyloid，Aβ）的过量表达，聚集沉淀形成淀粉样斑块，进而引发其他一系列病理过程，最终导致神经元退化和死亡。PD 的主要病理特征则是神经元胞质中出现大量以 α-突触核蛋白（α-synuclein，α-Syn）为主要成分的路易小体和路易轴突。神经退行性疾病的发生不仅严重影响患者生活质量，也给家庭和社会带来极大的精神和经济负担。因此，对于蛋白质纤维化的灵敏检测及淀粉样纤维沉积过程的机制对研究相关疾病的诊断和治疗及患者社会生活的改善都具有重要的意义。

唐本忠等基于 AIE 机理，发展了一例具有良好生物相容性的水溶性荧光探针（BSPOTPE，图 3-26）用于非原位监测和原位抑制蛋白纤维化过程。BSPOTPE 与天然胰岛素共同溶解之后，BSPOTPE 几乎不发光。但随着胰岛素纤维化过程的进行，BSPOTPE 的荧光逐渐被点亮。利用该探针可实现对蛋白质纤维化的动力学过程的有效监测并对蛋白纤维进行高信噪比的荧光成像。此外，BSPOTPE 与胰岛素预混合之后，BSPOTPE 能够抑制蛋白纤维的成核过程，阻碍纤维化过程的进行。

增加 BSPOTPE 的剂量可增强其抑制作用。分子动力学模拟和分子对接理论模型揭示：BSPOTPE 通过苯环与暴露胰岛素疏水残基之间的疏水相互作用，使其能够与部分未折叠的胰岛素结合。这种结合可能稳定了部分未折叠的胰岛素，并阻碍了蛋白纤维形成过程中关键低聚物物种的形成。

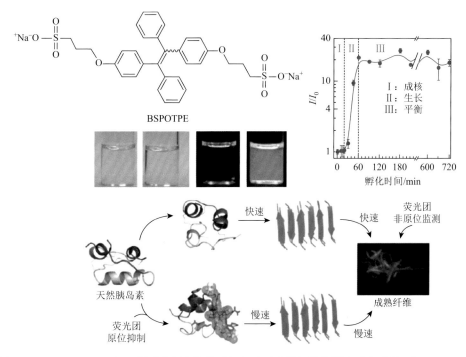

图 3-26 BSPOTPE 可用于监测蛋白聚集的过程和对形成的纤维化蛋白进行成像，当 BSPOTPE 存在时会阻碍蛋白纤维化，减缓蛋白纤维化过程[27]

研究表明，淀粉样蛋白聚集过程是由单体聚集成寡聚物、原纤维，最后形成不溶性成熟纤维。聚集早期的寡聚体及原纤维具有比成熟纤维更大的毒性。硫磺素 T（thioflavin-T，ThT）、尼罗红（Nile red）等是最常用的检测淀粉样蛋白原纤维的探针。小分子荧光探针通过选择性结合到淀粉样蛋白 β-折叠区域，使荧光信号发生改变，实现对淀粉样蛋白聚集行为的检测。ThT 不会显著干扰淀粉样蛋白纤维化的动力学，可用于纤维的实时监测。传统荧光探针（ThT）虽然能够识别成熟的蛋白纤维，但对于早期阶段聚集体的响应并不灵敏。如何克服这些不足，开发对淀粉样蛋白聚集，尤其是早期聚集具有高灵敏响应的荧光探针，一直是淀粉样蛋白聚集领域的研究热点和难点。

唐本忠等利用一种阳离子型的 AIE 分子 TPE-TPP（图 3-27），对 α-Syn 的聚集过程进行了检测。在对 α-Syn 的研究中，相比于 ThT，TPE-TPP 对 α-Syn 聚集早期的寡聚体及原纤维具有更高的灵敏性。随后，洪煜柠及其合作者进一步证实了 TPE-TPP 广泛适用于监测淀粉样纤维聚集，包括在不同条件下，如在酸性 pH 和高温下，或在存在淀粉样抑制剂的情况下。

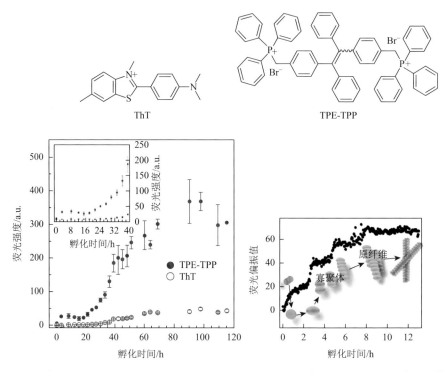

图 3-27　相较于 ThT，AIE 探针 TPE-TPP 展现了对聚集早期的寡聚体及原纤维更高的灵敏性，可用于监测 α-Syn 蛋白纤维化的过程[28]

Aβ 斑块的体内高保真成像对早期检测阿尔茨海默病（AD）至关重要。但是，商业上可获得的 ThT 及其衍生物 ThS 具有明显的 ACQ 效应、低的信噪比和弱的血脑屏障穿透力，在体内检测 Aβ 斑块是非常受限的。朱为宏等采用理性的分子设计策略，合成了一例近红外发射的 AIE 探针 QM-FN-SO$_3$（图 3-28），成功解决了商业化染料 ThT/S 受限于发射波长较短、ACQ 引起的荧光信号失真、常亮（always-on）的背景噪声干扰，以及弱的血脑屏障穿透性等固有缺陷，实现了对 Aβ 斑块超灵敏和高保真的原位成像。基于近红外可激活的荧光探针 QM-FN-SO$_3$ 对 Aβ 斑块显著的结合能力、有效的血脑屏障穿透性能和优异的光稳定性，实现了超高的成像信噪比。AD 模型小鼠大脑组织切片和尾静脉注射的 AD 模型小鼠活体成像实验，进一步验证了探针 QM-FN-SO$_3$ 能够实现对 AD 模型小鼠大脑中 Aβ 斑块的准确结合和近红外荧光标记，并有望代替市售染料 ThT/S 进行更高保真度的组织学染色。

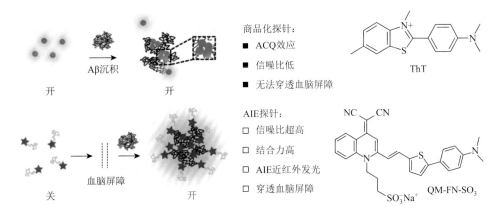

图 3-28 可穿透血脑屏障的近红外发射的 AIE 探针 QM-FN-SO$_3$ 与传统商业化探针 ThT 的比较[29]

除了上述小分子探针外，将 AIE 荧光团与具有靶向性的多肽结合可组成复合探针。Jana 等报道了一例用于检测和监测淀粉样蛋白纤维的点亮型荧光探针（TPE-peptide，图 3-29）。TPE-peptide 由具有 AIE 特性的 TPE 部分和能够与淀粉

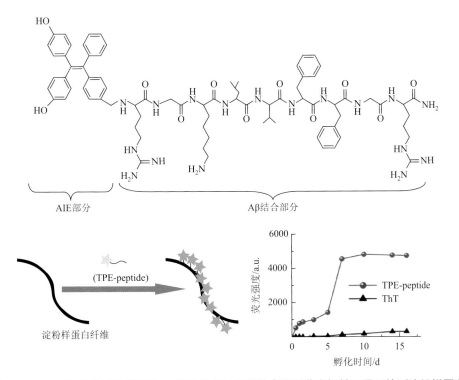

图 3-29 AIE 荧光团连接可识别 Aβ 纤维的多肽得到的点亮型荧光探针可用于检测淀粉样蛋白纤维[30]

样蛋白纤维特异性结合的多肽链组成。当淀粉样蛋白处于单体状态时，TPE-peptide 几乎没有荧光。但当淀粉样蛋白形成纤维之后，TPE-peptide 能够与蛋白纤维特异性结合，使探针的荧光显著增强。与 ThT 相比，TPE-peptide 对于蛋白纤维的检测不受其他猝灭剂的影响，具有高的信噪比。他们进一步利用 TPE-peptide 监测了 Aβ 纤维形成的动力学过程。结果显示，相比于 ThT，TPE-peptide 能够清晰地反映出蛋白纤维的成核和生长阶段。

如上面所提到的，多肽链折叠成正确的天然结构对于蛋白质发挥功能至关重要。为了将蛋白质组保持在折叠状态，细胞采用了复杂的质量控制系统，称为蛋白质稳态，以不断保持细胞蛋白质合成、成熟和降解的平衡。环境扰动或异常蛋白（突变、翻译错误等）可破坏蛋白质稳态，导致蛋白质未完全折叠或聚集，后者是与神经退行性疾病、癌症和自身免疫性疾病相关的常见特征。相对于在体外模拟蛋白质的聚集，直接研究细胞内蛋白质的聚集过程，量化环境极性的变化可以更好地理解细胞内的应激反应机制，并了解蛋白质错误折叠相关疾病的致病性。

洪煜柠和 Hatters 于 2017 年报道了一种利用 TPE-MI 来测量细胞内未折叠蛋白含量的方法（图 3-30）。如上面介绍，TPE-MI 与巯基反应后荧光才被激活，而且它与含巯基的水溶性生物小分子如谷胱甘肽反应后的产物，由于仍具有较高的水溶性，并不发光。球蛋白的巯基一般埋在蛋白质内部，未折叠蛋白的巯基则会暴露出来。TPE-MI 与未折叠蛋白暴露在外的巯基反应之后，会发出荧光信号。在一些促进未折叠蛋白积累的条件下，TPE-MI 的荧光信号会增强。他们的实验展示，TPE-MI 可用来报告在亨廷顿病的细胞模型中不平衡的蛋白质稳态，也可用来检测二氢青蒿素处理恶性疟原虫引起的蛋白质损伤。

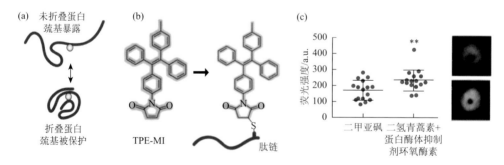

图 3-30 （a）TPE-MI 可以与暴露的巯基发生反应；（b）荧光点亮；（c）利用该原理，可以将其用于对细胞中未折叠蛋白的成像，含未折叠蛋白多的细胞将展现更高的荧光信号[31]

洪煜柠等于 2020 年开发了一种通用策略，用介电常数（ε）量化细胞中未折叠蛋白周围局部环境的极性。他们合成了一种对环境敏感的荧光染料 NTPAN-MI（图 3-31）：与未折叠蛋白反应后，其荧光会被激活，并且可以对发射曲线进行解码，以获取细胞中介电常数的定量信息。NTPAN-MI 带有马来酰亚胺基团，由于光致电子转移，NTPAN-MI 不发光。它可与被未折叠蛋白中的巯基选择性反应，激活荧光，从而报告蛋白质稳定的程度。利用 NTPAN-MI 她们不仅报道了未折叠蛋白在细胞质中的含量，而且首次报道了细胞核中的未折叠蛋白的含量。与巯基反应后的 NTPAN-MI 也是一个环境敏感型分子，在不同极性的溶剂中光谱不同。研究者可从与蛋白质结合的 NTPAN-MI 溶剂化显色的光谱矢量分析中分析细胞核和细胞质蛋白质质量控制之间的关联，这是一个尚待探索的领域。该方法为研究亚细胞极性在蛋白质质量控制和应激反应中驱动基本生物学过程中的作用提供了可能性，将来会有很多应用，包括理解发病机制、寻找生物标志物，以及筛选通过纠正蛋白质稳定来治疗神经退行性疾病的药物。

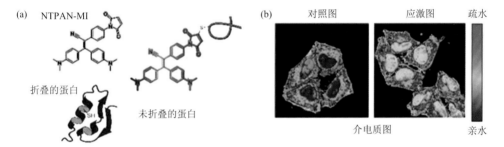

图 3-31 （a）可与巯基反应且对环境敏感的 NTPAN-MI，与被未折叠蛋白中的巯基选择性反应后荧光会被激活，荧光的颜色可指示所处环境的极性；（b）NTPAN-MI 用于细胞染色显示的细胞内未折叠蛋白及其周围环境极性[32]

Kim 和 Ryu 等开发了一组 AIE 探针用于对蛋白质进行检测分析。他们以 2, 4-二羟基苯甲醛为起始原料，合成一组结构类似，具有 AIE 特性的蛋白质探针，分别命名为 AIE-1、AIE-2、AIE-3 和 AIE-4。这 4 种探针均具有良好的水溶性，因此起始荧光强度较低。当与被检测蛋白结合后，探针内部 N—N 键的自由转动被阻碍，因此发出强烈荧光。将 AIE-1 和 AIE-2 固定为 5 μmol/L，520 nm 处荧光强度作为检测信号，将探针与蛋白质的反应进行定量分析发现，当蛋白质浓度为 30 μmol/L 时荧光强度达到最大，因此探针与蛋白质反应的最大计量比应为 6∶1。随后，研究者将探针浓度设定为 40 μmol/L，蛋白质浓度设定为 500 nmol/L，在 96 孔板中使用 4 种探针分别与 5 种不同的蛋白质（BSA、酯酶、转铁蛋白、纤维原蛋白及 β-半乳糖苷酶）反应，分别检测各组在 520 nm 处的荧光强度（图 3-32）。后续对所得到的信号进行线性判别分析，发现这一组探针可以很好地分辨这五种蛋白质。除此以外，研究者还用该组探针检测了不同浓度（200 nmol/L、500 nmol/L、1 μmol/L 及 2 μmol/L）的 BSA 和酯酶，同样获得了较高的分辨率。

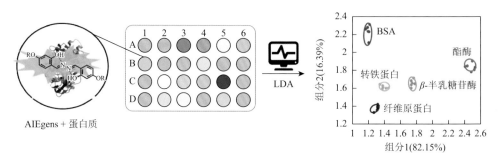

图 3-32　利用 AIE 探针组和线性判别分析（LDA）方法特异性检测蛋白质[33]

3.2.3　酶及其活性的检测

利用 AIE 原理，研究者不仅能够研究蛋白质的结构，也可以研究蛋白质的功能。酶是一类具有催化功能的蛋白质。在生物体内，酶催化生命体系中的各类反应，与生命活动密切相关。在合适的条件下，酶也可在体外催化反应，应用于工业生产。基于 AIE 原理，研究者设计发明了用于检测不同酶的多种探针。

刘斌课题组报道了一例基于 AIE 特性的碱性磷酸酶（alkaline phosphatase，ALP）探针 TPE-phos（图 3-33）。该探针由 TPE 基团与两个磷酸基团组成。由于其良好的水溶性，在水中几乎没有荧光。在 ALP 存在时，ALP 能够选择性地切断磷酸基团生成水溶性较差的产物，进而激活 AIE 过程，产生明亮的荧光。在 ALP 浓度为 3～526 U/L 时，该探针的荧光强度与 ALP 浓度呈现良好的线性关系，其检测限可低至 11.4 pmol/L。而且，该探针还能够对稀释尿液中的 ALP（0～175 U/L）具有良好的线性检测能力，这也体现了该探针的潜在使用价值。

类似地，赵娜课题组报道了一例 ALP 探针 TPEQN-P（图 3-34）。该探针由带正电荷的 TPE-QI 部分与磷酸基团修饰的对羟基苄基组成。TPEQN-P 在水中具有良好水溶性，荧光背景低。ALP 能使 TPEQN-P 发生去磷酸化，生成电中性的水解产物 TPE-QI，激活 AIE 过程，荧光增强。TPEQN-P 对 ALP 的检测限为 0.0077 U/L。

乙酰胆碱（acetylcholine，ACh）被乙酰胆碱酯酶（acetylcholinesterase，AChE）水解的过程是神经传递中一个重要的生物学过程。检测 AChE 的活性可以用于杀虫剂和神经毒性药品效力的评估。乙酰胆碱酯酶抑制剂现也应用于临床阿尔茨海默病治疗。因此，对于 AChE 活性分析及其抑制剂的筛选有重大意义。张德清及其合作者于 2009 年报道了一种基于 AIE 机制的 AChE 检测新方法（图 3-35）。碘

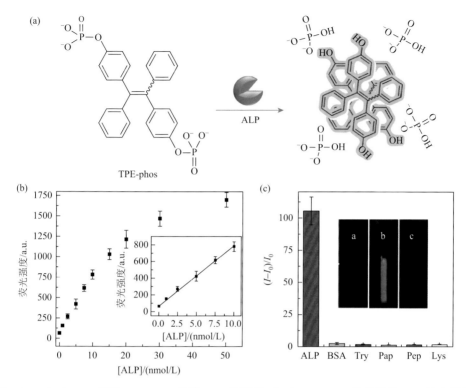

图 3-33 （a）ALP 探针 TPE-phos 检测 ALP 的原理；（b）TPE-phos 信号随着 ALP 浓度增加而增强，并在一定浓度范围内为线性响应；（c）TPE-phos 对 ALP 响应的特异性[34]

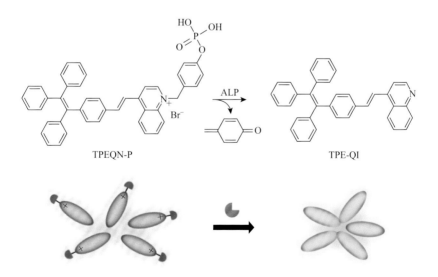

图 3-34 ALP 探针 TPEQN-P 的结构及检测 ALP 的原理[35]

代硫代乙酰胆碱（S-acetylthiocholine iodide，ATC）是 AChE 的底物，它可被 AChE 催化形成巯基胆碱碘化物。巯基胆碱的巯基可与化合物 **1** 发生迈克尔加成反应，将疏水的化合物 **1** 转化为具有两亲性并带正电的化合物 **2**。本来在水中不发光的水溶性的 TPE 衍生物 BSPOTPE 可以与化合物 **2** 相互作用，发生聚集并发出强烈的荧光。据研究者测量，BSPOTPE 在水中的量子效率为 0.0090，加入 24 μmol/L 化合物 **2** 后，BSPOTPE 量子效率升至 0.064，且在化合物 **2** 的浓度范围为 0～20 μmol/L 时，BSPOTPE 的荧光变化为线性。BSPOTPE 的荧光强弱可以反映 AChE 催化产物的浓度。因此，借助该方法，可以评估 AChE 的活性。低至 0.005 U/mL 的 AChE 可被检测。研究者也进一步以新斯的明为例成功展示了该方法在评估乙酰胆碱酯酶抑制剂中的应用。

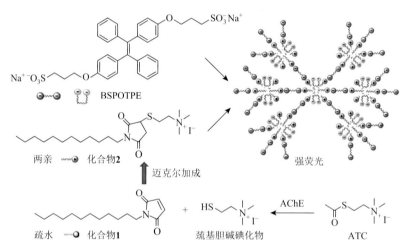

图 3-35　利用 AIE 探针 BSPOTPE 检测乙酰胆碱酯酶的工作原理[36]

羧酸酯酶（carboxylesterase，CaE）是一类用于催化脂肪酸酯水解为酸和醇的酶。CaE 被广泛应用于有机合成和工业生产中。人血浆羧酸酯酶是肝癌的一种新的血清学生物标志物。因此，建立一套可靠的血清 CaE 荧光检测体系，在临床应用中具有重要意义。吴水珠及其合作者报道了一例以 AIE 纳米点作为 FRET 给体的比率型羧酸酯酶荧光检测体系（图 3-36）。当发生酶催化反应之后，阳离子的 TPE-N$^+$ 与酶催化产物——带负电的荧光素之间的 FRET 过程可以有效发生，荧光发射峰红移，从而实现对 CaE 灵敏且高选择性的比率型检测。由于该检测体系的能量给体具有良好的 AIE 性质，其对 CaE 的检测限低至 0.26 U/L，并可应用于人血清样本中 CaE 的检测。

童爱军及其合作者利用二乙胺作为电子给体，马来腈为电子受体，将二者接在水杨醛吖嗪上构建了一例同时具有 AIE 和 ESIPT 的化合物 **3**（图 3-37）。化合物

3 具有红色的荧光。当化合物 **3** 的羟基被一个可与酯酶反应的乙酰氧基取代后，可构建一个点亮型酯酶探针 **4**。酯酶可与 **4** 发生特异性反应生成同时有 AIE 和 ESIPT 特性的化合物 **3**，发出红色荧光。该探针对酯酶的线性检测范围为 0.01～0.15 U/mL，检测限为 0.005 U/mL，并且被成功用于活细胞线粒体中酯酶的检测。

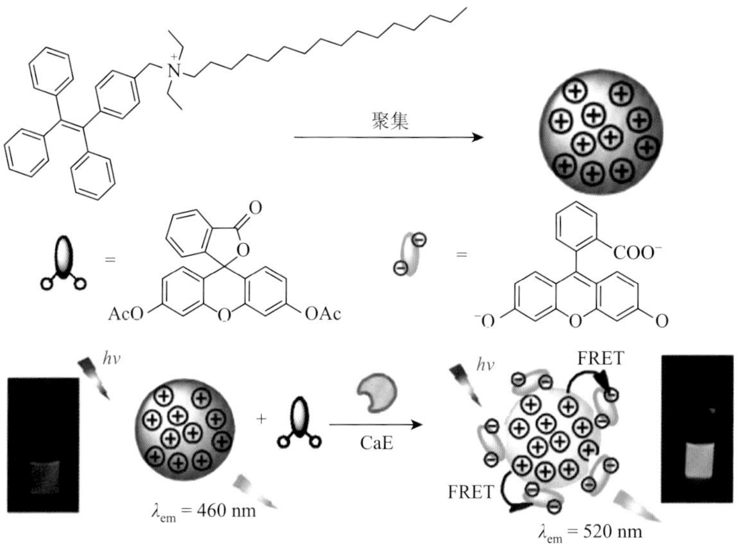

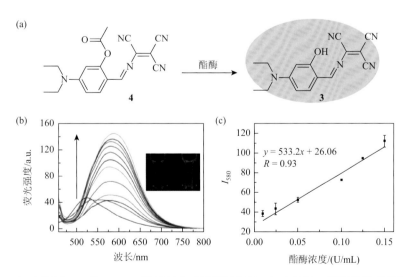

图 3-36　利用阳离子的 TPE-N$^+$ AIE 纳米点作为 FRET 给体的比率型羧酸酯酶荧光检测体系[37]

图 3-37　(a) 利用 AIE 和 ESIPT 设计的点亮型酯酶探针；(b) 探针 4 随酯酶浓度增加而荧光增强；(c) 酯酶浓度在一定范围内和荧光强度为线性关系[38]

端粒酶是一种获得广泛应用的肿瘤标志物，其在肿瘤细胞中大量表达且活性明显增强，而在正常组织细胞中活性极低甚至无活性。夏帆及其合作者采用具有 AIE 效应的荧光物质，构建了一种简便、快捷、高灵敏度的端粒酶活性检测体系，为抗癌药物的筛选与端粒酶在肿瘤诊断方面的应用提供了一种新的途径（图 3-38）。该研究中采用的 AIE 染料在水溶液中呈高分散状态，荧光极弱或无荧光；而在聚集状态下则将发出强荧光。端粒酶引物单链 DNA 中的磷酸基团带负电荷，能够与带正电荷的 AIE 染料以静电引力相互结合。端粒酶能够在其引物 DNA 3′-端重复添加序列 TTAGGG 使之延长，DNA 链越长，单根 DNA 链上能够结合的 AIE 染料分子越多，AIE 染料分子的聚集程度就越大，体系荧光也就越强。检测荧光强度便可以推断出端粒酶对其核酸引物的延长能力，从而能够方便快捷地判断端粒酶的活性。他们通过检测不同来源的端粒酶提取物与四十余例膀胱癌患者尿液样本对这一策略进行了验证。

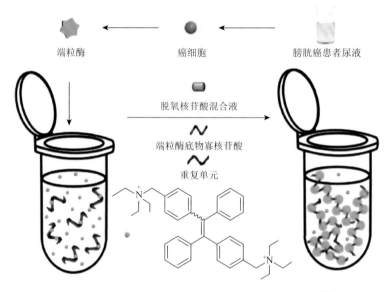

图 3-38　利用带正电的水溶性 AIE 染料检测端粒酶[39]

该方法可用于对膀胱癌患者尿液中的端粒酶进行检测

在此基础上，他们通过在核酸链中引入猝灭基团达到了显著降低荧光背景值的目的，使得干扰物质的影响随之减小。经不同来源的端粒酶提取物与近四十例癌症患者尿液样本验证，该策略的检测特异性与检出率均获得显著提高。他们进一步通过在核酸链中引入红色发光的 Cy-5 染料作为内部参考，实现了对端粒酶的比率型检测，使其标准偏差大大降低（图 3-39）。通过区分 20 例膀胱癌血尿样本和 10 例正常尿液样本提取的端粒酶活性验证该探针的实用性。该比率型荧光核酸探针利用稳定的内部参考实现对癌症标志物端粒酶的高重现性、高灵敏度、高选择性检测，并有望应用于临床早期诊断。

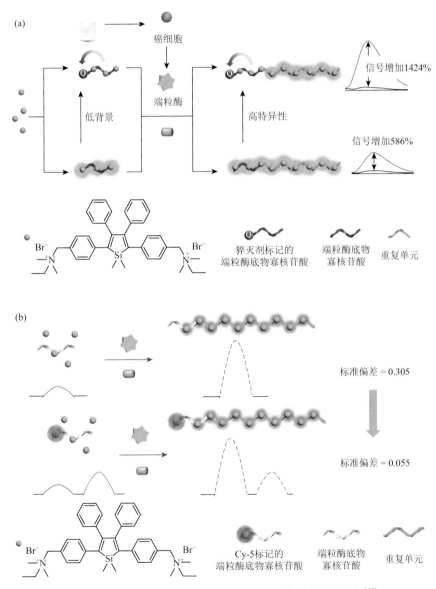

图 3-39　带正电的水溶性 AIE 探针可用于检测端粒酶活性[40]

（a）利用带有猝灭剂标记的端粒酶底物寡聚核苷酸可以提高信噪比，进而提高检测的特异性；（b）如果使用 Cy-5 标记的端粒酶底物寡聚核苷酸，可以实现对端粒酶的比例型检测，降低检测的标准偏差，提高检测的实用性

3.3 生物小分子

3.3.1 糖类

D-葡萄糖（Glu）是生物体必需的物质之一，体液中不正常的 D-葡萄糖含量是一种疾病的警告信号。因此，对于 D-葡萄糖进行检测具有重要的生物医学意义。孙景志及其合作者报道了一例可在水溶液中实现对 D-葡萄糖高特异性检测的探针分子，即 TPEDB（图 3-40）。该探针分子由双硼酸修饰四苯乙烯分子而成。当 TPEDB 与 D-葡萄糖在水溶液中缩合聚合后，缩聚物中四苯乙烯生色团中的苯环旋转受到

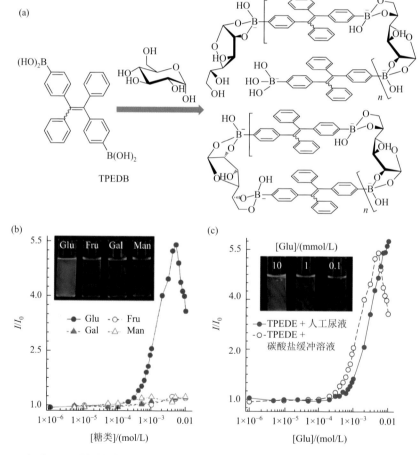

图 3-40 （a）双硼酸修饰的四苯乙烯分子 TPEDB 可用于检测葡萄糖；（b）TPEDB 对葡萄糖有很好的选择特异性；（c）TPEDB 可用于尿液中葡萄糖的检测[41]

限制使得 TPEDB 荧光明显增强。而当该探针分子与 D-果糖（Fru）、D-半乳糖（Gal）或 D-甘露糖（Man）混合后，这些单糖分子无法与 TPEDB 发生缩合聚合反应，因而 TPEDB 的荧光基本上没有变化。这种新的"缩合聚合诱导荧光增强"的检测机制为设计针对 D-葡萄糖具有高选择性的荧光受体提供了一条新的策略。

肝素是一种高度硫酸化的黏多糖，能够和抗凝血酶结合从而大大增强抗凝血酶对凝血酶及其他凝聚因子的抑制作用。肝素在临床上被广泛用作相关疾病的预防和治疗药剂，尤其是用作手术中的抗凝血剂。过量使用肝素会引起如大出血、血小板减少、高血钾、骨质疏松等副作用，因此肝素的剂量必须得到严格的监控。临床上用于肝素定量检测的方法有活化凝血时间法和活化部分凝血活酶时间法等。魏辉及其合作者将经典的 AIE 荧光团 TPE 与对肝素具有特异性结合能力的多肽相结合，构建了对肝素具有高灵敏度和高选择性的荧光增强型探针 TPE-1（图 3-41）。该探针能够在 pH 3~10 的范围内检测肝素浓度，并且不受复杂检测环境中多种阴离子、生物分子，尤其是肝素类似物如硫酸软骨素和透明质酸的影响。该探针可以检测肝素的最低浓度为 3.8 ng/mL，远低于临床所需要的肝素浓度。此外，结合肝素酶处理，探针 TPE-1 还可以用于肝素中多硫酸软骨素（oversulfated chondroitin sulfate，OSCS）的检测。该方法检测多硫酸软骨素的检测

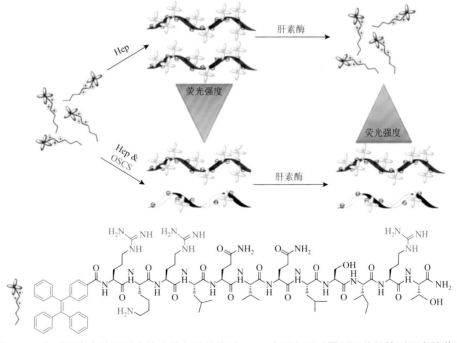

图 3-41 将对肝素有特异结合能力的多肽修饰于 TPE 分子上可以得到可特异检测肝素的荧光探针，结合肝素后该探针荧光增加，肝素酶降解肝素后探针荧光减弱[42]

限能够达到 0.001%，和传统的一些方法如高效液相色谱法、核磁共振法及质谱法等相比，也具有很好的灵敏度。

3.3.2 腺苷和磷脂

三磷酸腺苷（ATP）是生命活动的主要能量来源。细胞外 ATP 浓度影响动物的一系列生理活动，如递质转运、肌肉收缩、肝脏糖原代谢等；而细胞内 ATP 则控制着细胞功能：如蛋白质翻译和细胞凋亡等过程。因此，对 ATP 的检测对生理学具有十分重要的意义。

适配体（aptamer）一般指通过指数富集的配体系统进化技术筛选而得到的具有选择性的 DNA 或者 RNA 片段，ATP 适配体能够特异性地与 ATP 分子结合。徐斌等将 ATP 适配体与碳纳米管材料及 AIE 分子 DSAI 组合起来，开发了一种检测 ATP 的体系（图 3-42）。其中，ATP 适配体为整个系统提供了 ATP 检测特异性，DASI 则充当信号模块。游离的 ATP 适配体可以诱导 DASI 产生聚集，发出强烈荧光。研究者首先将 ATP 适配体与碳纳米管混合，ATP 适配体通过氢键相互作用吸附在碳纳米管上，这种适配体不能与溶液中的 DSAI 发生相互作用，所以不能产生荧光信号。当被检物质中含有 ATP 时，其适配体与 ATP 结合，从碳纳米管上解离下来，进而诱使外源加入的 DSAI 发生聚集，由于 AIE 效应，发出强烈荧光信号。通过检测溶液中的荧光信号即可判断被检物质中是否含有 ATP 分子。

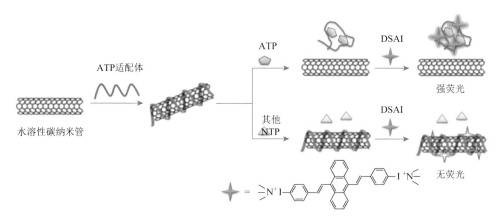

图 3-42 利用 ATP 适配体、碳纳米管和带正电的水溶性 AIE 探针对 ATP 进行特异性检测[43]

AIE 探针也可用来检测磷脂。心磷脂是一种主要存在于线粒体中的磷脂，每个分子含有四条不饱和链和带两个负电荷的极性基团。心磷脂与线粒体功能密切相关。然而，目前唯一可用于心磷脂检测的荧光染料 10-壬基吖啶橙（10-nonyl acridine orange，NAO）检测心磷脂的选择性和灵敏度都不高。唐本忠课题组和达特茅斯学院化学系 Ekaterina V. Pletneva 课题组合作开发了一种基于 AIE 探针的心磷脂检测方法。他们利用一个带正电的水溶性 AIE 染料 TTAPE-ME 来检测心磷脂（图 3-43）。TTAPE-ME 是一个水溶性好的 AIE 分子，所以在水溶液中不发光。DOPC（1, 2-dioleoyl-*sn*-glycero-4-phosphocholine，1, 2-二油酰-sn-甘油-4-磷酸胆碱）是细胞膜中含量最高的磷脂，在仅含有 DOPC 磷脂组成的囊泡存在时，TTAPE-ME 能保持低背景，而在含有心磷脂的囊泡出现时，TTAPE-ME 能通过电荷相互作用与之结合，并且发出荧光，荧光强度随心磷脂浓度增加而增强。研究人员进一步测试了六种含有不同磷脂成分的囊泡，并对比了 TTAPE-ME 和 NAO 的检测能力。结果显示，TTAPE-ME 对心磷脂的信噪比、选择性和灵敏度远高于 NAO。研究者还分离出酵母线粒体，并成功利用 TTAPE-ME 对酵母线粒体进行定量和标记成像。而 NAO 却难以在此实验中展现可与之相比的信噪比，这极可能是由 NAO 在溶液中的高背景造成的。

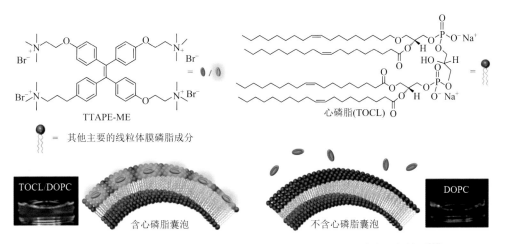

图 3-43 利用带正电的水溶性 AIE 分子 TTAPE-ME 对心磷脂进行检测[44]

3.3.3 活性氧

生物体内的活性氧（reactive oxygen species，ROS）是一类非常重要的生物活性分子，它参与并影响了机体的各种生理过程，且与包括癌症在内的多种疾病密切相关。在 ROS 中，过氧化氢（H_2O_2）是被认为最重要的一种，因此如何在复杂生理条件下对其高效选择性的检测尤为重要。近些年来，科学家们利用过氧化氢的氧化性质设计了很多荧光化学传感器，其原理主要集中于氧化断键（如苯硼酸酯键、苯磺酰酯键和苯偶酰酯键等）。但目前报道的所有设计中都存在严重的不足：①由于这一氧化还原反应自身决定了其反应速率慢，响应不及时（一般需要 1 h 的检测时间）；②检测选择性不高，其他具有强氧化性的 ROS 物种干扰检测过程；③用于检测的信号分子自身稳定性不高等。

刘世勇课题组基于 AIE 机制，将酶催化生物偶联反应引入到检测体系中，实现了对 H_2O_2 的高选择性与高灵敏度的快速检测。他们首先设计合成了由酪氨酸官能化的水溶性四苯乙烯衍生物分子（TPE-Tyr，图 3-44）。TPE-Tyr 分散在水溶液中时无荧光发射。向水溶液中加入待检测物后，在辣根过氧化物酶的催化下，这些小分子可以被快速地催化氧化，发生分子间的碳碳偶联反应，进而实现小分子到大分子交联网络的转变。这一过程伴随着荧光发射的显著增强，根据荧光发射的强度可以定量底物的浓度。值得一提的是，他们发现该体系可以进一步结合酶串联反应与酶联免疫吸附检测（ELISA）等手段，实现对多分析物（过氧化氢、D-葡萄糖、抗原、抗体等）的高效灵敏检测。

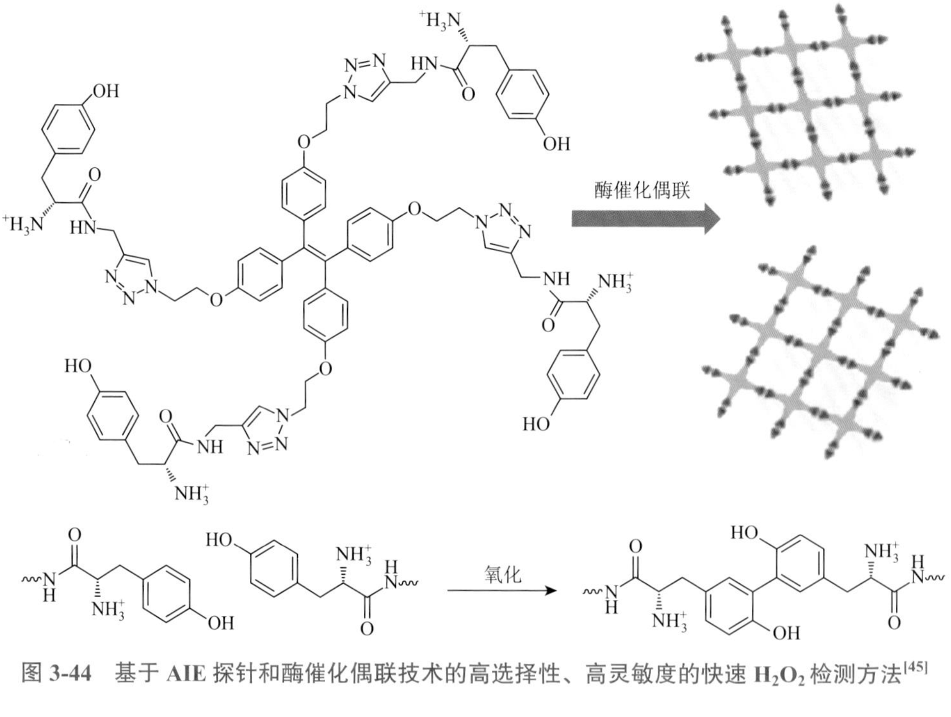

图 3-44　基于 AIE 探针和酶催化偶联技术的高选择性、高灵敏度的快速 H_2O_2 检测方法[45]

李峰及其合作者报道了一例用于水溶液中 H_2O_2 简便灵敏检测的荧光传感器。他们首先设计合成了马来酰亚胺修饰的 TPE 分子 TPE-M（图 3-45）。由于光致电子转移过程，TPE-M 化合物不发光，但其能与 L-半胱氨酸发生加成反应形成有荧光的 TPE-M-L。H_2O_2 能将 L-半胱氨酸氧化成胱氨酸，使其无法与 TPE-M 发生加成反应，荧光发生猝灭。其对 H_2O_2 的检测限在水中可低至 10 nmol/L，试纸检测限可低至 2.5 μmol/L。

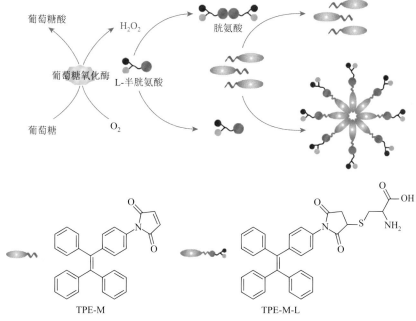

图 3-45　基于 AIE 探针 TPE-M 的高灵敏度 H_2O_2 快速检测方法[46]

马恒昌及其合作者利用三苯胺（TPA）作为荧光基团，连接二氢吡啶（DHP）或者吡啶鎓离子（PPA）等具有高度活性的功能基团，分别合成了两组检测原理各不相同的用于检测的超氧负离子（O_2^-）荧光探针，分别命名为 TPA-DHP-1、TPA-DHP-2、TPA-DHP-3 和 TPA-PPA-1、TPA-PPA-2、TPA-PPA-3，其中 1、2、3 等数字分别表示所连接功能基团的数量（图 3-46）。一方面，O_2^- 能够与 DHP 发生半汉奇反应（half-Hantzsch reaction）使其氧化脱氢为吡啶，从而改变 TPA-DHP 的荧光光谱；另一方面，O_2^- 也能够与 PPA 发生亲核加成脱氢反应使其转变为吡啶，从而改变 TPA-PPA 的荧光光谱。他们分别使用这两组探针与 O_2^- 发生反应后发现：TPA-DHP-1 的反应产物与原始探针相比发射峰红移了 90 nm，并且荧光强度升高了 14 倍；TPA-PPA-3 的反应产物与原始探针相比发射峰蓝移了 114 nm，荧光强度则升高了 1.8 倍。将这两种探针（TPA-DHP-1、TPA-PPA-3）分别与多种具有氧化或还原性质的物质，如 O_2^-、H_2O_2、$^1O_2$、·OH、ClO$^-$、ONOO$^-$、维生素 C（VC）、GSH 和 Hcy 等发生反应，发现其仅能在 O_2^- 作用下产生荧光信号的变化，因此这两种探针可以特异性地检测 O_2^-。他们随后使用这两种探针检测了细胞内的 O_2^-，并且通过观察探针在两种不同通道的荧光强度的变化，检测了超氧化物歧化酶（SOD）及 O_2^- 产生剂 Zymosan A 处理对细胞内 O_2^- 水平的影响。

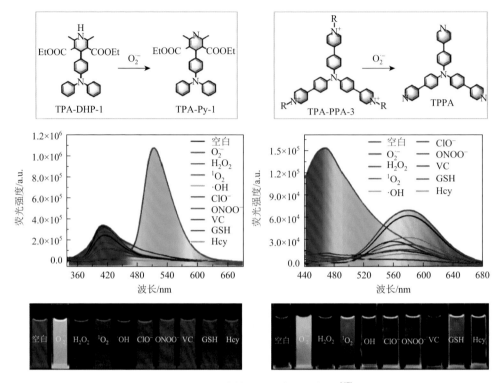

图 3-46 特异性检测 O_2^- 的 AIE 探针[47]

(赵恩贵 陈斯杰 汪 飞)

参考文献

[1] Wang M, Zhang D, Zhang G, et al. Fluorescence turn-on detection of DNA and label-free fluorescence nuclease assay based on the aggregation-induced emission of silole. Analytical Chemistry, 2008, 80 (16): 6443-6448.

[2] Li X, Ma K, Zhu S, et al. Fluorescent aptasensor based on aggregation-induced emission probe and graphene oxide. Analytical Chemistry, 2014, 86 (1): 298-303.

[3] Gao Y, He Z, He X, et al. Dual-Color Emissive AIEgen for specific and label-free double-stranded DNA recognition and single-nucleotide polymorphisms detection. Journal of the American Chemical Society, 2019, 141 (51): 20097-20106.

[4] Wang S, Zhu Z C, Wei D Q, et al. Tetraphenylethene-based Zn complexes for the highly sensitive detection of single-stranded DNA. Journal of Materials Chemistry C, 2015, 3 (45): 11902-11906.

[5] Lou X D, Leung C W T, Dong C, et al. Detection of adenine-rich ssDNA based on thymine-substituted tetraphenylethene with aggregation-induced emission characteristics. RSC Advances, 2014, 4 (63): 33307-33311.

[6] Li Y Q, Kwok R T K, Tang B Z, et al. Specific nucleic acid detection based on fluorescent light-up probe from fluorogens with aggregation-induced emission characteristics. RSC Advances, 2013, 3 (26): 10135-10138.

[7] Hong Y N, Haussler M, Lam J W Y, et al. Label-free fluorescent probing of G-quadruplex formation and real-time

monitoring of DNA folding by A quaternized tetraphenylethene salt with aggregation-induced emission characteristics. Chemistry-A European Journal,2008,14(21): 6428-6437.

[8] Zhao Y Y,Yu C Y Y,Kwok R T K,et al. Photostable AIE fluorogens for accurate and sensitive detection of S-phase DNA synthesis and cell proliferation. Journal of Materials Chemistry B,2015,3(25): 4993-4996.

[9] Min X,Zhuang Y,Zhang Z,et al. Lab in a tube: sensitive detection of microRNAs in urine samples from bladder cancer patients using a single-label DNA probe with AIEgens. ACS Applied Materials & Interfaces,2015,7(30): 16813-16818.

[10] Min X,Zhang M,Huang F,et al. Live cell microRNA imaging using exonuclease III-aided recycling amplification based on aggregation-induced emission luminogens. ACS Applied Materials & Interfaces,2016,8(14): 8998-9003.

[11] Chen Y X,Min X H,Zhang X Q,et al. AIE-based superwettable microchips for evaporation and aggregation induced fluorescence enhancement biosensing. Biosensors & Bioelectronics,2018,111: 124-130.

[12] Liu Y,Yu Y,Lam J W Y,et al. Simple biosensor with high selectivity and sensitivity: thiol-specific biomolecular probing and intracellular imaging by AIE fluorogen on a TLC plate through a thiol-ene click mechanism. Chemistry-A European Journal,2010,16(28): 8433-8438.

[13] Chen S,Hong Y,Liu J,et al. Discrimination of homocysteine,cysteine and glutathione using an aggregation-induced-emission-active hemicyanine dye. Journal of Materials Chemistry B,2014,2(25): 3919-3923.

[14] Lou X,Hong Y,Chen S,et al. A selective glutathione probe based on AIE fluorogen and its application in enzymatic activity assay. Scientific Reports,2014,4: 4272.

[15] Mei J,Tong J Q,Wang J,et al. Discriminative fluorescence detection of cysteine,homocysteine and glutathione via reaction-dependent aggregation of fluorophore-analyte adducts. Journal of Materials Chemistry,2012,22(33): 17063-17070.

[16] Zhang W L,Gao N,Cui J C,et al. AIE-doped poly(ionic liquid) photonic spheres: a single sphere-based customizable sensing platform for the discrimination of multi-analytes. Chemical Science,2017,8(9): 6281-6289.

[17] Yu Y,Li J,Chen S J,et al. Thiol-reactive molecule with dual-emission-enhancement property for specific prestaining of cysteine containing proteins in SDS-PAGE. ACS Applied Materials & Interfaces,2013,5(11): 4613-4616.

[18] Xie S,Wong A Y H,Kwok R T K,et al. Fluorogenic Ag^+-tetrazolate aggregation enables efficient fluorescent biological silver staining. Angewandte Chemie International Edition,2018,57(20): 5750-5753.

[19] Hong Y N,Feng C,Yu Y,et al. Quantitation,visualization,and monitoring of conformational transitions of human serum albumin by a tetraphenylethene derivative with aggregation-induced emission characteristics. Analytical Chemistry,2010,82(16): 7035-7043.

[20] Li W Y,Chen D D,Wang H,et al. Quantitation of albumin in serum using "turn-on" fluorescent probe with aggregation-enhanced emission characteristics. ACS Applied Materials & Interfaces,2015,7(47): 26094-26100.

[21] Yu Y,Huang Y Y,Hu F,et al. Self-assembled nanostructures based on activatable red fluorescent dye for site-specific protein probing and conformational transition detection. Analytical Chemistry,2016,88(12): 6374-6381.

[22] Peng L,Wei R R,Li K,et al. A ratiometric fluorescent probe for hydrophobic proteins in aqueous solution based on aggregation-induced emission. Analyst,2013,138(7): 2068-2072.

[23] Luo Z J, Lv T Y Z, Zhu K N, et al. Paper-based ratiometric fluorescence analytical devices towards point-of-care testing of human serum albumin. Angewandte Chemie International Edition, 2020, 59 (8): 3131-3136.

[24] Liu P, Chen D, Wang Y, et al. A highly sensitive "turn-on" fluorescent probe with an aggregation-induced emission characteristic for quantitative detection of gamma-globulin. Biosensors & Bioelectronics, 2017, 92: 536-541.

[25] Shi H, Liu J, Geng J, et al. Specific detection of integrin $\alpha_v\beta_3$ by light-up bioprobe with aggregation-induced emission characteristics. Journal of the American Chemical Society, 2012, 134 (23): 9569-9572.

[26] He J, Gui S, Huang Y, et al. Rapid, sensitive, and in-solution screening of peptide probes for targeted imaging of live cancer cells based on peptide recognition-induced emission. Chemical Communications, 2017, 53 (80): 11091-11094.

[27] Hong Y, Meng L, Chen S, et al. Monitoring and inhibition of insulin fibrillation by a small organic fluorogen with aggregation-induced emission characteristics. Journal of the American Chemical Society, 2012, 134 (3): 1680-1689.

[28] Leung C W, Guo F, Hong Y, et al. Detection of oligomers and fibrils of alpha-synuclein by AIEgen with strong fluorescence. Chemical Communications, 2015, 51 (10): 1866-1869.

[29] Fu W, Yan C, Guo Z, et al. Rational design of near-infrared aggregation-induced-emission-active probes: *in situ* mapping of amyloid-beta plaques with ultrasensitivity and high-fidelity. Journal of the American Chemical Society, 2019, 141 (7): 3171-3177.

[30] Pradhan N, Jana D, Ghorai B K, et al. Detection and monitoring of amyloid fibrillation using a fluorescence "switch-on" probe. ACS Applied Materials & Interfaces, 2015, 7 (46): 25813-25820.

[31] Chen M Z, Moily N S, Bridgford J L, et al. A thiol probe for measuring unfolded protein load and proteostasis in cells. Nature Communications, 2017, 8 (1): 474.

[32] Owyong T C, Subedi P, Deng J, et al. A molecular chameleon for mapping subcellular polarity in an unfolded proteome environment. Angewandte Chemie International Edition, 2020, 59 (25): 10129-10135.

[33] Choi H, Kim S, Lee S, et al. Array-based protein sensing using an aggregation-induced emission (AIE) light-up probe. ACS Omega, 2018, 3 (8): 9276-9281.

[34] Liang J, Kwok R T K, Shi H B, et al. Fluorescent light-up probe with aggregation-induced emission characteristics for alkaline phosphatase sensing and activity study. ACS Applied Materials & Interfaces, 2013, 5 (17): 8784-8789.

[35] Zhang W J, Yang H X, Li N, et al. A sensitive fluorescent probe for alkaline phosphatase and an activity assay based on the aggregation-induced emission effect. RSC Advances, 2018, 8 (27): 14995-15000.

[36] Peng L H, Zhang G X, Zhang D Q, et al. A fluorescence "turn-on" ensemble for acetylcholinesterase activity assay and inhibitor screening. Organic Letters, 2009, 11 (17): 4014-4017.

[37] Wu Y L, Huang S L, Zeng F, et al. A ratiometric fluorescent system for carboxylesterase detection with AIE dots as FRET donors. Chemical Communications, 2015, 51 (64): 12791-12794.

[38] Peng L, Xu S D, Zheng X K, et al. Rational design of a red-emissive fluorophore with AIE and ESIPT characteristics and its application in light-up sensing of esterase. Analytical Chemistry, 2017, 89 (5): 3162-3168.

[39] Lou X D, Zhuang Y, Zuo X L, et al. Real-time, quantitative lighting-up detection of telomerase in urines of bladder cancer patients by AIEgens. Analytical Chemistry, 2015, 87 (13): 6822-6827.

[40] Zhuang Y, Zhang M, Chen B, et al. Quencher group induced high specificity detection of telomerase in clear and bloody urines by AIEgens. Analytical Chemistry, 2015, 87 (18): 9487-9493.

[41] Liu Y, Deng C, Tang L, et al. Specific detection of D-glucose by a tetraphenylethene-based fluorescent sensor. Journal of the American Chemical Society, 2011, 133 (4): 660-663.

[42] Ding Y B, Shi L L, Wei H. A "turn on" fluorescent probe for heparin and its oversulfated chondroitin sulfate contaminant. Chemical Science, 2015, 6 (11): 6361-6366.

[43] Ma K, Wang H, Li H L, et al. A label-free aptasensor for turn-on fluorescent detection of ATP based on AIE-active probe and water-soluble carbon nanotubes. Sensors and Actuators B-Chemical, 2016, 230: 556-558.

[44] Leung C W T, Hong Y N, Hanske J, et al. Superior fluorescent probe for detection of cardiolipin. Analytical Chemistry, 2014, 86 (2): 1263-1268.

[45] Wang X R, Hu J M, Zhang G Y, et al. Highly selective fluorogenic multianalyte biosensors constructed via enzyme-catalyzed coupling and aggregation-induced emission. Journal of the American Chemical Society, 2014, 136 (28): 9890-9893.

[46] Chang J F, Li H Y, Hou T, et al. Paper-based fluorescent sensor via aggregation induced emission fluorogen for facile and sensitive visual detection of hydrogen peroxide and glucose. Biosensors & Bioelectronics, 2018, 104: 152-157.

[47] Ma H C, Yang M Y, Zhang S X, et al. Two aggregation-induced emission (AIE) -active reaction-type probes: for real-time detecting and imaging of superoxide anions. Analyst, 2019, 144 (2): 536-542.

第4章

聚集诱导发光材料用于公共安全分析

4.1 食品安全分析

4.1.1 食品安全问题

广义上"食品安全"的含义分为三个层次：第一层，食品数量安全，是指某个国家或地区能够调配本国（本地区）人民基本生存所需要的食品，以及能够确保人们对食品的购买力；第二层，食品质量安全，是指食品在营养和卫生方面能够满足和保障人体的健康需要；第三层，食品的可持续安全，即为从可持续发展的角度要求食品的获取需要注重生态环境的保护和资源的有效利用。本章节主要围绕第二层，即食品质量安全这一角度来探讨相关问题。从食品质量角度来看，食品安全主要涉及食品在加工、存储、运输和销售过程的污染和毒性，添加剂超标、食物腐败和保质期等问题。食品供应链从农场到工厂再到餐桌，是一系列复杂过程的有机结合，包括生产、加工、存储、包装、运输和零售及后续家居储存和食用等环节。在每一个环节中，都可能会有食品安全问题，如重金属残留、农药残留、环境有机污染物污染、真菌毒素和细菌病原体生长等。食品安全问题的另一个重要方面是食物腐败变质问题，这不仅造成食物的浪费，还会导致人体食物中毒。另外需要特别注意的是，水在食品安全中起着至关重要的作用。水不仅是人体所需的最基础的"食品"，而且还是食品生产环节的必需品。饮用水中的有害物质会直接威胁人类健康，也有可能会通过食品生产加工过程进入食品内部，从而对人类造成健康危害。根据世界卫生组织的定义，食品安全问题是"食物中有毒、有害物质对人体健康影响的公共卫生问题"。近年来，世界范围内爆发了多次食品安全问题，例如：英国超市鱼肉内含致癌物质"孔雀石绿"事件；鸡蛋中发现杀虫剂"氟虫腈"事件；"三聚氰胺奶粉"事件；EHEC（肠出血性大肠杆菌）和沙门氏菌的爆发事件；国外某知名快餐连锁使用过期变质肉事件；酸奶、果冻中添加剂超标事件；"地沟油"事件等。确保食品符合营养要求，并对人体不造成任何急性、亚急性或者慢性危害是各国食品生产商和相关政府部门的工作重点。根据 2017 年世界卫生组织的报告，每年约有 6 亿例疾病是由食品供应受污染所致，其中有 42 万人死于食源性污染[1]。即使在加拿大这样的高度发达国家，食源性疾病每年也会导致至少二百多人死亡[2]。在当今全球化的背景下，食品工业已经发展成为全球化的产业链，食品安全问题很有可能从地区性事件扩展为国际性事件，影响范围巨大。为进一步提高各国政府和人民对食品安全的重视，联合国决定自 2019 年起，将每年的 6 月 7 日定为"世界食品安全日"（World Food Safety Day）。从科研角度上讲，食品安全也已经发展成为一个重要的全球性跨学科课题，吸引着越来越多的科研工作者的关注。

4.1.2 食品分析技术

食品安全问题的多样性和频发性推动了多种食品分析技术的产生。食品分析技术是一个十分笼统的概念，笔者认为可大致分为两大类别：仪器分析技术和传感技术。几十年来，科研工作者已经开发出多种基于仪器分析来确定和控制食品质量安全的相关技术。如今，以色谱和质谱为基础的仪器已在世界各国广泛使用。有人认为此类技术已成为食品分析的主要手段，是目前最适合于食品化学污染物分析的技术之一。例如，其中的高效液相色谱和液相色谱-质谱联用技术已成功用于测定各种类型的食品化学污染物和食品成分[3-7]。此外，还有许多其他类型的质谱、色谱技术，例如，有项报道使用了表面解吸常压化学电离质谱（DAPCI-MS）法，将三聚氰胺分子质子化，结合其在光谱中的特征片段，可以快速检测到各种乳制品中的痕量三聚氰胺，检测限低至 3.4×10^{-15} g/mm^2[8]。另一项研究报道称，利用解吸电喷雾电离质谱（DESI-MS）可对水果和蔬菜表面的 32 种农药进行高灵敏度定性分析；如果使用内标物质，可对残留农药进行半定量分析[9]。2020 年，Irene Dominguez 和 Roberto Romero-Gonzalez 等发表了一篇综述[10]，概述了近五年来食品安全检测领域中常用的质谱和色谱技术实例，如基质辅助激光解吸电离飞行时间质谱（MALDI-TOF MS）、离子淌度-质谱（IMS-MS）、敞开式离子化质谱（AMS）、气相色谱-质谱（GC-MS）、液相色谱-质谱（LC-MS）、毛细管电泳-质谱（CE-MS）、超临界流体色谱-质谱（SFC-MS）和高分辨质谱（HRMS）等。此外，还描述了一些有关食品微生物污染、农药和兽药等其他污染物残留的最新分析技术。除色谱-质谱技术之外，电化学[11-13]、红外光谱[14-16]、表面增强拉曼光谱[17-20]等仪器也常用于食品分析检测领域。在陆晓楠编著的 *Sensing Techniques for Food Safety and Quality Control* 一书中，也对多种基于仪器的食品分析方法的典型案例做了详细描述[21]，并指出了基于仪器分析的食品检测技术可能存在三个主要限制：第一，食物作为一个具有多种复杂化合物的多组分体系，在很多情况下为了排除干扰组分对于仪器检测器（如质谱仪）的影响而不得不使用一些分离技术，这就会使样品处理过程复杂化；第二，食品中某些微生物含量是极低的，仪器分析对于许多微生物的检测灵敏度不够，一旦无法检测，后期微生物将会逐渐富集而超标；第三，某些精密仪器对样品质量的要求较高，因此样品制备过程的难度提升。这一点在本质上是由前两个限制（即复杂多组分和目标分析物含量低）引起的。除了上述技术方面的局限性之外，仪器本身的造价还很昂贵，并且需要经验丰富的操作人员。由此可见，即使仪器分析技术在精准度和灵敏性上基本达标，但其仍然难以广泛应用，且无法胜任大规模、高通量的筛选检测。

除了仪器分析技术之外，传感技术是食品分析领域的另外一个发展方向。传感技术从定义上来讲，是利用特殊的敏感性物质识别被检物质的特征信号并将其数字化输出，进而判断被检物质的种类和含量等信息的一类技术。完整的传感技术不仅包含具有物质识别功能的主体，还需要将客体的传感信号发送到某类终端设备，然后输出易于读取的信号供人们分析。与前面叙述的食品安全仪器分析相比，传感技术具有独特的优势。它们成本低、响应快速、灵敏度高，其中多数具有便携性，可满足大规模、高通量的筛选检测工作。此外，传感技术在很多情况下可"根据特定情况进行特定设计"，具有方便、灵活的优点。值得一提的是，近期报道的某些新型传感技术可具有高度可视化信号，甚至能实现裸眼检测，这不仅可以避免复杂的样品制备和处理过程，还能减少对仪器设备的依赖。

为了研发食品传感技术，首先要确定检测对象（如食品中某种农药残留、某类色素等化学添加剂；或者奶制品等动物产品中可能含有的某种微生物），然后研发对这种检测对象具有显著信号响应性的体系。多数情况下，基于分子识别技术的化学传感和生物传感往往成为科研工作者的首选，如基于有机小分子的荧光传感技术、比色传感技术和电化学传感技术。这类方法在 Cornelia A. Hermann、Axel Duerkop 和 Antje J. Baeumner 最近发表的一篇重要综述中均有详细介绍[22]。除了对食品中的检测对象进行直接分析之外，在很多情况下，食品质量状态也可以通过食品微环境中某些化学指标间接反映，如氧气和二氧化碳含量。食品内部的化学反应或某些微生物新陈代谢过程中，这两种气体的含量是重要因素。脂肪氧化、褐变反应和色素氧化是导致食品质量下降的主要氧化反应。另外，二氧化碳可抑制革兰氏阴性需氧菌和假单胞菌等容易引发腐败的微生物的生长和繁殖。二氧化碳的抗菌作用不仅来源于其创造的厌氧环境，还归功于其对于某些微生物的膜渗透性的干扰作用。因此，控制氧气和二氧化碳的含量对于延长食品保质期非常重要。而这两种气体的成分发生任何变化都可能是在向消费者发出存在有害微生物活动的信号，是食品质量下降的反映。有些科研工作者已利用氧气或二氧化碳指示剂成功进行食品质量检测[23-26]。例如，Swagata Banerjee 等设计的基于磷光的氧气传感器可对包装食品中的残留氧气进行监控，也可用于检测各种食品和饮料中的气态或溶解态氧[27]。该方法是将氧气敏感染料包覆在合适的氧渗透性基底上制备传感器，使用发光光谱法测量传感器发光强度与寿命，借此定量地检测氧气浓度。该检测方法具备无损、快速、可逆、实时、定量等优点。食品包装袋内，某些好氧和厌氧微生物能够在食品的长期储存中繁殖，其产生的很多代谢产物都会影响环境的 pH。例如，在乳酸菌作用下葡萄糖发酵产生乳酸，微生物生长过程中产生的二氧化碳溶解在食物中形成碳酸，这些代谢产物均会导致食品的酸性增加。这说明监控食品的 pH 变化可能也是一种检测食品质量的可靠方法。基于微环境 pH 传感的食品检测技术也常见报道[28-30]。例如，Sharmistha Bhadra 等报道的水凝胶-pH 电极传感器[31]，采用近场耦合电感-电容（LC）谐振器，其谐振频率对常见挥发物浓度非常敏感。鱼肉变质过程中产生的胺类碱性气体使传感器的谐振频率发生变化，因此传感器可捕捉到鱼肉变质的信号。湿度水平在食品链中的各个环节都非常重要。保持食品包装内的湿度恒定，不仅是确保食品口感和品质的基本要求，还可以大大延长食品保质期。许多因素都可能导致食品包装内的湿度发生变化，常见的情况包括操作不当、食品密封袋破裂，以及生产过程中食品脱水不完全等。同时，湿度水平还可能由于长时间处在特殊环境（如高温和雨季）而发生改变。另外，湿度的增加还可能为微生物和真菌的生长繁殖提供有利条件。因此，利用湿度变化来监控某些食品的质量也有很高的可行性[32, 33]。对于肉类和奶制品等动物蛋白食品来说，微生物是普遍存在的。这些微生物会释放出特定的化学物质，而它们的浓度可以反映这类微生物的生长状态。例如，多种微生物发酵产生的胺类气体，已被公认为食品新鲜度的有效指标。具体而言，在食物变质的过程中，微生物可通过脱氨作用分解氨基酸，产生三甲胺、二甲胺和氨气等；也可通过脱羧作用产生多种生物胺，如尸胺、腐胺、亚精胺、精胺等。食用胺类物质超标的肉类和奶制品会对人体健康产生不利影响。根据胺类物质设计研发的食品分析技术已有多项报道[34-37]。例如，Bambang Kuswandi 等设计的聚苯胺薄膜的传感器[38]，其导电性和颜色会随聚合物主链质子化程度的改变而变化，因此该传感器可对肉类变质期间所释放的各种胺类气体做出光学响应，颜色由绿色变成蓝色，还可封装在食物包装内部对食物进行实时质量监控。Hanie Yousefi 和 Tohid F. Didar 等在 2019 年发表的一篇综述中[39]，重点介绍了基于食物化学环境的变化而设计的食品传感检测技术，该综述指出传感-包装技术一体化将是今后重点发展方向之一，尽管该类传感器近年来出现了许多优秀的案例，但是若将其封装到食物包装内部进行实时监控反馈则会遇到一些技术难题，也会使成本大大提高。随着科学技术的进步，在未来十年内这种新型的智能食品包装或将实现。

除上述传感技术之外，基于金属有机骨架（MOFs）的食品传感技术也在蓬勃发展。MOFs 是一类具有长程有序结构的多孔材料。由于其极高的孔隙率、巨大的比表面积和孔径尺寸可调节的特性，MOFs 已成功地应用到多个领域，包括气体存储和分离、除污净化、能源、催化和传感等[40-42]。组建 MOFs 材料的结构单元具有丰富便利的后期修饰，因而 MOFs 材料可根据实际需要进行量身定制或者性能修改。迄今为止，多项研究已经证明 MOFs 可以用于从食品生产源除污、食品包装改善及食品污染物检测等方面。王培龙、李建荣、苏晓鸥和周宏才等于 2019 年发表了一篇综述[43]，详细总结了近年来基于 MOFs 研发的食物检测技术的优秀案例。综述中指出，MOFs 传感器在食品污染物的检测方面表现突出，科研工作者已经成功地将其用于检测食品中的吡啶二羧酸，牛奶和饮用水中的土霉素、四环素、氯四环素，肉类食品中的磺胺吡啶、磺胺嘧啶，水果表皮中敌百虫、久效磷和氯甲苯等农药残留，番茄酱中的苏丹红，鱼肉中的腐胺、尸胺等。此外，综述还提到，MOFs 巨大的比表面积赋予其优秀的吸附能力，这使得 MOFs 可有效防水防潮及去除食品生产链中的多种有害物质。尽管 MOFs 在食品分析领域是一种有前途的分析技术，但是仍有许多工作要做，如关于 MOFs 的合成方法问题、毒性问题和孔径的精准控制问题等。以目前的科研工作来看，基于 MOFs 的食品分析技术离走出实验室、服务社会还有一定距离。

4.1.3 聚集诱导发光分析技术

荧光传感作为一种应用最广的分析检测技术，一直吸引着大量研究人员的关注。荧光传感的魅力不仅在于高灵敏度、高选择性和快速响应等方面的优势，还体现在其信号的直观性和易识别性。很明显，光学信号是人类最容易感知和分析的一类信号，许多情况下荧光传感技术甚至可以不依赖任何仪器，仅用肉眼即可定性分辨，这种简便直接的传感技术对于市场的吸引力是巨大的。前面几个章节已经提到，传统的荧光检测体系往往基于化合物的溶液态荧光而构建，因此溶液态荧光较强的稠环芳烃化合物，如芘、䓛、罗丹明、香豆素等，常被用作分子探针结构中的荧光生色团。然而这类分子在浓度增大或在聚集态下，其荧光强度将会由于 π-π 堆积而大幅降低。考虑到实用型检测技术多数情况下是基于固态平台（如薄膜、试纸、器件等）搭建的，稠环类溶液传感体系的荧光效率并不能充分发挥，于是科研工作者近年来愈加倾向于另一种不同的荧光体系——聚集诱导发光（AIE）。本书前面几个章节已经多次提到，AIE 体系的特点在于其较低的溶液态荧光和较高的聚集态荧光，在大量的实验和理论验证基础上，唐本忠研究团队提出了分子内运动受限（RIM）的理论机制[44]。该机制的核心主要在于单键连接的扭曲分子设计：溶液中 AIE 分子的芳环运动会消耗激发态分子能量进而表现为荧光猝灭；而聚集态下扭曲的分子结构一方面规避了不利于发光的 π-π 堆积模式，另一方面空间位阻阻碍了分子内运动，使固态荧光效率大大提升。因此，AIE 分子在聚集态下发光十分强烈。AIE 体系在分子设计方面较为简洁，后期化学修饰也相对容易，因此很快发展成为一个规模宏大的分子体系，在多个领域中展现了巨大的应用价值。近期，基于 AIE 荧光体系的食品检测技术已经崭露头角，考虑到其高效的固态荧光和优秀的发光可控性，笔者认为 AIE 体系有希望克服以往技术的短处并发展成为一系列性能优异、成本低、操作方便、可靠稳定的食品检测技术。接下来将分类论述近期报道的一些典型 AIE 食品检测技术案例，重点介绍探针分子设计、传感器制备、工作机制及在实验室条件下对于食品的分析检测效果四个方面。

早在 2011 年，Mitsutaka Nakamura 等就报道过一项基于生物胺含量指标的 AIE 食品检测技术[45]。探针在化学结构上以典型的 AIE 发光体——四苯乙烯（TPE）为主体，通过接入羧酸基团赋予探针对碱性挥发物的响应性。如图 4-1 所示，传感体系包含三个分子，可以检测 10 种不同的胺。利用羧酸与氨基之间的氢键作用，

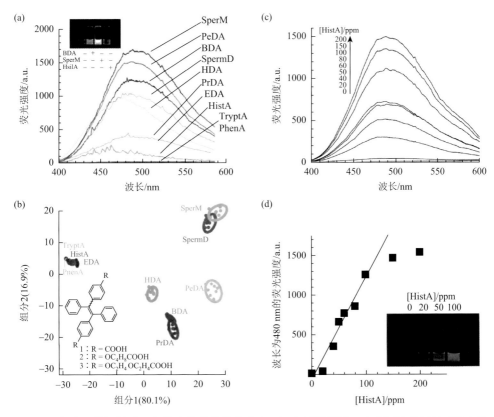

图 4-1 （a）1 号探针对于各种生物胺的荧光响应；（b）探针组的三个分子结构及其对于各种生物胺的 LDA 二维识别图；（c, d）金枪鱼罐头提取液在有机溶剂中对组胺的定量荧光响应（c）和线性拟合关系（d）

探针分子在溶液中可与胺类物质形成多分子聚集体，进而基于 AIE 原理，探针荧光大大增强。对于不同的胺，三种探针分子均有不同程度的荧光增强响应。这种交叉反应性启发该工作将探针发展为阵列传感器，并利用线性判别分析（LDA）法在二维坐标系上建立多种有机胺的指纹识别图库，以此区分不同种类的有机胺。实验证明该探针组对于胺类的检测灵敏度较高，达到 ppm 级。在后期的肉类腐败检测实验中，该工作选取金枪鱼罐头为实验对象，利用有机混合溶剂提取罐头中的液体进行分析，发现在样品中掺入组胺后，检测结果呈现显著的荧光增强。总体而言，该项工作的主要成果在于利用传感阵列对不同有机胺进行检测识别，虽然利用了 AIE 效应，但检测过程仍在有机溶液（二氯甲烷和正己烷）中进行，样品制备和检测操作均比较复杂，且无法排除有机溶剂的毒性风险，并未完全凸显 AIE 体系的优越性。另外，组胺为人工加入，并非鱼肉腐败过程中产生，属于模拟操作，因此探针对腐败鱼肉检测的真实效果尚未可知。笔者认为该工作虽然在后续应用方面有待进一步完善，但给 AIE 食品检测技术打开了思路，启发了许多后续的优秀工作。

由唐本忠和 Parvej Alam 等报道的一种肉类腐败传感器是 AIE 食品检测技术的一项经典之作[46]。该工作设计了一种具有电子给受体（donor-acceptor，D-A）基团的 AIE 分子 H^+DQ_2，具有分子内电荷转移（ICT）性质。与定域激发（LE）不同，ICT 发光波长较长，强度较弱，并且对分子构象和化学环境均十分敏感。这种敏感性的根本原因在于推拉电子效应及其所带来的非对称电荷分布对于最高占据分子轨道（HOMO）和最低未占分子轨道（LUMO）能级有巨大影响。荧光探针分子结构如图 4-2 所示，其中甲基为推电子基团，质子化的喹啉基团由于其正电势能，表现出很强的吸电子效应。为了方便检测操作，H^+DQ_2 分子被做成简易的滤纸薄膜，不仅具有较好的分散效果，还增加了比表面积，这大大增大了探针与被检物质之间的相互作用。在滤纸膜上，H^+DQ_2 几乎不发光，环境光下其滤纸膜显示为红色；遇到变质的肉类释放出生物胺时，荧光点亮，同时环境光下试纸红色褪去，转为淡黄色。该探针对于胺类的检测灵敏度达到 ppb 级，可用于多种鱼肉检测，如三文鱼片、黄鳍金枪鱼、白脚虾等。其荧光响应具有较高的对比度，肉眼可轻松辨识。实验证明，该传感薄膜可通过再质子化重新恢复到初始暗态，这种可逆性为传感薄膜的反复使用提供了便利条件。另外，该工作设计的传感薄膜便携小巧，可轻松封装在食物包装内部，进而实现传感-包装技术一体化，具有良好的商业化前景。

近期唐本忠团队又报道了一个基于胺类指标的 AIE 食品分析技术[47]，传感器的功能主体为 HPQ-Ac 分子。大部分情况下，邻位的酚羟基会与位置适合的分子内氮原子形成激发态分子内质子转移（ESIPT），即受光激发后，质子由分子内部的质子给体（酚羟基）转移到质子受体（亚胺基团），这种反应的互变异构产

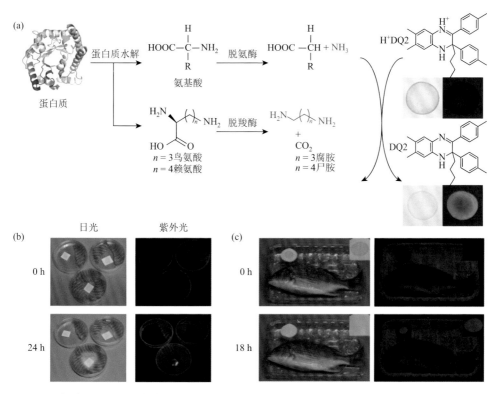

图 4-2 （a）生物蛋白水解产生的主要胺类、探针的分子结构及后者对于前者的荧光响应原理和效果照片；（b）表面皿中滤纸传感薄膜对新鲜三文鱼和放置 24 h 后变质的三文鱼的荧光响应照片；（c）塑料包装袋中滤纸传感薄膜对新鲜黄鳍金枪鱼和放置 18 h 后变质黄鳍金枪鱼的荧光响应照片

物往往具有较强荧光 [图 4-3（a）]。HPQ-Ac 本应属于 ESIPT 体系，可该工作将酚羟基通过酰化反应保护起来，夺去质子并关闭 ESIPT 过程，因此 HPQ-Ac 分子本身不发光。而碱性化合物（如胺类）可将乙酰基水解，还原为酚羟基，反应后的分子 HPQ 重新获得活性质子，进而发生 ESIPT 过程，使荧光大幅增强。另外，脱保护的 HPQ 分子从结构上看属于扭曲共轭体系，并且其分子内氢键可有效抑制聚集态下分子的内运动，因此 HPQ 具有典型的 AIE 性能。结合以上两个方面，探针对于胺类物质的荧光点亮效应可归因于 ESIPT 和 AIE 的协同作用。在后期应用中，HPQ-Ac 可在滤纸上涂膜形成简易的传感膜，当肉类样品——秋刀鱼腐败变质后，传感膜上的 HPQ-Ac 转变为 HPQ，引发 AIE + ESIPT 双重效应，并伴随着强烈的荧光增强现象 [图 4-3（b）和（c）]。该传感器对于胺的灵敏度达到 ppm 级，具有简单便携、灵敏度高、选择性好等优点。传感器虽然不可反复使用，但是荧光材料用量极少，传感器制作简单，很大程度上弥补了这一不足。

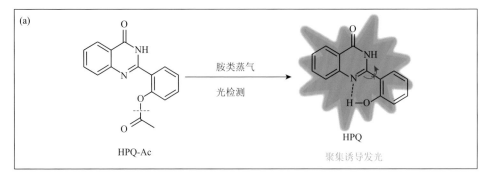

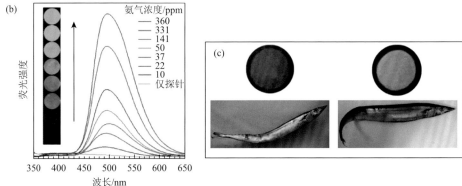

图 4-3 （a）探针分子 HPQ-Ac 的结构及对气态胺的荧光响应机理；（b）滤纸传感膜在不同浓度氨气环境中的荧光光谱；（c）传感膜对室温和冷冻存放两天后秋刀鱼样品的荧光响应

上述几个实例表明，利用肉类腐败变质产生的胺类作为指示剂具有较高的可行性，这吸引了许多科学家在该领域的拓展研究。Rupam Roy 和 Apurba Lal Koner 等也报道了类似的工作[48]。传感器的主体是一个平面共轭特征的小分子化合物。从化学结构上看，探针的活性基团为酸酐基团，可与胺类发生反应生成酰胺。分子改变了原本的共轭结构，而反应后引入氮原子会引发光诱导电子转移（PET），进一步导致荧光减弱；另外，若反应在固体媒介上完成，分子的聚集态结构也会发生变化，换句话说胺的引入可诱发探针分子发生自组装行为，这也会使荧光发生变化［图 4-4（a）］。实验发现，探针在氨气气氛下，荧光由亮黄光变为弱红光，检测灵敏度达到 ppm 级［图 4-4（b）］。在鱼肉样品检测实验中，传感器制作非常方便，将探针分子溶液滴在玻片或者滤纸上成膜即可，鱼肉腐败后，传感器的荧光明显减弱，肉眼检测效果良好。该探针易于制备，可兼容多种固态基底，具有较高的实用价值。

传感器的设计可基于分子结构变化，也可基于聚集态结构的变化，二者均可导致荧光信号发生巨大改变。对于后者，探针在固态基底上的聚集态形貌特征是一个关键因素，形貌往往影响了比表面积和主客体之间的物理作用，进而影响传感性能。若要提高固基传感器的性能，调控或改善探针的聚集态特征，进而提高

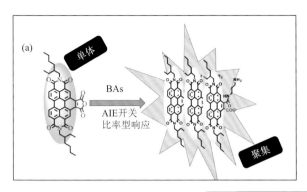

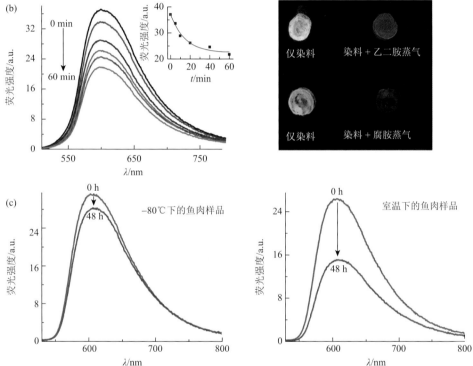

图 4-4 （a）探针分子结构及对有机胺的荧光响应机制；（b）载玻片传感膜在 28.5 ppm 的乙二胺环境中荧光光谱随时间变化及荧光响应照片；（c）传感膜对室温和冷冻存放的鱼肉样品的荧光响应

传感器对胺类物质的吸附性能或许是一个正确思路。我们团队在这一方面开展了一些相关研究，在前期工作中曾经把主要精力放在 AIE 传感器对胺类的化学检测方面，并发现引入活性的 D-A 基团，形成有序的微纳结构对于提高检测性能效果显著[49]。在后续的一项工作中，扩展了 AIE 传感器在食品检测技术方面的应用[50]。该工作合成了一组 D-A 型的 AIE 异构体，其中连接在苯环上的羧酸基团不仅可用作活性电子受体基团，还可通过改变其引入位置而使探针分子异构化［图4-5（a）］。为了调控探针的聚集态形貌，利用溶剂辅助方法探索了探针的自组装行为，发现羧基位置不同会影响偶极-偶极方向，进而导致探针自组装成不同的有序结构。从图4-5（a）中的显微镜图可以看出，三种探针异构体可分别组装成为一维纳米线、二维微纳薄片和三维微米立方结构。三种自组装结构对于胺类物质的响应程度也有很大差异。三维立方结构一方面比表面积较小，另一方面邻位羧基与胺发生作用的空间位阻较大，因此不利于传感检测。对位异构体形成的纳米线结构虽然比表面积巨大，但是在溶液中形成的组装膜较厚，纳米线致密缠结，不利于气态胺的有效渗入，因此该探针对胺的检测效果不尽如人意。通过横向比较，最终选择间位异构体作为探针，其聚集态结构为单层二维片状组装膜，比表面积较大，给气固相互作用提供了便利条件。研究发现，探针可通过羧酸与氨基之间氢键作用吸附胺类物质，由于胺结构中的氮原子电负性较强，羧酸基团的缺电子环境被中和，

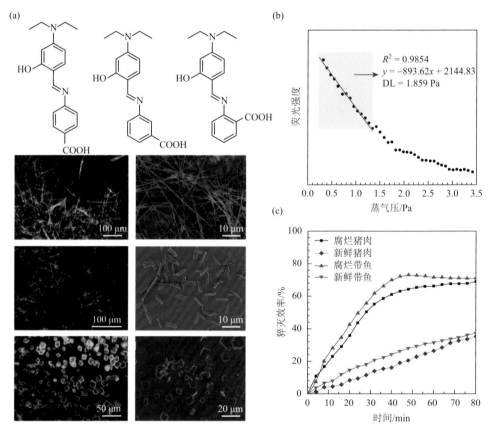

图4-5　（a）三种同分异构体探针分子结构及分别形成的自组装结构；（b）间位探针在不同浓度氨气环境中的荧光光谱；（c）自组装传感膜对新鲜和腐败的猪肉和带鱼的荧光响应趋势

进一步削弱了其吸电子能力，与此同时 ICT 性能被削弱，探针荧光发生蓝移。另一方面胺类的渗入导致 AIE 分子内运动加剧，荧光发生大幅降低。该工作选择了猪肉和带鱼两种肉食作为检测对象，从图 4-5（c）可以看出，新鲜的肉类由于正常的微生物代谢，仅产生少量生物胺，传感器的荧光信号下降缓慢；而腐败的肉类由于微生物富集，产生大量有机胺，传感器的荧光迅速猝灭，体现了良好的检测效果。

受到上述工作的启发，我们团队又报道了一个延伸工作，重点研究自组装形态和胺响应荧光之间的关系[51]。探针体系依然由 4 个 D-A 异构体组建而成，均可体现 AIE 和 ICT 效应。为了更好地调控偶极-偶极相互作用，该体系的给受体基团均改变了引入位置（图 4-6）。形貌研究表明，探针成膜时所形成的自组装结构各不相同，包括片层、棒状、纳米纤维状和纳米线状结构（图 4-6）。由于 ICT 荧光对构象和化学环境的双重敏感性，组装体的荧光行为也有很大差异。当自组装

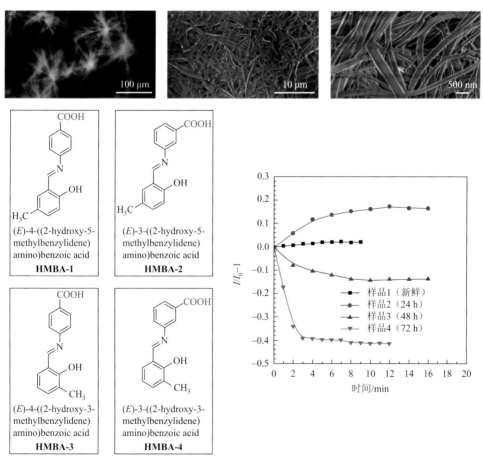

图 4-6　四种同分异构体探针的分子结构以及 4 号探针 HMBA-4 形成的自组装纳米纤维结构；HMBA-4 自组装传感膜对新鲜、过期和腐败猪肉的荧光响应趋势

膜暴露在胺类气氛中，间位异构体 HMBA-4 所形成的纳米线状结构的荧光响应最为灵敏，这主要归功于其纤细的纳米结构所带来的巨大比表面积。后期的肉质检测实验也验证了这一传感器的可靠性。值得一提的是，HMBA-4 传感器对于不同存放期的肉类具有不同的荧光响应特征：新鲜猪肉几乎没有对传感器造成荧光响应；对放置 1 天的猪肉（过期猪肉）传感器荧光增强；而放置 2 天以上的腐败变质猪肉使传感器的荧光迅速猝灭。与前面所介绍的单一性荧光传感的相关工作均不相同，该传感器的荧光响应是多样性的，不仅可以检测腐败肉类，也可检测放置时间较长的未变质肉类。这种荧光增强和荧光猝灭的双重响应机制意味着传感器与胺类物质的作用机理较为复杂。该工作提出"可能是两种作用机制相互竞争的结果：过期肉所产生的低浓度的胺类与传感器结合后会导致组装体内部的环境拥挤、分子紧密堆积，AIE 性质得到强化；与此相反，腐败变质肉所产生的高浓度胺类，强烈刺激传感膜，导致自组装结构解体，探针分子处于半溶解状态，荧光猝灭"，这一猜测已得到荧光显微镜的证实。该工作认为这种双重荧光响应可区分存放时间不同的肉类，更有利于建立一套全面的肉质分析检测体系。

除了胺类物质之外，硫化氢（H_2S）也是一种细菌代谢产物，在肉食品中较为常见，因此基于 H_2S 指标研发食品检测技术也是可行的。在这一方面，吴水珠课题组报道的 AIE 食品检测技术是一个典型案例[52]。传感器在分子设计上传承了 AIE 经典的扭曲共轭理念，结合三苯胺基团、二硝基和苯醚设计 AIE 探针分子 TPANF，而后者作为活性反应基团，可在 H_2S 存在的情况下转变为苯酚，并进一步降解成为如图 4-7（a）所示的终态结构——三苯胺-喹啉结构。从分子的光物理行为上分析，由于猝灭基团硝基的存在，探针的始态结构无荧光；而探针终态三苯胺-喹啉是 AIE 荧光化合物。此外，与 H_2S 反应后，探针分子由于疏水性增加

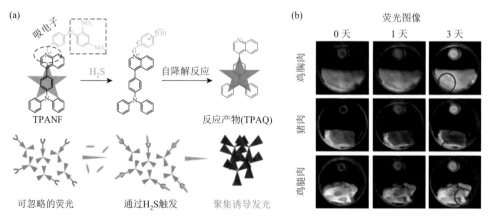

图 4-7 （a）TPANF 探针的分子结构及其在硫化氢作用下的化学反应过程；（b）探针溶液与肉食品密闭放置 0～3 d 的荧光变化照片

而形成聚集体，这使原本被硝基抑制的 AIE 性能得以释放，发出 500 nm 左右的较强荧光，是典型的点亮型荧光探针。后续实验发现 TPANF 探针可通过检测多种肉类释放的 H_2S 来判断肉质新鲜度。检测过程中，首先配制探针化合物的溶液，再将其与肉类样品一同密封，进而观察荧光变化［图 4-7（b）］。该工作强调，探针对 H_2S 的选择性和灵敏度高、毒性较低、光稳定性好。利用溶液检测方法虽然操作过程有不便之处，但是溶液样品的稳定性和数据重复性较好，在精准度方面相较于固基传感器或许具有优势。

除了利用胺类、H_2S 等信号间接实现食品质量检测之外，AIE 探针对于食品内的营养组分、色素等添加剂和农药、重金属等有害物质的直接检测也取得了重要进展。李恺研究团队曾经报道过一个检测食品色素的 AIE 传感器[53]。传感器的设计新颖巧妙：首先合成图 4-8 所示的具有 AIE 性质的主体分子，然后用甲基丙烯酸（MAA）和 EGDMA 交联剂使 AIE 分子聚合，同时加入华法林（warfarin，香豆素类结构）做分子印迹模板，通过聚合反应将其封入聚合物基底中，所得的 AIE 聚合物再经由甲醇和乙酸除去其中的华法林分子，这样就制成了具有分子印迹的传感器。华法林分子印迹的尺寸和食品色素添加剂罗丹明 6G（Rh6G）十分匹配，因此传感器可对后者进行充分吸收。传感器中的 AIE 探针在 420 nm 蓝光区有很强的荧光发射，而罗丹明 6G 的吸收光谱与探针发射光谱重叠程度较高，可引发荧光共振能量转移。实验结果显示，AIE 探针的蓝色荧光降低，而罗丹明 6G 的橙色荧光增强，光谱体现出典型的比例变化，兼具较好的可视化效果。该工作将传感器成功用于木瓜干、饮料等样品中的色素——罗丹明 6G 检测。通过对比结构类似的潜在干扰剂，如罗丹明 B、胭脂红、茜素红、酸性红 27 和诱惑红等，

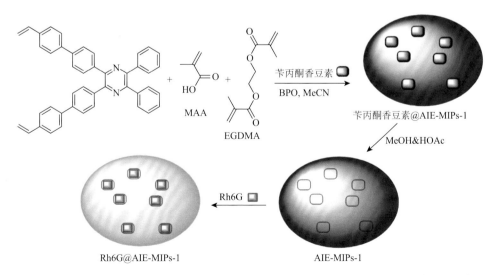

图 4-8　AIE 探针分子结构、传感器的制备过程和基于分子印迹吸附罗丹明 6G 的过程示意图

发现该传感器具有优异的选择性。定量实验结果表明，该传感器也具有较高的灵敏度，检测限低至 0.26 μmol/L（ppm 级），经过 10 轮吸附-解吸后，传感器性能依然保持稳定，体现了高度抗疲劳性，这对于传感器的回收再利用意义重大。

该研究团队在后续工作中又尝试对食品中另一种常见色素添加剂——罗丹明 B 进行检测识别[54]。所设计的探针主体结构依然是经典的四苯乙烯 AIE 发光单元[图 4-9（a）]，通过化学修饰引入丙烯酸苯酯作为活性反应基团后，探针可通过与上述类似的聚合反应引入分子印迹模板制备传感体系。由于印迹模板密集、尺寸匹配，传感器可有效捕捉罗丹明 B，并可排除其他干扰组分的影响［图 4-9（a）］。在捕捉罗丹明 B 之前，传感器作为一种 AIE 聚合物，在 457 nm 左右有较强的蓝光发射峰，而这一发射范围正好和罗丹明 B 的吸收有很大交叠。因此传感器在吸附罗丹明 B 后，457 nm 处的峰强度迅速降低，而 565 nm 处的罗丹明 B 发射峰强度增加。根据上述两个波段荧光信号的相对变化，该传感器可对罗丹明 B 做精准定量，检测限低达 1.41 μmol/L（ppm 级）。在对木瓜干、果汁等食品样品中的罗

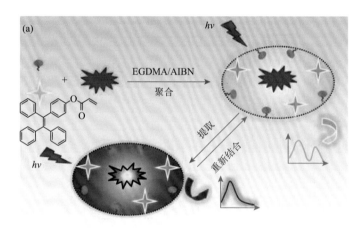

样品	加入量/(μmol/L)	检测限/(μmol/L)	回收率/%	RSD/%
木瓜干	3.00	3.15	105.00	1.96
	6.00	6.19	103.17	2.33
	9.00	8.93	99.22	2.52
果汁	3.00	3.13	104.33	1.15
	6.00	5.86	97.67	1.81
	9.00	9.23	102.56	2.17

图 4-9　（a）AIE 探针分子结构、传感器的制备过程和对罗丹明 B 的检测机制；（b）传感器对于木瓜干和果汁中罗丹明 B 的检测结果

丹明B进行分析检测的过程中，传感器体现了很高的精准度，误差在3%以内。该工作指出传感器在选择性、灵敏度和可靠性方面均满足使用要求。

单硬脂酸甘油酯（简称单甘酯）是一类常用的食品添加剂，它的化学结构是一种多元醇非离子型表面活性剂，能够起乳化、起泡、分散、抗淀粉老化等作用，是食品中广泛使用的乳化剂。它在食品中的添加剂量是有严格规定的，如果超标将会造成健康风险。孙向英、沈江珊、刘斌等报道了一种基于AIE的单甘酯检测技术[55]，如图4-10所示，探针分子也是按照AIE的基础原则，利用扭曲共轭和可转动芳环设计而成。另外，分子D-π-A型结构赋予其ICT溶剂致变色的性质。探针根据化学环境和溶剂极性大小可表现出不同的ICT程度，从而改变发光波长。单甘酯作为表面活性剂，可在有机溶剂中与亲水核形成如图4-10所示的反胶束结构。在检测过程中，探针分子首先与单甘酯的亲水羟基接触，随着单甘酯浓度增加至其临界胶束浓度后，探针分子可以被吸收到反胶束的亲水核中，胶束的笼效应和疏水性导致探针分子被迫形成纳米聚集体，从而引发AIE现象。另外，探针聚集后，排除了溶液极性的影响，导致ICT效应减弱、探针荧光蓝移。信号强度和颜色的双重变化，使探针对单甘酯具有较好的检测识别效果。尽管该工作并未尝试对食物样品中的单甘酯进行检测，但探针设计思路新颖、响应快速，其灵敏度和选择性均可满足需求，在食品检测技术领域潜力很大。

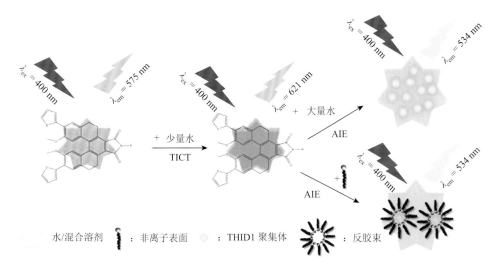

图4-10　AIE探针的分子结构及基于AIE和ICT双重机制对单甘酯进行检测的原理示意图

除添加剂之外，对于食品中各类有害物质的检测也备受科研人员关注。相较于前者，有害物质对人们身体健康的危害更直接，也更致命，因此相关传感检测技术的研发十分必要。在本小节前半部分提到，对于食品中有害物质的检测大多基于质谱、色谱和拉曼光谱等仪器分析技术,而相关分子探针的报道较少。在这一方面,AIE 荧光探针技术近期展现了旺盛活力。牛庆芬课题组利用席夫碱反应设计了如图 4-11(a)所示的 AIE 探针[56],可对 Zn^{2+}、CN^-、Cu^{2+} 三种离子产生荧光响应,对前两种离子表现为荧光增强,对 Cu^{2+} 表现为荧光猝灭。Zn^{2+} 和 Cu^{2+} 的荧光响应可归因于分子内 N 和 O 原子螯合位点结合金属后所产生的"螯合荧光增强或者猝灭"效应;而对于 CN^- 的响应则是由于 ICT 效应,这两种机理不仅得到核磁滴定和 FT-IR 验证,也有 TD-DFT 理论计算的支持。实验表明,探针可以用来检测和量化真实水样中 Zn^{2+}、Cu^{2+} 和 CN^-,以及检测木薯、苦瓜种子和发芽马铃薯中的 CN^- [图 4-11(b)]。虽然离子检测探针常见报道,但是大多由于

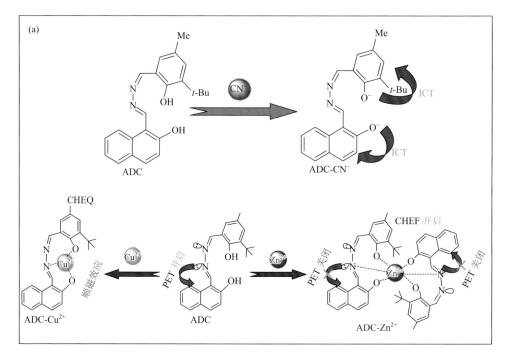

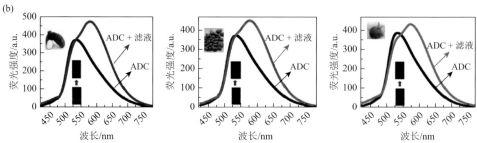

图 4-11 (a)探针的分子结构及其对于三种离子的检测机理模型;(b)探针对于植物种子和马铃薯提取液中 CN^- 的荧光响应

抗干扰能力差而不适用于具有复杂化学组分的食品的检测工作,该报道将 AIE 离子探针用于检测植物种子和马铃薯这类农产品,是一次有意义的尝试,也说明了该探针优异的选择性和抗干扰能力。

汞离子是一种剧毒污染物,很容易被皮肤、呼吸道和消化道吸收并在生物体内积累。汞离子进入人体内后会破坏中枢神经系统,对口、黏膜和牙齿有不良影响,严重时可导致脑损伤和死亡。科研工作者长期致力于汞离子探针的研发,政府相关部门对江河湖泊和饮用水中的汞离子含量也十分关注。可人们往往会忽视一种情况,即汞离子会通过水媒介进入鱼虾等水产品体内,甚至可能通过灌溉施肥被农作物吸收,进一步对人体造成重大健康威胁。因此除了水质检测之外,对于食品中的汞离子检测也非常有必要。在这一方面,已经有科研工作者做了一些尝试工作。汤立军和励建荣等曾报道过一个典型的汞离子探针 TPE-M[57]。探针分子是基于经典 AIE 荧光基团四苯乙烯设计而成,通过化学修饰引入巯基丙酸作为汞离子反应活性位点[图 4-12(a)]。核磁共振氢谱分析证明,该探针在汞离子存在的条件下会使二硫缩醛水解形成醛基结构,在水相反应介质中由于溶解度下降进一步形成聚集体,引发 AIE 现象。这种基于化学反应的荧光点亮机制具有很高的选择性和抗干扰能力,非常适合用作食品和饮品这种含有复杂化学组分体系的传感检测。实验证明,该探针可用于检测虾、螃蟹、茶叶等食品样本

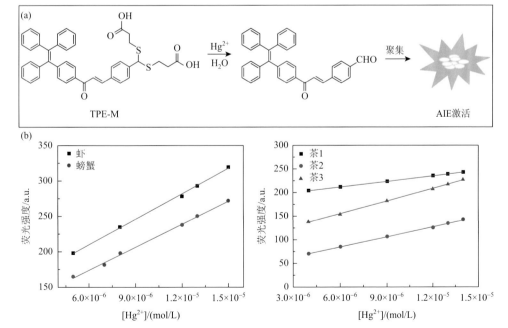

图 4-12 (a)汞离子探针 TPE-M 的分子结构及其在汞离子作用下水解反应过程;(b)探针对于海产品和茶叶中汞离子的荧光响应

中的汞离子[图 4-12（b）]，检测结果呈现良好的线性关系，检测限达到 ppm 级（4.157 μmol/L），并且具有响应快速、选择性高、抗干扰能力强等优点。

欧阳津研究团队在食品污染物检测方面也报道了一个典型工作[58]。与很多同类工作不同的是，该团队所报道的探针是双组分双通道信号，利用了 AIE 荧光和金纳米团簇荧光的协同作用而设计的。其中，AIE 探针结构如图 4-13（a）所示，聚集

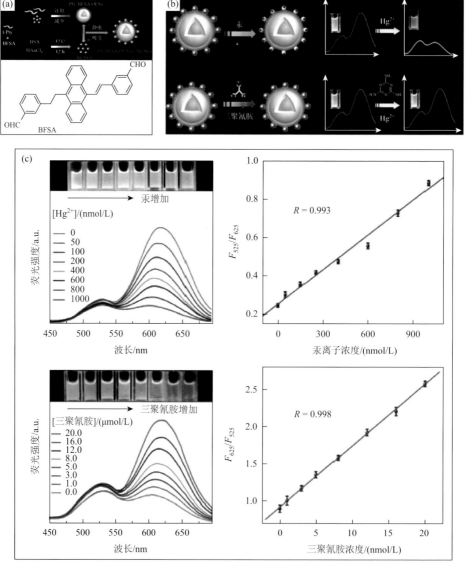

图 4-13 （a）AIE 探针的分子结构及双通道传感器的制备过程；（b）传感器和汞离子、三聚氰胺的相互作用机制；（c）传感器对于不同浓度的汞离子和三聚氰胺的荧光响应及其线性拟合曲线

体发出 525 nm 波段的绿色荧光，而金纳米团簇荧光最大发射波长在 625 nm 红光范围，与前者差异较大，信号分离程度较高。在制备传感器的过程中，AIE 探针首先通过席夫碱反应和多聚赖氨酸共价结合，形成尺寸均匀、表面带正电的 AIE 纳米球，当 AIE 纳米球和金纳米团簇混合后，后者由于表面负电，可通过静电相互作用附着在 AIE 纳米球表面，从而形成红绿双通道荧光传感体系。当汞离子进入传感体系后，迅速和金纳米团簇结合而使其红光猝灭，因此传感体系显示 AIE 组分的绿色荧光。当与汞离子结合能力更强的三聚氰胺进入传感体系后，汞离子则会被三聚氰胺捕捉进而脱离传感体系，相应地，传感器的双通道荧光恢复 [图 4-13(b)]。该传感器对汞离子和三聚氰胺的检测灵敏度均达到纳摩尔级别（ppb 级），具有高度选择性和可视化效果 [图 4-13（c）]。另外，由于高度的生物相容性，该传感体系可以用于活体 HeLa 细胞中的三聚氰胺成像。这些优势使其在食品检测领域具有较大的潜力。

食用油在煎炸食品的过程中会发生一系列的复杂化学反应，如水解、氧化、异构化和聚合等，这些化学反应会产生酸、醇、醛、酮、内酯和多种聚合物等物质，其中三酰甘油类聚合物对人体健康有明显的负面作用，可能会导致某些消化、心脑血管疾病。因此，相关部门对于食用油的质量要求严格，相应地，针对食用油质量的评估和检测也在日益发展完善。余振强和朱为宏指出，食用油在经过多次反复使用后，三酰甘油类聚合物会严重超标，并在食用油中形成纳米聚集体，进一步导致其黏度增加[59]。该团队据此设计了一种针对煎炸油质量的 AIE 分析技术，探针化学结构为喹啉-丙二腈（QM）支架和三苯胺单元偶联形成的给体-π-受体（D-π-A）结构，食用油黏度升高使 AIE 探针分子内运动受限，再加上聚合物与探针之间的相互作用，探针荧光大大增强，并与黏度的对数值呈现较好的线性关系，这给食用油质量的定量化分析提供了可行性。在真实的煎炸油样品分析过程中，研究团队发现随着食用油反复使用次数的增加，AIE 探针的荧光强度线性增强，其荧光检测结果与 HPLC 分析结果一致，充分体现了该方法的可靠性。

前面已经提到，在农药残留检测方面，人们往往依赖于质谱-色谱、红外、拉曼等仪器，而廉价高效的荧光传感技术可能还处于初步发展阶段。武晓丽和薛建等汇报了一项用于检测饮用水中有机磷农药的 AIE 传感技术，给该领域的发展提供了新思路[60]。其中传感功能主体是具有 AIE 性质的四苯乙烯衍生物 BSPOTPE [图 4-14（a）]，该分子含有负电荷基团，可以和带有正电荷的二氧化硅纳米颗粒（SiO_2NPs）通过静电相互作用结合，形成荧光较强的纳米聚集体。当遇到吸光能力强、猝灭效率高的 MnO_2 纳米片时，纳米聚集体会附着其上而使自身荧光猝灭；另外乙酰胆碱酶解后生成的硫代胆碱可以使 MnO_2 纳米片中的 Mn^{2+} 释放，进而使纳米聚集体的荧光恢复 [图 4-14（a）]。有机磷农药（对硫磷、内吸磷、马拉硫磷、乐果、敌百虫及敌敌畏等）对硫代胆碱有不可逆的抑制作用，因此传感体系在遇到有机磷农药时，荧光仍被抑制。基于上述机制，该工作利用共沉积方法，在滤纸上将 AIE 纳米聚集体和 MnO_2 纳米片复合，制作了一种简易便携的传感试纸，可对自来水和河水样品进行农药残留检测，如图 4-14（b）所示，传感体系的荧光强度随着农药含量的上升而线性降低，检测区间为 1～100 μg/L，检测限低达 1 μg/L（ppm 级别）。

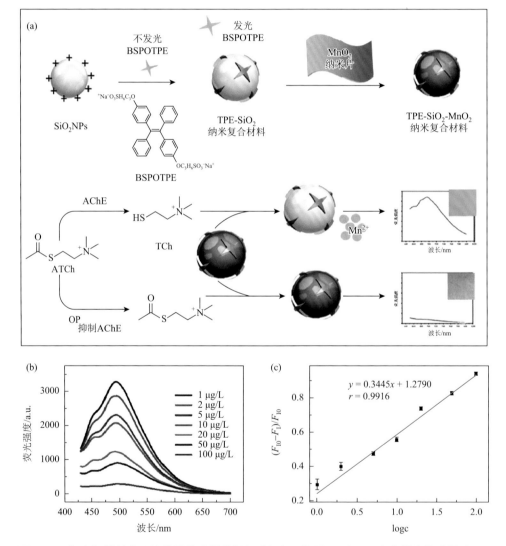

图 4-14　（a）探针的分子结构及传感器的制备过程和工作原理；（b，c）水样中传感器对于不同浓度有机磷农药的荧光响应及其线性拟合曲线

4.1.4 小结与展望

综上所述，食品安全问题是一个与民生和健康高度相关的研究课题，人们对饮食质量有着越来越高的追求，相应地，科研工作者对食品安全问题的解决方案——食品分析检测技术也越来越关注。上述内容主要概述了近年来发表在著名出版物的关于 AIE 食品检测技术的典型案例，并对设计理念、工作机制和应用性能进行重点分析。基于 AIE 原理的食品分析技术，是食品安全领域内的新兴技术。就目前的发展情况来看，还有一些问题需要解决：一方面，固基荧光不同于溶液荧光，在传感器工作过程中，固态荧光信号会由于个体差异而表现不稳定性（如镀膜不均匀、自组装结构尺寸不易控制等），因此难以在固基条件下实现精准定量分析；另一方面，传感器的灵敏度和抗干扰性似乎是一对矛盾体，换句话说，越灵敏的 AIE 传感器就越容易受工作环境（温度、湿度和氧气等）和竞争组分（类似化学物质）的干扰。前面所讲述的例子中有相当一部分对于抗干扰能力的评估稍显不足，尽管有些工作对选择性和抗干扰能力进行过测试，可实验条件大部分是人为模拟的单一组分或简单混合体系环境。而对于真实食物样品或食物提取液中的复杂化学环境，传感器很难适应，也就是说传感器在实际应用中可能会存在"假阳性信号"的干扰，或者其功能分子容易发生变质而使传感器失效。目前 AIE 食品检测技术仍处于积极研发阶段，距离走出实验室、服务社会大众还有一定的距离。然而笔者通过上述众多典型案例发现，AIE 食品分析技术与传统分析技术相比，可体现以下几点独特优势。

（1）此类技术一般具有简洁高效的分子设计。AIE 分子的设计理念重点为"多芳环"、"扭曲构象"和"可转动单键"，其衍生出大量合成简便的 AIE 发光核心，如四苯乙烯和席夫碱结构等。它们的可修饰性较高，可在不牺牲 AIE 性能的情况下兼容多种功能化基团，因此作为传感技术，AIE 体系在功能设计、性能优化和工艺成本等方面具有显著优势。

（2）由于 AIE 特有的固态高效荧光及其良好的发光可控性，AIE 探针在发展成具有实际操作性的传感器方面有较高的可行性。大部分 AIE 探针都是将固态荧光变化作为传感信号，因此传感器的几类常见的固体基底，如聚合物薄膜、试纸、自组装膜、多孔材料和各类纳米结构基底等，均可为其所用，进一步带来更好的传感效果。从工艺的角度上来讲，这为传感器的便携设计带来了方便，还可能在很大程度上简化食物样品的制备。

（3）与生物传感、化学传感和药物分析领域不同，食品安全技术在很多情况下不需要严格精准的定量分析，只需要对被检物进行"有或无"的定性判断。例如，肉类中腐胺的含量、水果表皮中的农药残留和奶粉中掺杂三聚氰胺等情况，消费者是"零容忍"的，往往更关心有害物质是否存在，而不是其含量多少，因此食品分析技术在多数情况下应重点解决分析物"有和无"的问题。在这种情况下，大型仪器设备的精准定量分析不如基于 AIE 传感体系的半定量或定性荧光响应更加方便快捷。而后者作为光学信号，可通过肉眼轻易分辨。因此，在降低成本、快速分析和裸眼检测几个方面，AIE 食品分析技术优势较大。

在食品分析技术领域，科研工作者正在从不同角度取得突破，其中一个重要的科研方向是将"传感-包装技术一体化"。这样可做到对每一批次甚至每一件食品进行大规模全方位检测，对于消费者和零售商而言，食品质量问题可一目了然，免去"事后补救"的风险。这或许是食品检测技术的一大发展方向。AIE 传感体系与智能包装的兼容性目前还鲜有研究，然而考虑到 AIE 的固态荧光强、传感器体积小、可与多种固基兼容等特点，笔者认为 AIE 传感体系在该方向取得突破的可能性极高。

食品安全分析技术的另一个发展趋势是智能终端的革新，人们对于传感器或传感检测技术的刻板印象也许是"从一台具有许多按钮的仪器的屏幕上分析数据"，然而随着智能科技的发展，"仪器"这一词将会变得越来越大众化。手机是一种最普及的智能终端，具有成熟的软件设计平台，以及开放性、多样化的功能。将检测设备与智能手机连接也许是食品检测技术的另一个发展趋势。在这一方面，小米手环和小米手机、iWatch 和 iPhone 手机的有机结合已经验证了其可行性。笔者认为，食品检测技术若在此方面有所突破，首先要解决信号的转换和传输问题，即荧光信号需要转变为智能终端可识别的光、电、磁等信号；其次是手机 APP 的设计问题。这两方面问题均需要从事 AIE 研究的科研工作者跨出本行业，与其他领域的专家寻求合作才能解决。不久的将来，或许食品传感器也会像其他电子产品一样，门槛逐渐降低，操作越来越方便，走进每个家庭的厨房，真正实现大众化。

4.2　爆炸物检测

4.2.1　爆炸物安全隐患

凡是能引起爆炸现象的物质都可称为爆炸物。常见爆炸物有 TNT、黑索金、太安、奥克托金、特屈儿等，它们都属于军用炸药。从能量角度上讲，其中绝大多数属于高能炸药。除了军用炸药外，还有一类炸药是以氧化剂和可燃剂为主体，按照氧平衡原理构成的爆炸性混合物，这类炸药被称为"民用炸药"或工业炸药。它们价格低廉，易于生产，可通过增减药量控制爆炸威力，也可加入惰性物质降低爆炸能量，多用于煤矿冶金、石油地质、交通水电、林业建筑、金属加工和控制爆破等各方面。常见的有硝化甘油炸药、乳化炸药、水胶炸药等。另外，粉尘、可燃气体、燃油、锯末等在特定条件下引起爆炸的物质，从广义上讲也属于爆炸物。美国烟酒枪炮及爆裂物管理局（Bureau of Alcohol，Tobacco，Firearms and Explosive，ATF）曾在2010年列出了两百多种爆炸物，并根据其化学结构大致分为六大类，表4-1中列举了其中较为常见的爆炸物种类以及它们的化学结构和俗称。可以看出，爆炸物不仅种类繁多、应用广泛，而且在不断更新，这给公共安全带来极大隐患。例如，表4-1中的2,4,6-三硝基甲苯（TNT）和2,4-二硝基甲苯（2,4-DNT），是主要的传统军事炸药，在全球范围内，二者是绝大多数战场遗留的地雷和炸弹主要成分；再如，近期发展迅速的过氧化物爆炸物，它们可以由廉价材料用简单的方法轻松合成，甚至可以利用某些市售原料在居家环境中自行制备，这大大降低了犯罪成本，严重威胁了公共安全。在当今各国暴恐事件中，易于制造、部署和携带的各类炸弹成为最常见的恐怖主义形式，已造成成千上万人死亡，带来了巨大的财产损失，而且随着时代发展，世界局部地区暴恐主义呈现愈演愈烈的态势。爆炸物的大规模量产和广泛使用引起了各国政府和人民对爆炸物安全生产和存储环节的关注。另外，即使排除爆炸风险，短期或长期接触某些毒性较高的爆炸物，也会对人体造成许多健康问题，包括皮肤和黏膜刺激、贫血、致癌、肝功能异常等。例如，前面提到的被广泛使用的炸药TNT，当其浓度大于2 ppm时，被美国环境保护署列为有毒污染物，需要严格检测和管控。

表4-1 常见的爆炸物种类、结构、名称和缩写

类别	结构	名称	缩写
硝基烷烃（nitroalkane）		2,3-二甲基-2,3-二硝基丁烷（2,3-dimethyl-2,3-dinitrobutane）	DMNB
		硝基甲烷（nitromethane）	NM
硝基芳香化合物（nitroaromatic）		2,4,6-三硝基甲苯（2,4,6-trinitrotoluene）	TNT
		2-硝基甲苯；邻硝基甲苯（2-nitrotoluene）	2-NT；o-NT

续表

类别	结构	名称	缩写
硝基芳香化合物（nitroaromatic）		3-硝基甲苯；间硝基甲苯（3-nitrotoluene）	3-NT；m-NT
		4-硝基甲苯；对硝基甲苯（4-nitrotoluene）	4-NT；p-NT
		2,4-二硝基甲苯（2,4-dinitrotoluene）	2,4-DNT
		2,6-二硝基甲苯（2,6-dinitrotoluene）	2,6-DNT
		2,4,6-三硝基苯酚（2,4,6-trinitrophenol）；苦味酸（picric acid）	TNP；PA
		硝基苯（nitrobenzene）	NB
		2,4-二硝基苯酚（2,4-dinitrophenol）	2,4-DNP
		邻二硝基苯（o-dinitrobenzene）	o-DNB
		间二硝基苯（m-dinitrobenzene）	m-DNB
		对二硝基苯（p-dinitrobenzene）	p-DNB
		1,3,5-三硝基苯（1,3,5-trinitrobenzene）	TNB

续表

类别	结构	名称	缩写
硝基芳香化合物 (nitroaromatic)	(4-硝基苯甲酰氯结构)	4-硝基苯甲酰氯；对硝基苯甲酰氯 (p-nitrobenzoyl chloride)	NBC
亚硝胺类 (nitramines)	(RDX 结构)	环三次甲基三硝胺；黑索金 (1, 3, 5-trinitro-1, 3, 5-triazacyclohexane)	RDX
	(HMX 结构)	环四亚甲基四硝胺；奥克托金 (octahydro-1, 3, 5, 7-tetranitro-1, 3, 5, 7-tetrazocine)	HMX
	(Tetryl 结构)	2, 4, 6-三硝基苯甲硝胺；特屈儿 (2, 4, 6-trinitrophenylmethylnitramine)	Tetryl
硝酸酯 (nitrate ester)	(NG 结构)	硝化甘油；三硝酸甘油酯 (nitroglycerin)	NG
	(PETN 结构)	季戊四醇四硝酸酯；太恩；膨梯儿 (pentaerythritol tetranitrate)	PETN
酸式铵盐 (acid salts)	NH_4NO_3	硝酸铵 (ammonium nitrate)	AN
	$(NH_4)_3PO_4$	磷酸铵 (ammonium phosphate)	AP
过氧化物 (peroxides)	H_2O_2	过氧化氢；双氧水 (hydrogen peroxide)	HP
	(TATP 结构)	三过氧化三丙酮；熵炸药 (triacetone triperoxide)	TATP

续表

类别	结构	名称	缩写
过氧化物 (peroxides)		六亚甲基三过氧化二胺 (hexamethylene triperoxide diamine)	HMTD
含氧酸 (oxyacid)		亚硝基硫酸；亚硝酸硫酸 (nitrosylsulfuric acid)	NSA
三唑类 (triazoles)		3-硝基-1,2,4-三唑-5-酮 (3-nitro-1,2,4-triazol-5-one)	NTO
		四氢-1,2,4-三唑-3,4-二胺 (4H-1,2,4-triazole-3,4-diamine hydrochloride)	DAT
		3-肼基-四氢-1,2,4-三唑-4-胺 (3-hydrazinyl-4H-1,2,4-triazol-4-amine dihydrochloride)	HAT
		5-氨基四氮唑 (5H-tetrazol-5-amine)	5-ATZ

4.2.2 爆炸物检测技术

总之公共场所中各种炸弹、手榴弹或雷管等爆炸装置的威胁、局部地区军事冲突和恐怖袭击日益升级、工程建设中民用爆破频率逐渐提高及人们对环境中爆炸物残留的担忧等，均促成了社会对灵敏、可靠、简单便携的爆炸物检测技术的依赖。美国康涅狄格大学相关研究团队[61]及新加坡科技研究局联合香港科技大学两大研究团队[62]分别在 2015 年和 2019 年发表综述，总结了近年来爆炸物检测技术可能面临的问题和挑战，大体将其归纳为以下六类：①爆炸物种类繁多，而且每年都会有新型的爆炸物问世，许多爆炸物在化学结构上并无共性，因此针对爆炸物难以做到全方位检测。②由于某些有机硝化物对物理震动、摩擦和冲击极为敏感，取样和操作过程中会有很大的安全隐患，因此许多检测分析工作需要在无接触的条件下进行，这给传感器的设计增加了技术难度。③多数爆炸物难以挥发，在常温下的蒸气压很低，因此气相检测的难度较大。许多情况下，爆炸物的存放或携带较为隐秘，常常使用密实包装，这又进一步降低了爆炸物在空气中的含量，将大大提高人们对于传感器的灵敏度要求。④爆炸物的存放地点和检测环境都十分复杂，暴恐案发现场、地铁隐蔽角落、衣物行李、土壤、空气和地面等都可能是爆炸物检测的取样场所，这给样品收集工作和传感设备的"探头"设计带来困难。⑤由于恐怖主义活动从陆地扩展到海洋，爆炸物可能存在于江河湖海和地下水中，在这种情况下，检测工作需要在水中进行。而水溶液中许多有机芳香类爆炸物溶解度非常低，很可能需要传感器在 ppb 水平（或以下）的灵敏度才能满足需求，这对于传感器的设计又是一个严峻挑战。⑥爆炸物检测的灵敏度有时会受到环境或样品中某些化学物质（如过氧化物和多种挥发有机化合物）的影响，因此某些检测分析技术需要具备选择性和抗干扰能力。

如今有一些爆炸物检测手段已经日臻成熟并走出实验室被人们采用。如训练有素的防爆犬、金属探测器、X射线色散和离子迁移谱（ion mobility spectroscopy, IMS）等，这在上面提到的两篇综述中均有论述。笔者认为这些大多适用于在特定场合和特定爆炸物的检测，其应用范围还存在一些限制。犬类的嗅觉系统比人类高出 40 倍以上，受过良好训练后，犬类可轻松识别某些痕量的气态爆炸物蒸气，可在野外及机场等固定地点使用。然而，犬类的训练耗时费力，容易疲劳，且有一定的误判风险，因此人们更依赖于仪器检测。金属探测器是一种间接探测技术，其原理是利用电磁感应、X 射线或者微波对被检物质产生的信号响应来判断其是否是金属。显而易见，它仅可检测爆炸物的金属包装，而对一些非金属包装和气态爆炸物无能为力，使用非常受限。IMS 是机场中常用的爆炸物检测系统，取样器通过轻轻划过衣服、皮肤或物体，就会吸附爆炸物微粒，进而通过分子量分析进行识别[63-65]。IMS 对某些常见爆炸物检测灵敏度极高，如对 2, 3-二甲基-2, 3-二硝基丁烷（DMNB）的灵敏度低至纳克或皮克，可对另外一些爆炸物，如季戊四醇四硝酸酯（PETN）和环三次甲基三硝胺（RDX）等缺乏足够的灵敏度。因此，IMS 技术的检测范围十分狭窄，另外这种技术需要仪器校准，对于技术员要求较高。诸如此类的缺陷也会出现在其他基于精密仪器的爆炸物检测系统，如质谱方法、气相色谱-质谱联用（GC-MS）[66, 67]、表面等离子体共振（SPR）[68, 69]、电化学方法[70-72]、拉曼光谱和表面增强拉曼散射（surface enhanced Raman scattering, SERS）[73-76]、X 射线能谱[77, 78]、热中子法（thermal neutron analysis）[79]、免疫分析[80, 81]等。一些近年来发表的经典综述对上述这些仪器分析技术的性能和优缺点做了全面详尽的分析[82, 83]，在此不宜赘述。总体而言，基于精密仪器的分析检测技术在适用范围、便携性、操作性、成本、抗干扰能力等方面均存在不同程度的限制，因此进一步发展和更新爆炸物检测技术是很有必要的。通过广泛查阅文献资料后，笔者认为目前正在蓬勃发展的潜力较大的爆炸物检测技术大概可归为以下两类。

第一类是纳米传感器，即基于纳米材料或纳米技术的传感器。纳米传感器的优势在于其非常高的比表面积、更高的选择性、催化（反应）活性，以及基于灵敏分子吸附的独特电学和光学特性。在许多情况下，材料到纳米尺度时，本身的物理和化学性质将会明显提高，这种性能增强不仅体现在多个方面，还具有较好的可控性。例如，比表面积的大幅提高所带来的优异的吸附力；独特的内部结构和表面形貌对被检物质的物理限制作用；由纳米尺寸效应引起的光电信号的放大等。纳米传感器的迅速发展已经表明，制造单分子水平的高灵敏传感器是很有希望的，因此科研人员认为纳米传感器很有可能满足人们对爆炸物痕量检测的要求[84-87]。另外，将纳米技术和电化学方法结合是一类行之有效的爆炸物检测技术[82]。近期已有科研工作者将多种纳米材料组装为工作电极，对硝基芳香类爆炸物成功进行电化学检测，所用的纳米材料包含碳纳米管、石墨烯、纳米颗粒和多孔纳米材料等[88-92]。电化学方法不仅可以较好地控制纳米材料的生长和形貌，还可以使电分析方法与电极的纳米修饰有机结合，从而加强传感器的稳定性和可靠性。上述许多工作已经验证，基于纳米技术的电化学检测方法具有较好的选择性和灵敏度，对于硝基芳香类爆炸物的检测限可达ppb 级。

第二类是金属有机骨架（MOFs）传感器。前面已经提到，MOFs 是通过金属阳离子或金属簇与含有多个结合位点的有机配体组装而成的晶体材料，可形成一维、二维和三维扩展网络结构。MOFs 独特的有序结构赋予其重大的研究价值，它们的应用范围涵盖气体存储、气体分离、化学传感、多相催化、光电工程、能量存储和转换（电池和太阳能电池）及药物输送和生物成像等多个领域[93, 94]。MOFs 的独特性主要在于其高度的固有孔隙率。由于有机配体结构的多样性和可设计性，孔的尺寸、形状、内部化学环境可以得到很好控制，进一步促进了 MOFs 对客体分子的选择性捕获和吸附力。MOFs 这些优点给分子识别和检测带来极大的便利，结合其吸附客体分子后可能引发的光学和电学性质的改变，人们设计研发了多种基于 MOFs 的爆炸物检测识别技术。Benjamin J. Deibert 和李静在一篇经典的综述中已对近年来多种 MOFs 爆炸物传感器的检测性能和优缺点做了详细的论述[95]，其中优秀的例子有 Sanjog S. Nagarkar 等报道的[Cd(NDC)$_{0.5}$(PCA)]·G$_x$[96], Yves J. Chabal 和李静等报道的[Zn$_2$(NDC)$_2$(bpe)]·2.5DMF·0.25H$_2$O[97]，李光华、施展和冯守华等报道的[Zn$_3$(TDPAT)(H$_2$O)$_3$][98]，Tae Kyung Kim 等报道的 {Li$_3$[Li(DMF)$_2$](CPMA)$_2$}·4DMF·H$_2$O[99], Max Rieger 等报道的 HKUST-1[100]等典型 MOFs 传感器，其检测对象涵盖 TNT、RDX、TNP、DMNB、NB、DNB、NT、DNT 和 NM 等，既可实现气相检测，也能实现液相检测，其中大多具有较好的选择性和 ppm 级别的灵敏度。

从信号模式角度上讲，爆炸物传感技术目前的发展趋势越来越倾向于光学检测。光学检测技术主要有比色法（基于吸收光谱）和荧光法（基于发射光谱）两种，目前已经有几种商业产品可供使用。从工作机制上讲，两种光学方法主要通过探针分子与分析物的物理结合或化学反应，进一步改变前者的光吸收或光发射来实现识别或检测[101, 102]。由于光信号具有响应迅速和易于识别的特点，此类传感器可实现裸眼检测，且非常适合设计为便携式检测设备，有效避免了对精密仪器的依赖。笔者认为相较于光吸收过程，光发射过程更加复杂，因为激发态分子在回到基态时，其辐射途径（发光）很容易受到内转换、系间窜越、能量转移和热耗散等多种非辐射途径的干扰，因此具有更广阔的设计空间。上述纳米技术和MOFs两类新型爆炸物检测技术中，也有相当多基于荧光检测方法的实例。从信号变化特征的角度上讲，许多荧光传感器的工作机制为"荧光猝灭"，即爆炸物分子存在时探针的荧光信号减弱甚至消失。与猝灭相比，点亮型（荧光增强）荧光传感并不常见，但笔者认为这种检测模式由于较低的"暗态"背景而使其灵敏度大幅提高，且不易受到假阳性信号的干扰，是较为先进的荧光传感器设计策略[103]。

4.2.3　聚集诱导发光爆炸物检测技术

从上述内容可以看出，基于分子荧光的爆炸物检测技术发展潜力巨大。它们具有可靠的性能，还可以和纳米技术、MOFs等多种技术有机结合，也能与多种固基检测平台良好兼容，这给传感器的设计和便携使用带来巨大便利。在各类荧光分子体系中，近年来蓬勃发展的AIE分子体系占据了非常重要的位置[104]。前面章节中已经多次提到，平面稠环荧光体系在固态下会有不同程度的猝灭自身发光，这一现象在多年前由Förster等总结为ACQ现象。这类分子的ACQ效应影响了其在浓溶液或固基平台上的应用。AIE分子体系的发光行为几乎相反：分子在溶解状态下不发光，而在聚集状态下发出强光，因此AIE在多种聚集态下，或作为传感膜、LED等固态器件使用时可有效避免发光效率降低的问题[105, 106]。从上述几篇综述中可以看出，AIE体系已经发展成为一个巨大的分子家族，其核心荧光基团有四苯乙烯、多芳基噻咯、席夫碱等多种结构，发射范围覆盖了从可见光到近红外的广泛区域，在多个领域展示了巨大潜力。近年来，AIE分子体系被越来越多的研究人员认为是固基传感系统的理想功能主体。笔者在文献调研过程中发现，多项基于AIE分子的爆炸物检测技术已被成功研发，该领域虽然处于起步阶段，但近十年来发展迅速、硕果累累，其中许多案例构思新颖、设计巧妙、性能优异，给爆炸物检测技术注入了新的活力。

对于一个荧光传感体系，无论探针分子是否具有AIE性质，其作用机制大多数是通过与爆炸物接触时探针荧光团的荧光光谱的变化来实现检测和识别。被检物对荧光团化学结构、化学环境和聚集态模式造成的细微干扰都可能导致多种荧光参数（如发光强度、波长和寿命等）的变化，这些变化均容易被仪器识别为传感信号，甚至可被肉眼感知。荧光方法这种直观性和多通道输出的特点，可大幅提高信号的辨识度、准确性和灵敏度。笔者通过文献调研发现，AIE 荧光传感体系大多数基于荧光猝灭机制来实现对爆炸物的检测识别。荧光团与被检物质以某种方式结合形成不发光的配合物，这种猝灭一般被称为静态猝灭。若荧光分子受到激发后与被检物质之间进行了某种能量交换进而导致猝灭，则被称为动态猝灭。通过测量探针分子的荧光光谱和被检物质（爆炸物）浓度的关系可能判断其猝灭类型。若随着被检物质浓度增加，荧光强度线性下降并在某个浓度后出现平台，则发生静态猝灭的概率较大；与静态猝灭不同，动态猝灭机制中的能量交换过程是通过扩散来控制的，这就需要被检物质与激发态的荧光分子碰撞但彼此不发生分子水平结合。其结果往往会导致荧光寿命大幅缩短，因此可通过荧光寿命测试判断。对于荧光猝灭检测，人们倾向于借助 Stern-Volmer 曲线（$F_0/F = 1 + K_{SV}[C]$）来描述荧光强度和被检物质浓度的相关性，曲线的斜率（K_{SV}）往往反映传感器的灵敏度。静态猝灭的 K_{SV} 数值较为恒定，可能会有良好的线性关系，而科研人员可通过这种线性关系来判断探针分子和被检物质之间的主客体相互作用方式。动态猝灭的 Stern-Volmer 曲线大多数在被检物质浓度较低的情况下呈线性，而当浓度较高时曲线会向上弯曲偏离线性，K_{SV} 也逐渐增大，因此科研人员可采用低浓度的 K_{SV} 数值来描述传感器灵敏度。在许多爆炸物检测的报道实例中，探针和被检物质之间的相互作用机制较为复杂，可能同时含有静态和动态两种猝灭机制，其 Stern-Volmer 曲线可能在不同浓度区间体现不同的变化特征，这给传感机理分析和探针性能评估带来一些复杂性。除了用 K_{SV} 描述探针灵敏度以外，还可通过三倍信噪比原则对检测限进行精确计算。这种方法可得到被检物质可被识别的最低浓度值，相较于 K_{SV} 更能体现传感器的灵敏度。然而这种方法在计算过程中容易受不稳定噪声的影响，结果可能出现误差；另外，相对于溶液样品，固基荧光体系在光谱测试时初始信号很容易出现个体差异，因此为了降低误差，用三倍信噪比原则评估检测限需要多次平行实验来验证传感器稳定性。

  唐本忠和徐建伟等在 2019 年发表的重要综述中详细论述了基于 AIE 聚合物的爆炸物探针的近期发展[62]。综述中指出，AIE 爆炸物检测技术的猝灭机制和其他荧光传感体系类似，绝大部分可归为光诱导电子转移（PET）和 Förster 共振能量转移（Förster resonance energy transfer，RET）两类。在 PET 机制中，处于激发态的 AIE 荧光团遇到受体（爆炸物分子）时，会将自身 LUMO 上的一个电子转移到后者的 LUMO 能级上。这样电子回到自身基态的过程就会被阻断，导致荧光猝灭。从理论上讲，PET 荧光猝灭效率取决于电子转移速率，而电子转移速率与荧光分子和被检物质的 LUMO 能级差相关。我们不难理解探针的 LUMO 在接近或高于被检物质的情况下，电子发生分子间转移的可能性较大。因此，引发 PET 检测机制的关键因素在于被检物质和 AIE 探针分子 LUMO 之间合适的能级差。另外，分子间发生 PET 过程需要合适的作用距离，这一距离往往在几埃到几纳米的范围内[107]，多数情况下需要借助探针分子和被检物质之间的短程相互作用才能实现。总之，无论是轨道能级还是作用距离，都可能利用合理的分子设计来实现。除 PET 之外，另一个常见的荧光猝灭机制为 RET，这一过程可简单描述为荧光分子从激发态衰减到基态后释放的能量被检物质所吸收，导致后者从基态变为激发态[108, 109]。而爆炸物作为被检物质，大多数没有荧光，因此 RET 过程导致探针的荧光被猝灭。RET 的驱动力在于受激荧光分子和被检物质之间的长程偶极相互作用，因此它不受位阻因素和静电相互作用的制约。一般认为 RET 的效率受以下三个因素影响：第一，探针分子与被检物质之间的距离；第二，探针分子与被检物质分子偶极的相对方向；第三，探针的发射光谱和被检物质的吸收光谱之间的重叠程度。鉴于上述因素，人们在设计 AIE 爆炸物传感器时，往往将探针分子进行合理的化学修饰，以更好地匹配被检物质的吸收光谱。另外，若被检物质为缺电子性的硝基芳香类爆炸物，则可通过引入富电基团，增强 AIE 探针的给电子能力，进一步提高 PET 效率。上述机理给 AIE 探针提供了设计思路。近年来，基于 AIE 小分子/聚合物设计的爆炸物探针层出不穷，检测范围几乎涵盖了全部的硝基芳香类爆炸物。由于较高的固态荧光效率，AIE 传感器的检测信号上限较高、变化幅度大，这不仅强化了检测灵敏度，还扩展了检测浓度区间。在表 4-2 中，笔者总结了近十年来基于荧光猝灭机理的部分典型 AIE 爆炸物传感器。可以看出，许多传感器的灵敏度达到了 ppb 级别甚至 ppt 级别。值得一提的是，AIE 聚合物往往比其单体小分子具有更高的检测灵敏度，这主要是聚合物的"分子导线效应"（molecular wire effect）导致的：AIE 结构单元和聚合物主链形成全共轭结构后，受激电子被允许在整条分子链上离域，这样一来，被检物质与聚合物的任意部分相互作用均可导致整条聚合物分子链发生荧光猝灭。这种"一点接触、整体响应"的模式会引发显著的信号放大效应，大幅提高检测灵敏度[110, 111]。另外，AIE 传感器的制备策略具有多样化的特点，探针分子既可以在水相悬浮聚集的情况下进行检测，又可兼容多种固态基底，如滤纸膜、静电纺丝膜、纳米颗粒等。前者给水相检测提供了方便，适用于江河湖海甚至土壤中的爆炸物残留检测；后者则有利于便携式传感器的设计，以及对爆炸物进行气相检测。

表 4-2　部分 AIE 爆炸物探针的分子结构、传感器形式、检测对象和灵敏度评估

结构	传感器状态	检测对象	K_{SV}/mol^{-1}	检测限	参考文献
(结构图)	悬浮聚集体	PA	$5.61×10^4$	—	[112]
(结构图)	悬浮聚集体	PA	$8.48×10^5$	1 ppm	[113]
Polymer P2	悬浮聚集体	PA	$3.47×10^5$	—	[114]
(结构图)	悬浮聚集体	PA	$1.60×10^5$	0.02 ppm	[115]
(结构图)	悬浮聚集体	PA	$1.80×10^5$	—	[116]
		TNT	$2.56×10^4$	—	
		DNT	$6.70×10^3$	—	
		NT	$6.65×10^4$	—	
	滤纸	PA	—	1.0 ng/cm²	
		TNT	—	1.0 ng/cm²	
		DNT	—	1.0 ng/cm²	
		NT	—	1.0 ng/cm²	
(结构图)	悬浮聚集体	PA	$1.22×10^4$	—	
(结构图)	悬浮聚集体	PA	—	2.5 ppm	[117]
		TNT	—	2.5 ppm	
		DNT	—	2.7 ppm	
		NT	—	5.0 ppm	
		NM	—	6.0 ppm	
		NSA	—	7.5 ppm	

续表

结构	传感器状态	检测对象	K_{SV}/mol^{-1}	检测限	参考文献
	滤纸	PA	3040	22.9 ppm	
		TNT	2560	22.7 ppm	
		NT	2590	18.2 ppm	[118]
	滤纸	PA	1.57×10^4	22.9 ppm	
		TNT	1.29×10^4	22.7 ppm	
		NT	3410	18.2 ppm	
Polymer P4	静电纺丝薄膜	DNT	—	100 ppb	[119]
		TNT	—	5 ppb	
	悬浮聚集体	PA	2.69×10^5	—	[120]
		DNT	1.01×10^5	—	
		NBC	9.30×10^3	—	
	悬浮聚集体	PA	—	0.5 ppm	
		TNT	—	1 ppm	[121]
	纳米颗粒	PA	—	50 ppm	
		TNT	—	100 ppm	
Polymer PV	悬浮聚集体	PA	1.42×10^4	1 ppm	[122]
Polymer P1	悬浮聚集体	PA	2.07×10^5	—	[123]

续表

结构	传感器状态	检测对象	K_{SV}/mol^{-1}	检测限	参考文献
(structure)	悬浮聚集体	NTO	0.61×10^5	—	[124]
		HXM	0.54×10^5	—	
		DNP	0.77×10^5	—	
		TNT	0.69×10^5	—	
(structure)	悬浮液（DMF/水，2∶3，V/V）	PA	1.09×10^6	—	[125]
	悬浮聚集体	PA	2.33×10^5	—	
PCzTPE0.5	悬浮聚集体	TNB	1.26×10^6	—	[126]
MOF UiO-68-mtpdc/etpdc	悬浮聚集体（甲醇中）	TNP	2.8×10^4	—	[127]
		2,4-DNP	2.3×10^4	—	
		p-NP	7.2×10^3	—	
(structure)	悬浮聚集体（纯水中）	NB	—	10 ppm	[128]
		NP	—	0.13 ppm	
		TNP	—	0.1 ppm	
(structure)	悬浮聚集体	PA	—	1.8 ppb	[129]
(structure)	THF 溶液	PA	—	0.114 ppb/114 ppt	

续表

结构	传感器状态	检测对象	K_{SV}/mol^{-1}	检测限	参考文献
hb-P Ib	悬浮聚集体	PA	$2.67×10^4$	1 μg/mL	[130]
(结构图)	悬浮聚集体	PA	$1.64×10^2$	12 ppm	[131]
M-1	悬浮聚集体	PA	—	$4.7×10^{-6}$ mol/L	[132]
		2,4-DNP	—	$5.0×10^{-6}$ mol/L	
M-2	悬浮聚集体	PA	—	$6.0×10^{-6}$ mol/L	
		2,4-DNP	—	$5.0×10^{-6}$ mol/L	
Polymer 4a	悬浮聚集体	PA	$0.60×10^5$	—	[133]
	滤纸	PA		23 ng	
(结构图)	悬浮聚集体	PA	—	0.5 ppm	[134]

从上述多个例子可以看出，近期 AIE 爆炸物检测技术呈现出一些新的发展态势，集中体现在机理优化与协同和多样化固基设计两方面。一般情况下，强化探针分子和被检物质之间的弱相互作用（如静电力、氢键和偶极-偶极作用等）可提高 PET 和 RET 效率，导致荧光信号发生更大的变化。例如，Tahir Rasheed 研究团队曾经报道过一个 AIE 聚合物探针[135]，结构为图 4-15 所示的聚苯乙烯和四苯乙烯二嵌段共聚物。与四苯乙烯单体衍生物相比，共聚物由于疏水性嵌段聚苯乙烯的存在而在水中表现出更强的聚集趋势，形成尺寸 100~200 nm 的纳米球状颗粒。爆炸物 PA 的加入可引发纳米聚集体的荧光大幅猝灭。共聚物由于疏水性形成比表面积较大的传感平台，使探针对 PA 的吸附性增强。另外，共聚物的四苯乙烯单元与 PA 之间的 π-π 堆积相互作用加强了 RET 过程，使荧光猝灭效率提高。通过水相滴定实验，探针灵敏度被评估为 ppm 级别。

Jason M. Delente 和 Thorfinnur Gunnlaugsson 等通过引入三联吡啶基团合成了一种 AIE 探针[136]，这种富含 p 电子的探针可作为氢键受体和被检物质之间产生较强的分子间氢键作用（图 4-16）。除了分子间氢键之外，该研究还发现探针与 PA 之间具有强烈 π-π 堆积相互作用。这种给受体之间的双重作用无疑会增强分子间 PET 和 RET 机制，进而导致更加高效的荧光猝灭效应。该探针对 PA 体现了较强

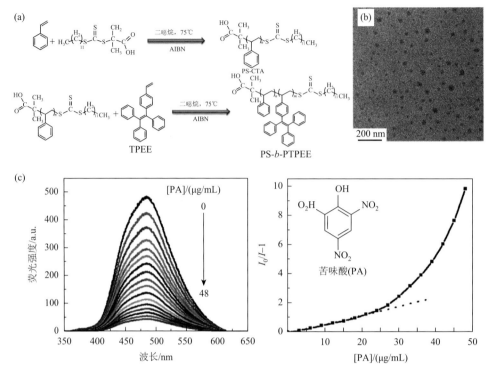

图 4-15 （a）四苯乙烯-聚苯乙烯嵌段共聚的制备过程；（b）共聚物在水相中形成的纳米颗粒；（c）共聚物纳米颗粒对 PA 的荧光响应和 Stern-Volmer 曲线

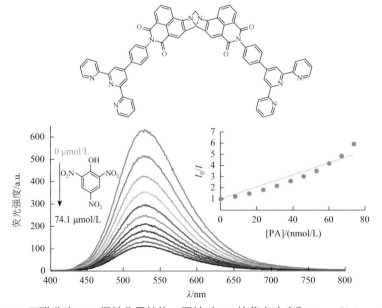

图 4-16 三联吡啶 AIE 探针分子结构；探针对 PA 的荧光响应和 Stern-Volmer 曲线

的灵敏度，Stern-Volmer 曲线的 K_{SV} 达到 $(4.06±0.4)×10^4$ mol^{-1}。由于缺乏氢键作用，探针对于 2,4-DNP、2-NP、3-NP 和 4-NP 等硝基芳香类爆炸物的灵敏度较低，这一结果也给 PET/RET 的氢键增强作用提供了佐证。

对于 PET 猝灭机制，激发态电子转移的驱动力在于探针分子的给电子能力，因此引入电负性较强的取代基很可能会使 PET 过程得到一定程度的强化。在这一方面，许多科研人员都做出了探索。例如，赵永生和王金亮研究团队曾经报道过一系列三苯胺和噻吩取代的 AIE 探针[124]，由于二者极强的推电子能力，探针分子整体表现出典型的电子给体特征 [图 4-17（a）]。受到光激发后，探针分子的电子很容易跃迁至缺电子的硝基芳香类化合物的 LUMO 能级上，从而引发显著的荧光猝灭效应 [图 4-17（b）]。其中 DT2A 探针对 TNT 的 K_{SV} 值高达 $0.69×10^5$ mol^{-1}，对于其他类似硝基芳香类爆炸物，K_{SV} 也可达 10^5 数量级。相较

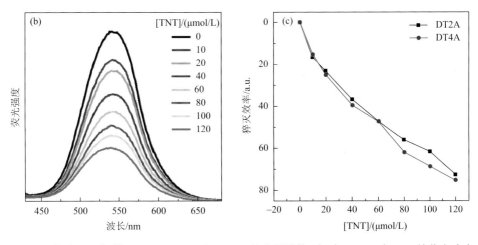

图 4-17 （a）AIE 探针 DT2A、DT3A 和 DT4A 的分子结构；（b）DT2A 对 TNT 的荧光响应；（c）不同 TNT 浓度下的猝灭效率

于另外两个结构类似的探针，DT2A 表现出最高的检测性能，这可能是其特殊的微米棒状组装结构所导致的。该研究不仅验证了供电基团对于检测效果的增益效应，还证明了聚集态结构对于检测性能的巨大影响。

与上述工作类似，Khama Rani Ghosh 和王植源等也用同样的设计思路制备了一种新型的 AIE 聚合物探针[137]。探针制备过程非常简单，通过 Sonogashira 交叉偶联反应将 AIE 单体溴代四苯乙烯和五蝶烯衍生物进行一步聚合反应即可[图 4-18（a）]。其中五蝶烯不仅提高了给电子能力，还增强了聚合物的主链共轭程度，它的引入一方面引发了更高效的 PET 过程，另一方面其全共轭主链结构引发了较强的分子导线效应，这使聚合物探针灵敏度得到大幅提升。在定量荧光滴定实验中，当 PA 浓度为 4.71×10^{-6} mol/L 时，探针的猝灭效率达到 98%以上，肉眼清晰可见[图 4-18（b）]。溶液相中探针对爆炸物的检测级别可达 ppb 级。另外，聚合物探针溶解性较好，可用旋涂方法快速制备薄膜，厚度约为 16 nm。在爆炸物气相检测实验中，传感薄膜在 DNT 蒸气中暴露 10 s 后，荧光强度下降 43%，360 s 后强度下降 92.0%，如图 4-18（c）所示，这说明该传感膜响应迅速、变化明显，应用前景良好。

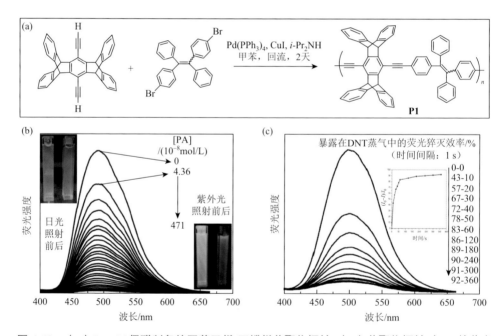

图 4-18　（a）Suzuki 偶联制备的四苯乙烯-五蝶烯共聚物探针；（b）共聚物探针对 PA 的荧光响应；（c）聚合物薄膜对 DNT 蒸气的时间依赖荧光光谱和变化趋势

周箭和赵祖金研究团队也利用类似的 PET 优化方法设计了三种咔唑- AIE 聚合

物探针[138]，其中咔唑基团由于存在典型的 n 电子而具备了优秀的给电能力，结合萘取代的四苯乙烯结构，聚合物重复单元（模型化合物）的 HOMO 和 LUMO 能级都得到优化调整。经过 DFT 计算，三种模型化合物的 LUMO 能级远高于 PA 的 LUMO 能级，并且二者 HOMO 能级较为接近。这种能级分布使模型化合物的电子在光激发状态下倾向于从自身 LUMO 能级转移到 PA 的 LUMO 能级，从而增强了 PET 效应。另外，从聚集态模型上看，聚合物探针的聚集结构中含有较多的空穴结构，这使探针对 PA 的吸附性大大增强，为二者间的有效相互作用提供了足够的空间，因此探针的荧光猝灭效率进一步得到提高。该工作利用聚合物探针在水相中形成的聚集体作为传感平台，逐渐添加 PA 后，三种聚合物探针的荧光强度均显著降低（图 4-19），Stern-Volmer 曲线的猝灭常数分别为 $4204\ mol^{-1}$、$11830\ mol^{-1}$ 和 $6726\ mol^{-1}$。对 PA 的检测限均可达到 ppm 级。

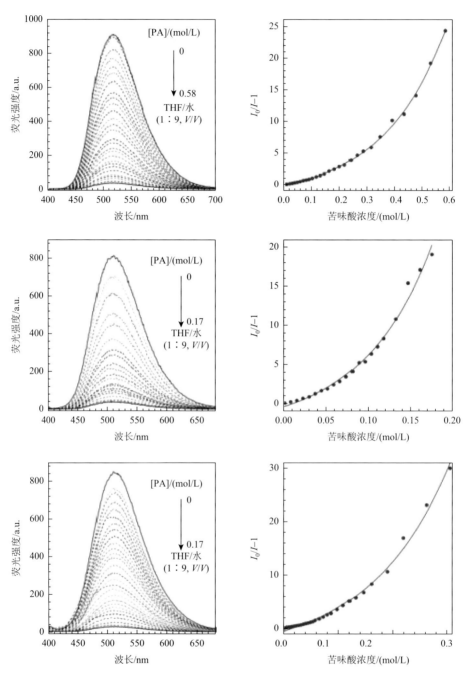

图 4-19 三种 AIE 聚合物探针的合成方法和分子结构，以及它们悬浮聚集体的荧光光谱随 PA 浓度的变化

前面几个工作主要聚焦于对某一种猝灭机制的优化调整，借此进一步改善

AIE探针对爆炸物的检测效果。科研工作者已经证明猝灭过程可能由多种机制共同导致，因此AIE探针若能在爆炸物检测中兼容两种或两种以上的猝灭机制，其检测工作更加灵敏高效。这种"多管齐下"的AIE探针已被研究人员成功制备。王灯旭和刘鸿志研究团队通过八乙烯基硅半氧烷和溴代苯基乙烯的Heck反应制备了三种新型的纳米多孔聚合物荧光探针[139]，其结构和对PA的荧光响应如图4-20（a）所示。他们对荧光猝灭机制进行了探索，发现其存在两种猝灭机制：一是常规的PET猝灭机制，即电子从探针的HOMO转移到分析物的LUMO，从而导致荧光猝灭；二是被检物质对探针荧光和激发光均有吸收作用，这被称为竞争吸收和荧光内滤效应（inner-filter effect，IFE）。笔者认为后者在本质上应归属于能量转移机制。总之两种猝灭机制的有效协同大大提高了探针的灵敏度和检测范围。为了传感器的便携性设计，该工作利用超声波方法将探针制备成检测试纸，对硝基芳香类爆炸物NT、DNT、DNP、NP、TNT和PA均有猝灭响应，并对后二者具有较高选择性，检测限达到ppb级别［图4-20（b）］。值得一提的是，该传感器能兼容多种固态基底，可同时实现对爆炸物的液相、固相和气相三相检测，这大大提高了探针的应用范围。这种传感试纸在使用后可用乙醇洗去被检爆炸物以备再次使用。实验证明，传感试纸在经过10次循环检测后，其荧光信号的恢复率仍然维持在75%以上，体现了良好的重复利用性，可大大节约检测成本。

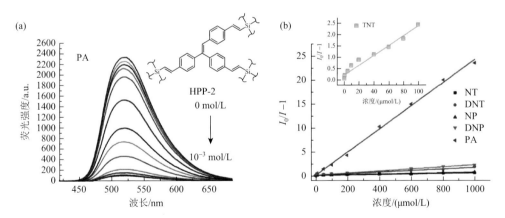

图4-20　（a）AIE探针的分子结构及其荧光光谱对PA的变化趋势；（b）探针荧光强度和多种硝基芳香类爆炸物之间的Stern-Volmer曲线

Niranjan Meher和Parameswar Krishnan Iyer通过萘酰亚胺结构设计的AIE探针也实现了多重混合猝灭机制[140]。这一系列探针分子结构如图4-21所示。经过对探针组量化计算发现，探针的受激电子可由自身的LUMO能级转移到被检物质LUMO能级，进而引发PET猝灭过程；此外，探针的发射光谱和被检物质的吸收光谱存在明显的重叠区,再加上 Stern-Volmer 曲线的非线性性质,该研究认为 RET 机制也是导致猝灭现象的主要因素。另外,探针的 LUMO 电子云主要驻留在萘二甲酰亚胺部分,这增强了该部分和被检物质的 π-π 堆积相互作用,进而促进了从萘二甲酰亚胺到爆炸物的 PET 过程。从聚集态结构上看,探针旋涂成膜后会形成纳米带状体[图 4-21(a)],在爆炸物加入后,π-π 堆积相互作用会导致探针聚集态发生变化,这种纳米带结构会破裂成较短的纳米棒状结构,最终形成不对称的纳米颗粒,这表明探针这种特殊的聚集态结构对被检物质具有较强的敏感性。实验验证该传感器检测范围较广,对于多种硝基芳香类爆炸物如 TNP、DNP、NP、TNT、DNB、NT 和 DNT 等均有检测效果[图 4-21(b)和(c)]。在对爆炸物 TNP 的定量检测实验中,传感器 Stern-Volmer 曲线的 K_{SV} 为 5.88×10^4 mol^{-1},在水相中的检测限可达 73.7 nmol/L(16.8 ppb),体现了较高的灵敏度。另外,时间依赖实验验证该传感器在 1 min 内荧光猝灭效率可达 95%,这种快速响应性对探针的实际应用性有着重要意义。

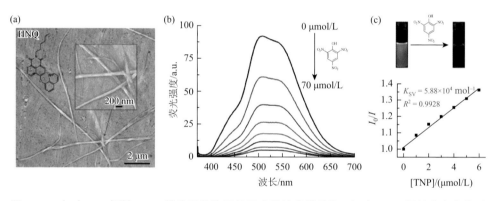

图 4-21 (a)AIE 探针 HNQ 的分子结构及其形成的纳米带结构;(b)HNQ 探针荧光光谱对 PA 的变化趋势;(c)加入 PA 后,探针的荧光猝灭照片和 Stern-Volmer 曲线

孙海珠和苏忠民等报道了一类具有多重猝灭机制的活性 Ir(III)配合物 AIE 探针[141],结构如图 4-22(a)所示。在 425~475 nm 的范围内,TNP 的吸收带与探针分子的发射光谱之间有较大程度的重叠,这表明探针激发态和 TNP 基态之间存在 RET 过程。该工作指出,硝基芳香类爆炸物是良好的电子受体,硝基的引入会降低 π^* 轨道的能量,这种固有特征使其成为一个较强的荧光猝灭剂。相比之下,Ir(III)配合物中的富氮官能团的引入,大大提高了自身的给电子能力,这进一步促进了探针和被检物质之间的 PET 过程。除 RET 和 PET 之外,该报道还发现探针的荧光具有配体内电荷转移(intra-ligand charge transfer,ILCT)的性质,这对于爆炸物的荧光猝灭效果也具有增强作用。基于三种猝灭机制的有效协同,Ir(III)

配合物探针体现了较高的灵敏度和较宽的检测范围［图 4-22（b）和（c）］。负载 Ir(Ⅲ)配合物探针的传感试纸对 TNP 检测限可达 10 ppb 左右。除以上典型例子之外，Vaithiyanathan Mahendran 和 Sivakumar Shanmugam 等设计的电子给受体四苯乙烯（D-A TPE）探针[142]，Sandeep Kaur 和 Vandana Bhalla 等设计的戊烯醌探针[143]及 Vishal Kachwal 和 Inamur Rahaman Laskar 等设计的吡啶芘硼酸探针[129]也具备 PET-RET 多重荧光猝灭机制。这类多重荧光猝灭机制在灵敏度和检测范围两方面体现了明显优势。值得一提的是，上述吡啶芘硼酸探针可对不同的爆炸物呈现出不同的荧光响应，不仅含有强度变化，还含有颜色变化，这是多重荧光响应机制相互竞争的结果。因此该探针不仅能做到检测，还有希望对不同爆炸物进行筛选识别。尽管该研究并未探索传感器阵列化的可能性，也未进行相关的定量研究，但是笔者认为该探针可能实现检测-识别一体化，具有极大的发展潜力。

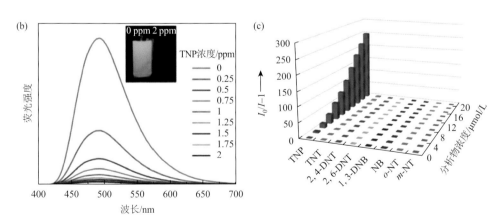

图 4-22　（a）三种活性 Ir（Ⅲ）配合物 AIE 探针的分子结构；（b）Ir1 探针荧光光谱对 PA 的变化趋势；（c）Ir1 探针和多种爆炸物之间的 Stern-Volmer 柱状图

不难理解，决定化学性质的根本因素在于分子结构。从分子结构入手优化

PET 和 RET 等荧光响应机制是改善 AIE 探针检测性能的一大手段。对于最具应用价值的便携式固载传感器来讲，传感材料的聚集态结构也对整个传感器的性能起着至关重要的作用。聚集态结构不仅和探针分子本身的化学结构密切相关，也受基底或载体结构的影响。因此，发展高效、多样化的固态基底以及调控探针在多种基底上的聚集态结构是 AIE 爆炸物检测技术的一大发展方向。例如，在李冬冬和于吉红报道的一项工作中[144]，介孔二氧化硅被用作 AIE 探针的固体基底，其有序的孔道阵列可吸附探针分子进行爆炸物检测［图 4-23（a）］。电镜证明二氧化硅纳米颗粒的尺寸在 80 nm 左右，其介孔孔径约为 3 nm，当介孔被 AIE 探针占据后，内部拥挤的环境进一步限制了分子内运动，因此探针-二氧化硅复合体呈现强烈荧光。由于介孔基底巨大的比表面积，传感器和爆炸物可充分接触，这大幅度促进了二者之间的 RET 过程。借此传感器的性能得到提升，其对 PA 和 DNP 爆炸物体现了较高的 K_{SV} 值，检测限也可达 10^{-7} 数量级［图 4-23（b）］。

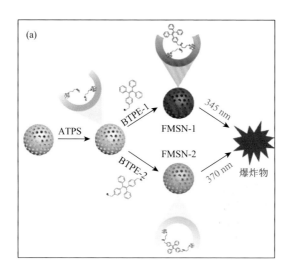

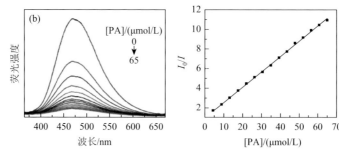

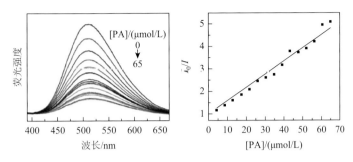

图 4-23 （a）两种四苯乙烯 AIE 探针的分子结构，以及它们和介孔二氧化硅的复合过程；（b）AIE 介孔二氧化硅传感器对 PA 的荧光响应和 Stern-Volmer 曲线

赵青华和陈国华研究团队设计的聚氨酯泡沫基底也是通过聚集态调控来改善检测性能的典型案例[145]，所用的 AIE 探针是前面例子中常用的四苯乙烯聚合物结构 [图 4-24（a）]，固基为聚氨酯泡沫 [图 4-24（b）]。该研究首先制备 AIE 聚合物纳米颗粒，然后将其和聚氨酯泡沫混合，利用超声波设备产生高速高能的冲击波把 AIE 纳米颗粒推向聚氨酯泡沫，使其紧密地附着在泡沫骨架上。当传感器进入 PA 溶液中时，PA 会在泡沫结构中的三维腔室内充分扩散，同时被 AIE 聚合物纳米颗粒轻易捕获，进而引发高效的 PET 荧光猝灭过程 [图 4-24（c）]。定量实验证明该传感器对于爆炸物的猝灭常数 K_{SV} 高达 5600 以上，不仅可以重复使用，还有气相检测能力。

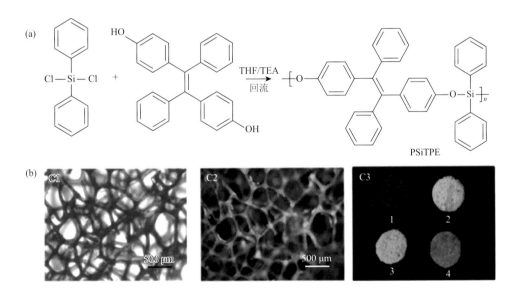

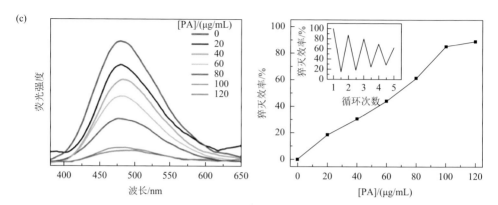

图 4-24 （a）AIE 聚合物探针的合成路线；(b) 聚合物探针和聚氨酯复合后的泡沫结构的 SEM、荧光显微镜和宏观荧光照片；（c）探针-聚氨酯传感器对 PA 的荧光响应、猝灭效率变化趋势和可逆性实验

近期由 Faran Nabeel 和 Tahir Rasheed 报道的囊泡探针也体现了聚集态结构调控对于传感性能的巨大影响[146]。该研究所设计的探针分子一端为亲水性的超支化多羟基结构，另一端是四苯乙烯 AIE 疏水端，这种两亲性使分子很容易在水相中自组装形成囊泡结构，不仅激活了 AIE，还大大促进了其对爆炸物分子的吸附性。结合爆炸物后，囊泡结构引发了高效的 PET 过程导致荧光猝灭。类似的工作还有唐本忠和赵祖金设计的空间共轭 AIE 聚合物探针[147]，刘蒲和徐秀娟团队设计的 AIE 石墨烯复合探针体系[148]，秦玮和梁国栋等设计的 AIE 量子点探针[149]等。虽然检测机理并无本质创新，仍是基于 PET 或 RET 猝灭机制，但是探针在新型固态基底的聚集态形式与之前的例子有着明显区别。这些工作主要着力于探索新型固基或调控探针聚集态模型，其主要设计思路是通过增大比表面积来增强探针对被检爆炸物的吸附性或强化二者之间的某种相互作用，最终实现检测性能的提升。若将设计思路聚焦于"增大比表面积"这一点上，近期发展迅猛的 MOFs 结构或许非常适合作为探针固基。前面章节中已经提到，MOFs 是将比表面积扩展到极致的一种金属有机骨架材料，基于 MOFs 设计的探针往往比其他类型探针具备更强烈的主客体相互作用；另外，有机配体种类繁多，具有高度可设计性，这使得 MOFs 结构的孔径尺寸和形状具有良好的可调节性，孔径内部也易于进行后期功能化修饰。很多情况下 MOFs 传感器可以根据被检物质进行"量身定制"，增强主客体适配性，达到最优化的检测效果。此外，MOFs 高度的有序性给人们解析聚集态结构、研究主客体之间的相互作用提供了极大便利。刘训高、赵祖金、沈良和唐本忠等合作研发的四苯乙烯 MOFs 材料是该方向的一个经典案例[128]。从结构上看，骨架由[$Zn_4(\mu_4\text{-O})$]$^{6+}$簇组成，与来自配体的六个羧酸连接，形成经典的 $Zn_4O(CO_2)_6$ 节点。节点进一步与羧酸盐基团

生成边长为 19.47 Å 的立方三维骨架,其形状和尺寸非常适合捕捉硝基芳香类爆炸物[图 4-25(a)]。实验证明,该 MOF 传感器对 NB、NP 和 TNP 均有显著的荧光猝灭作用,对上述爆炸物的检测限分别为 10 ppm、0.13 ppm 和 0.1 ppm[图 4-25(b)]。该工作指出,光激发电子可从四苯乙烯的 LUMO(−1.94 eV)转移到被检物质的 LUMO(小于−2.22 eV),导致严重的荧光猝灭,因此检测机理可归属于 PET 效应。该工作的主要创新在于使用 MOFs 固态载体,大幅增加了探针和被检物质之间的作用面积,该探针的 Langmuir 比表面积高达 682.6 m^2/g。由于 MOFs 材料的稳定性,探针还具有良好的化学耐受性,在水和甲醇中可维持高效稳定发光,适用于复杂环境下的检测工作。

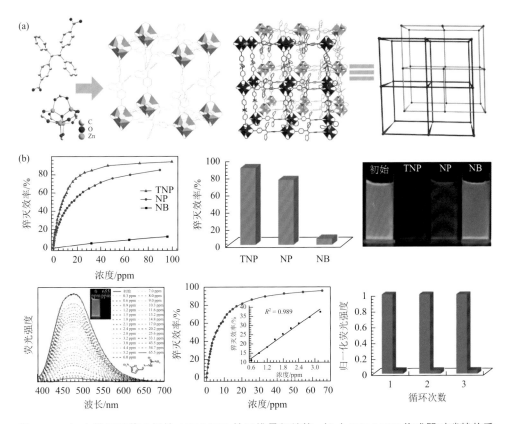

图 4-25 (a)基于四苯乙烯的 AIE-MOF 的三维骨架结构;(b)AIE-MOF 传感器对硝基芳香类爆炸物 TNP、NP 和 NB 的检测效果,包括荧光光谱响应、猝灭效率、荧光照片、Stern-Volmer 曲线和重复性实验等

从本章节众多例子中可以看出,无论是分子结构设计还是聚集态结构设计,其根本工作机制仍是围绕着 PET 和 RET 两大机制。二者无独有偶均为荧光猝灭

效应，而人们所期望的更先进、更灵敏的荧光"点亮"型传感器仍然很难实现。点亮型传感器的一个重要设计策略是如何抑制探针的初始荧光，以造成"暗态"的背景信号，这对于本身具备高效固态荧光的 AIE 化合物而言十分困难；另外，爆炸物（硝基芳香类化合物）的吸收带特征和硝基取代基的缺电子性使其扮演了"荧光猝灭剂"的角色，又进一步提高了点亮传感的难度。因此，要实现信号增强的响应机制，必须摒弃 PET 和 RET，在机理上进行创新。在这一方面 Bo Wang、王博、冯霄和董宇平等合作研发的 MOF 传感器堪称经典之作[150]。该工作将 AIE 基团四苯基丁二烯羧酸衍生物与 Mg^{2+}、Zn^{2+} 和 Co^{2+} 三种金属离子通过配位作用制备成一系列 MOFs，其中 Co-MOF 由于存在强烈的配体-金属的电荷转移（ligand-to-metal charge transfer，LMCT）而猝灭自身荧光，形成了传感器的低噪声暗态。遇到三唑类爆炸物（如 NTO、DAT、HAT、5-ATZ 等）时，其 C=N 和 N=N 键由于和 Co 有更强的配位作用而替代了原 MOF 结构中的四苯基丁二烯 AIE 荧光团，并造成后者从骨架结构中脱离。同时，原本由于 LMCT 而被压制的 AIE 性质就会得到充分释放，导致荧光大幅增强，实现了从"关"到"开"的信号变化模式［图 4-26（a）］。该研究团队将这一新型的检测机理称为"竞争性配位取代"。该 MOF 传感器对 NTO 检测限低至 4×10^{-8} mol/L，达到 ppb 级别。实验表明传感器对于三唑类爆炸物具有高度选择性，可抵抗多种挥发有机化合物的干扰。此外，Co-MOF 可通过沉积方法制备传感试纸，实现对 NTO 爆炸物溶液的点亮传感［图 4-26（b）］，其溶液相检测限可达 6.5 ng/cm^2（ppb 级别）。总之，该工作成功探索了爆炸物传感的新机理，利用 LMCT 和竞争性配位取代的协同作用实现了点亮传感模式，又充分利用 MOFs 巨大的比表面积，大大增加了传感器的灵敏度和选择性，给新型爆炸物传感器的设计带来了崭新的思路。

4.2.4 小结与展望

综上所述，人类对于生命和财产安全愈加重视，军政部门对于爆炸物的管控愈加严格规范，科研工作者对于新型爆炸物传感器的研发兴趣也愈加提高。本章节所介绍的 AIE 传感技术基本实现了较高的灵敏度和较广的检测范围。其中部分传感器可轻松实现便携操作甚至可视化检测，这为未来的商业化带来了希望。然而，任何检测方法都不具备普适性，必须权衡各种因素，如分析物的物理性质、假阳性或假阴性信号的可能性及仪器的成本和人工操作性等，因此几乎没有一种方法是绝对完美的。爆炸物种类繁多，结构各不相同，例如，上面提到的三唑类爆炸物，它们的理化性质与常见的硝基芳烃（如 TNT、DNT 和 PA）、硝胺和过氧化物几类爆炸物均有明显差异，这给传感器的设计增加了难度。再加上随着各国

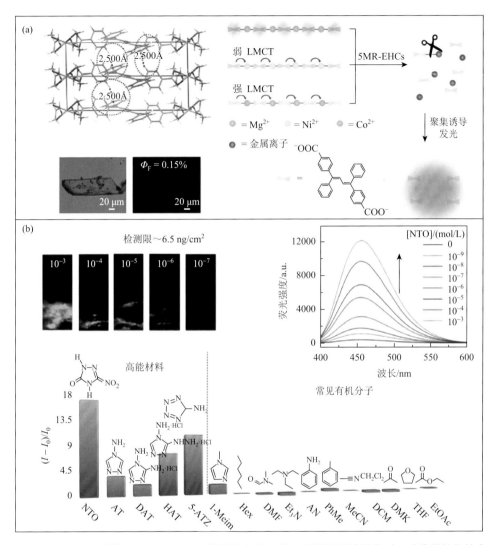

图 4-26 （a）四苯基丁二烯 Co-MOF 的晶体结构、荧光显微镜照片及其对三唑类爆炸物的点亮检测机理；（b）Co-MOF 对三唑类爆炸物的荧光响应、滤纸基传感器肉眼检测效果和选择性实验

国防工业的发展，许多新型的爆炸物于近期相继问世，同时有些传统的爆炸物逐渐被淘汰，因此爆炸物列表清单每年都在不断更新，这对传感器而言也是一个挑战。出于国防安全问题方面的考虑，大部分新型爆炸物属于军事机密，科研人员难以获取实物样品，更无从得知其详细结构和具体理化参数，所以针对新兴爆炸物的传感技术的研发更加困难。总之以目前传感技术的发展情况来看，对全体爆炸物的广泛检测是无法做到的。另外，许多爆炸物挥发性较差，蒸气

压很低，多数 AIE 传感器在溶液相中的检测效果较好，而对气相检测效果不明显，本章节提到的传感器灵敏度多为 ppm 或 ppb 级，若要实现气相传感模式或许需要探针灵敏度在 ppt 级别。因此，为了提高 AIE 的传感器在灵敏度、检测范围、抗干扰性、多相检测和便携性等方面的性能，科研人员还需要更多的研究探索。笔者认为，未来 AIE 爆炸物传感技术若要进一步发展，可能会优先从以下几个方面入手。

（1）创新工作机理。PET 和 RET 机理实现了显著的荧光猝灭效应，已经满足人们对灵敏度的需求，可从信号变化机制的角度上看，荧光猝灭仍然不如荧光点亮更具吸引力，针对其他被检物质（如金属离子、生物分子等）的荧光探针已经证实点亮型传感器在灵敏度和选择性等方面具有明显优势，而且不易受到假阳性信号的干扰。因此，AIE 爆炸物传感技术需要探索新的工作机理，例如，巧妙利用 AIE 体系溶解-聚集来实现荧光点亮的信号输出模式；或者参考其他荧光传感技术，借助活性猝灭基团压制初始荧光，在固基上实现点亮传感；再如，利用荧光共振能量转移，将荧光增强和颜色变化两种信号输出模式融为一体等。

（2）将荧光技术与其他传感技术相结合，开发具有双通道或多通道信号的传感体系。除荧光响应外，一些探针在接触爆炸物后还会显示出颜色（吸收）、电阻率、电导率等理化性质变化，它们均可用于检测信号，与荧光信号相互辅助、有机结合。例如，将荧光和近期发展迅猛的表面增强拉曼散射（SERS）技术结合起来，可能是一种行之有效的解决方案。如果将不同的传感技术集成到一个传感器中，产生多重信号响应，可极大地丰富信息输出，也可利用不同信号相互参考校准，以提高传感技术的精确度和可靠性。虽然这种策略可能会遇到较大的技术难度，但仍不失为一种可全方位提升传感器性能的方法。

（3）将 AIE 传感器阵列化，可用于解决爆炸物检测的选择性甚至检测范围的问题。这一方案在其他荧光传感体系中较为常见，然而 AIE 爆炸物传感器往往在探针分子设计方面较为单一，尽管有些科研人员合成了系列化的 AIE 探针分子，但往往在后期应用中对探针分子独立研究、择优而选一，并未做系统性对比和多探针的协同研究。结合 AIE 探针分子良好的设计性和易于功能化的特点，笔者认为在合成工作中通过分子设计将探针系列化是具有较高可行性的。通过对传感模块的集成，科研人员可能在同一种固基上负载多种 AIE 探针，进而对被检爆炸物产生多重荧光响应。结合某些数据处理方法，如主成分分析（PCA）、线性判别分析（LDA）等，可建立多种爆炸物的信号指纹库，从而同时实现对不同爆炸物的检测和识别。

（4）探针往往指代与客体（被检物质）相互作用的分子本身，而传感器是一个复杂系统，除了探针分子之外，还可能包括固基载体，传感探头，样品采集器，信号传输、放大和接收装置等多个组件，更需要成熟的制备和组装工艺才可进行实际操作。化学和材料领域的科研工作者往往将其研究重点放在探针的分子设计方面，而对于传感器其他组件关注度不足，这可能是限制传感器实用性的一大因素。因此笔者认为，今后 AIE 爆炸物传感器的设计应重视跨学科合作，从工程和商业领域寻找合作机会，走"产学研"相结合的道路，才能更好地实现其实用价值。

4.3 指纹识别

4.3.1 指纹和常见的指纹识别技术

指纹是人类手指末端指腹上由凹凸褶皱的皮肤所形成的复杂纹路，指纹能增加摩擦力，使人们更容易抓紧物品，它是人类进化过程中自然形成的。从生物学角度上讲，指纹形成于胚胎发育的第 9 周到第 24 周，一方面取决于父母基因，另一方面指纹发育的过程也有很大程度的随机性，子宫内压和胎儿活动均会导致指纹形态发生改变。因此，每个指纹图案都是唯一的，同一个人不同手指的指纹各不相同，人与人之间也各不相同，甚至兄弟姐妹和双胞胎的指纹图案也会有很大差异。当手指触摸物体表面时，少量表皮分泌物会转移并沉积在物体表面，从而形成指纹印迹。化学家经过分析证明[151]，指印分泌物是高度可变的混合物，主要包括汗液、皮脂和外来沾染物三大组分。其中汗液具有多种化学物质，含有无机盐、氨基酸、尿素、肽、糖分等物质；皮脂是沾染在指尖上的人体毛发区的脂溶性成分，含有脂肪酸、固醇、甘油三酸酯、蜡酯等脂质结构；而外来沾染物组成复杂，因人而异，常见的有食物残渣和护肤品等日常生活中易沾染的物质。由于指纹的独特性，19 世纪末人们就开始使用指纹作为个人身份证明[151]，在法医科学和犯罪侦查领域，人们习惯上将指纹信息分为三个级别：一级信息主要为指纹的宏观特征，包括指纹核心和类三角洲纹理，这些信息在许多情况下不满足识别要求；二级信息包含许多细节点，如脊纹末梢和脊纹分叉点，这是指纹较为独有的特征，对指纹比对工作帮助很大；三级指纹信息为脊纹尺寸属性，包括脊纹的趋势走向和边缘轮廓细节等，还包括汗腺孔位置，可为指纹识别提供精准数据[152]。目前，指纹已成为刑事调查和身份鉴定中最具辨识度的"个人签名"，是重要的法医鉴定手段和法庭证据，也是警察侦破案件的强大工具，在全世界范围内被广泛应用[153, 154]。

案发现场的指纹除了可见（或显性）指纹之外，更多的则是潜伏（或隐性）指纹。近年来由于犯罪嫌疑人反侦查能力的提高及作案手法的多样化，可见指纹愈加少见，案发现场留下的大多数是难以识别和成像的潜伏指纹，这使得指纹采集工作变得十分困难。经过科研工作者的不懈努力,越来越多的潜伏指纹识别技术被研发出来。目前警方常用的指纹识别技术主要有以下几种[155]:其中最古老的"粉尘显影法",自 19 世纪就开始使用了。该方法主要利用特制的粉末颗粒附着在指纹中水溶性或者油溶性组分上进行成像。淀粉、高岭土、松香、硅胶、金属粉、荧光粉和磁性粉等均可用于指纹成像,配合着色剂的使用,粉尘显影法在多类基底上均可达到较好的成像效果。这种方法高效廉价、工艺相对简单,因此应用十分广泛。第二种方法为硝酸银法,这也是较早被研发的成熟的指纹显影方法。前面提到,汗液是指纹化学组分中的重要组成部分,其中含有大量的氯化钠。该方法利用硝酸银和残留在指纹中的氯化钠反应生成氯化银,在紫外光照条件下,氯化银中的银离子被迅速还原为银单质,同时变为黑色,从而使指纹图案可视化。硝酸银法在多孔基底和一些疏水表面上对潜伏指纹具有较好的成像效果。第三种方法为茚三酮法,该方法在 20 世纪中期提出,利用茚三酮与指纹中残留的氨基酸发生反应,生成深色产物,进一步使指纹显影。这种方法对于粗糙度较高的基底成像效果较好,如纸板、木头和石膏板等。不过此方法的使用条件较为严格,在操作过程中容易受到光照、pH 和湿度等影响。与此类似的还有 1,8-二氮杂-9-芴酮(DFO)方法,这也是在粗糙基质上识别潜伏指纹的一种有效方法。在杨明英、毛传斌等发表的一篇重要综述中[156],对上述几种传统的指纹识别方法均做了详细描述,该综述还指出上述方法的一些限制因素,如对比度和敏感性不足、易造成 DNA 证据的污染、可能形成有毒产物及工艺复杂、操作条件较高等。

为满足法庭科学越来越高的需求,科研工作者长期以来一直致力于研发新型的指纹识别技术,其主要目的是让指纹识别在快速、准确、简易、低廉、无创、便携等方面达到更高标准。通过文献调研及阅读相关领域的几篇重要综述,笔者认为,目前在研的指纹识别技术主要有以下两个大的发展方向。

第一个发展方向为基于红外、拉曼、质谱和 X 射线荧光等大型仪器的化学成像技术。简单来说,这类方法通常是通过精密仪器对指纹中的某种化学物质产生的某种化学信号进行识别或成像。例如,红外光谱可通过分子官能团的特征吸收来确定化学组成,具有特殊基团的分子往往具有强烈的红外特征吸收信号,在红外光谱分析中具有较高的辨识度。多项报道证实红外光谱可用于指纹残留物中特定化学成分的识别和成像[157-159]。拉曼光谱也是一种可靠的光谱技术,与红外光谱类似,拉曼光谱通过散射信号来识别分子内特征官能团,进一步确定痕量指纹分泌物中的化学组分[160, 161]。由于散射截面较小,常规拉曼光谱仪的灵敏度对于指纹识别方面的应用难以满足需求。为了提高其性能,科研人员利用 SERS 技术来检测和识别指纹中的化学物质,其灵敏度与普通拉曼光谱相比得到大幅增强。Wei Song 等的报道称用银纳米颗粒和抗体修饰的拉曼探针能够准确识别潜伏指纹中的痕量蛋白质,从而实现对指纹的高清 SERS 成像[162]。

颜娟、卞晓军等也曾报道过一种利用核酸适配体修饰的 SERS 探针对潜伏指纹进行成像的方法[163]。这些技术大多数是非破坏性的，通常不需要进行额外的样品处理，也不易受到粗糙表面的影响，在灵敏度和成像质量方面具有显著优势。质谱技术的基础功能是获取化合物分子量信息，因此与上述几类光谱技术相比更具特异性。例如，气相色谱-质谱（GC-MS）联用技术已被证实是一种分析指纹痕量化学物质的强大工具，但是采集样品时需要溶解处理，因此 GC-MS 一般用作指纹化学成分分析，一般不具备指纹成像功能[164-166]。解吸电喷雾电离-质谱（DESI-MS）[167, 168]和基质辅助激光解吸电离-质谱（MALDI-MS）[169]两种具备指纹成像功能的质谱技术也相继研发成功。在魏千惠、张美芹、Božidar Ogorevc、张学记发表的一篇相关综述中[170]，对上述几种仪器分析技术在指纹成像中的应用做了详细叙述。综述还指出尽管许多仪器技术可以做到精准识别指纹中的化学成分，甚至可收集指纹的化学信号进行高清成像，但实验室样品与案发现场样品之间仍然存在差距，许多情况下对于后者"非刻意为之"的指纹印迹，仪器方法还不能做到精准识别成像；另外，大型仪器在成本、便携性和样品处理工艺等几个方面相对于传统方法并不具有优势。

  该领域的第二个发展方向为基于纳米颗粒（nano-particles，NPs）的指纹识别方法[171]。这类方法与前面提到的"粉尘显影法"有相似之处，所用的 NPs 也是一种可附着在指纹基底上的"粉末"，与"粉尘显影法"所使用的大尺寸粗颗粒粉末相比，纳米级的颗粒物在指纹上的黏着力更好。这一方面是由于 NPs 巨大的比表面积所带来的表面吸附增强效应；另一方面，NPs 制备方法简单并且多样化，其尺寸和相貌具有良好的可控性。另外，NPs 的化学修饰工程十分成熟，可通过特异性基团的引入来促进 NPs 与指纹中某种残留化学物质的相互作用，进一步排除固基背景干扰，提升 NPs 对指纹的特异性识别[172]。除此之外，用于指纹识别的 NPs 大多数具有光电特性，当 NPs 附着在指纹上时，可通过 NPs 光电信号对指纹进行高清成像[173-175]。例如，该领域内发展迅猛的两类纳米颗粒，荧光量子点[176-178]和上转换荧光纳米材料[179-181]均是利用荧光信号对指纹进行识别和成像。由于绝大部分指纹基底是没有荧光的，因此使用荧光作为成像信号可大幅度减少背景干扰，提高成像对比度。报道中的荧光 NPs 尺寸很小，通常不超过 100 nm，其中荧光量子点的尺寸更小，直径一般不超过 10 nm。这种小尺寸颗粒可轻易披露指纹中细节，使指纹的犁沟、脊纹、环状脊纹、短脊纹、脊纹分叉点、汗腺孔等二级和三级精细结构得到较好的成像效果，这给指纹比对工作带来极大的方便。另外，荧光 NPs 的表面可以被多种活性官能团修饰[182-184]，由此制备 NPs 可以通过化学反应选择性地标记指纹中的特定组分，从而实现对指纹的选择性识别，这将进一步提升指纹成像的清晰度和对比度。

4.3.2 聚集诱导发光指纹识别技术

从前面描述的一些典型案例看,指纹识别技术的关键在于指纹成像,较高分辨率和清晰度有利于获取高级别指纹信息,对后期指纹比对工作意义重大。基于红外光谱仪、拉曼光谱仪和质谱等仪器的成像方法往往是利用指纹中某个组分的化学信号间接实现的,这要求仪器须具有足够高的检测灵敏度。另外在样品处理方面,操作人员的技术难度也较大。从近些年指纹成像技术的发展来看,自带荧光信号的 NPs 更受人们青睐。笔者认为原因主要有三个:首先,NPs 在样品处理技术上延续了传统的粉尘显影法,样品处理过程相对简单,警务人员可在案发现场轻松操作,无需转交专业人员在实验室条件下处理;其次,荧光作为一种直观的光学信号,极易被肉眼和仪器识别,可用简易设备直接对指纹进行成像,无需区域扫描和信号转化等复杂过程;最后,荧光信号往往源自 NPs 的尺寸效应或后期化学修饰,具有高度的可调节性,通过巧妙的分子设计和纳米制备技术,荧光信号可根据需求实现"定制化设计",具有更广泛的适用性。在该领域的研究中,科研人员对荧光分子的合成、筛选和修饰一直都是工作重点。与基于溶液方法的荧光传感识别不同,本章节所讨论的指纹成像是利用固态荧光信号,因此固态发光效率是科研人员重点考察的性能。相比于平面共轭的稠环芳烃类荧光体系,具有扭曲构象的 AIE 分子体系在固态荧光效率方面具有显著优势[185]。除此之外,荧光的敏感性和可控性对于指纹成像也起到关键作用。敏感性意味着荧光对化学环境的特异性响应,而可控性通常是指荧光的强度和波长具有"按需调整"的能力。AIE 分子体系由于合成简单、兼容多种功能化基团,在敏感性和可控性方面均体现了优势[185-187]。考虑到以上几点,基于 AIE 体系研发指纹成像技术具有较高的可行性。相关研究可追溯到 2012 年,由李艳、许林茹、苏彬报道的一种可用于指纹识别技术的 AIE 分子——TPE(图 4-27)[188]。将不良溶剂——水的含量控制在 40%~50%范围内,可制备 TPE 聚集体悬浮液。将含有潜伏指纹的基底在悬浮液中浸泡 5 min 后,聚集体通过疏水相互作用选择性地附着在富含皮脂的指纹脊线上,用蒸馏水冲洗掉多余的染料,烘干后在紫外光照下可以得到指纹的蓝色荧光图像。报道称 TPE 对于玻璃、不锈钢板和铝箔等无孔表面上形成指纹图像具有较好的成像效果。如图 4-27 所示,紫外光照下指纹的脊纹亮度较高,犁沟部分几乎没有荧光,体现了较强的视觉对比度。从荧光图像中可轻易区分指纹类别和特征细节,甚至辨认脊纹分叉点、短脊纹、脊纹末梢等二级信息。该方法所用的 TPE 分子合成简单,其聚集体悬浮液仅需一步即可制备,简单快速、容易操作,不涉及烟雾熏蒸等其他复杂的样品处理,适用于在多种光滑表面上进行指纹显影,是一种高效可靠的指纹识别技术。受到上述工作的启发,苏彬团队和唐本忠合作开发了另外两个可用于潜伏指纹识别的 AIE 分子——HPS 与 MCSTPS[189]，分子结构如图 4-28（a）所示。HPS 和 MCSTPS 均是典型的螺旋桨结构 AIE 分子。除了疏水的芳香杂环外，MCSTPS 还包含一个亲水的羧基，这使得分子具有一定的双亲性。二者的指纹成像方法与上述工作类似，都可在 30%～40%的乙醇-水混合溶液中形成聚集体，进一步对载玻片、不锈钢板和铝箔等光滑表面的潜伏指纹进行荧光成像。报道称在多种光滑基底上，HPS 可得到清晰的指纹图像，在更高的放大倍率下，脊纹细节二级信息清晰可见。相比之下，MCSTPS 指纹成像背景噪声较高，分辨率较差。这说明此类 AIE 分子与指纹皮脂组分之间主要为疏水相互作用，羧基的亲水性会减弱 MCSTPS 聚集体在指纹上的附着力。该方法证明了疏水作用在指纹识别方面的重要性，为 AIE 显影剂的分子设计提供了正确思路。

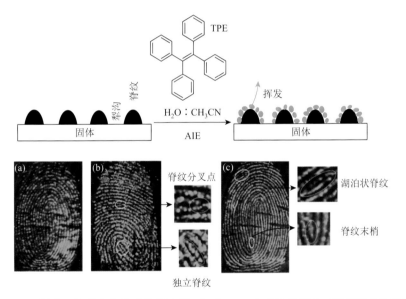

图 4-27　TPE 的分子结构和指纹成像示意图。（a）TPE 在光滑基底上对潜伏指纹的荧光成像效果照片；（b，c）几类指纹特征细节

从上述工作可看出，优化调整分子疏水性可能提升 AIE 显影剂对潜伏指纹的成像效果。通过引入合适的疏水基团，金晓冬等在四苯乙烯结构的基础上合成了一种新型的指纹显影剂 FLA-1[190]。该报道指出疏水性增加后，FLA-1 可能对潜伏指纹中的脂肪酸附着力增强，进而优化指纹成像效果。FLA-1 可在 60%～70%的乙腈-水混合溶液中形成发光聚集体，将含有潜伏指纹的底物浸泡 20 min，经过简单的洗涤、烘干处理，即可获得指纹荧光图像。图 4-29（a）显示 FLA-1 对于沉积在硬币、铝箔和载玻片等表面上的指纹具有高质量的成

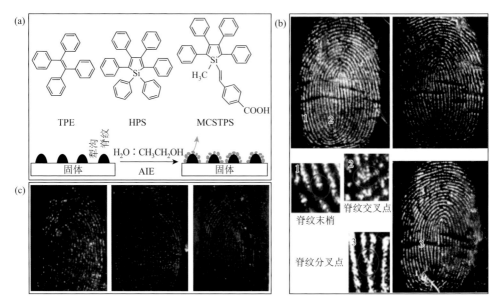

图 4-28　（a）指纹显影剂 HPS 和 MCSTPS 的分子结构；玻璃基底上 HPS（b）和 MCSTPS（c）对潜伏指纹的成像照片

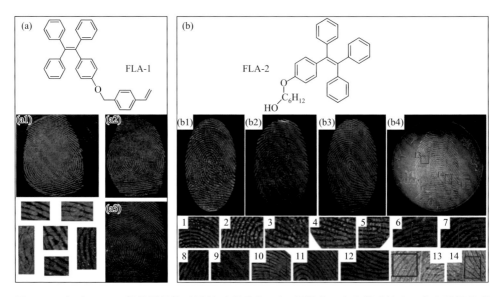

图 4-29　（a）FLA-1 的分子结构以及其对硬币（a1）、锡箔（a2）和载玻片（a3）上的指纹成像图；（b）FLA-2 的分子结构以及在氰基丙烯酸酯熏蒸处理后的载玻片（b1）、不锈钢（b2）、锡箔（b3）和硬币（b4）基底上使用 FLA-2 对潜伏指纹的成像细节照片

像效果，从中可以观察到脊纹分叉点、脊纹末梢等二级指纹信息。实验证明，FLA-1 也可用于不锈钢薄板、易拉罐和饮料瓶等基底的潜伏指纹成像，而在塑料和火车

票上的成像分辨率相对较差。这说明基材表面的疏水性可能会影响潜伏指纹的成像质量。该工作发现显影剂在烟盒和信封这类亲水基底上难以实现指纹成像，这进一步说明了亲疏水作用在指纹成像中扮演了重要角色。此外，该工作还尝试将FLA-1的指纹荧光图像与警方数据库中的指纹进行匹配，结果证明FLA-1成像分辨率可满足指纹比对要求，这充分说明了FLA-1显影剂的可靠性。在后续工作中，该团队又在四苯乙烯结构中引入烷基链，合成了另一种新型的AIE显影剂FLA-2[191]。由于FLA-2聚集体与指纹中的脂肪残基之间存在疏水相互作用，FLA-2可在载玻片和铝箔上形成清晰的指纹成像，从图片中可清晰观察到脊纹末梢、脊纹分叉点和短脊纹等二级指纹信息，但其分辨率仍不足以观察到三级指纹细节。为了进一步增强FLA-2的荧光成像质量，该团队使用氰基丙烯酸酯熏蒸法对潜伏指纹进行了预处理，而后将指纹样品浸入FLA-2的乙腈-水混合溶液中，利用FLA-2聚集体附着在指纹上进行荧光成像。从图4-29（b）中可以看出，指纹图像分辨率很高，甚至可以从中观察到三级信息——汗腺孔分布。SEM证明，氰基丙烯酸酯可与潜伏指纹中的化学物质形成多孔聚合物而被固定在基底上，指纹脊线更加平滑完整，并且能清楚地观察到脊纹与犁沟之间的间隔。该工作还证明这种方法可用于识别老化指纹。与新形成的指纹不同，老化指纹的化学成分变化很大，汗液中的水分会随着时间的推移逐渐蒸发，同时残留的脂类也会降解。实验中使用FLA-2对老化30天的指纹样品进行成像后发现，图像仍具有较高的分辨率，从中可以得到清晰的指纹细节。该工作将FLA-2和氰基丙烯酸酯熏蒸有效结合，得到高质量的指纹图像，充分证明AIE指纹显影剂和传统指纹识别技术的良好兼容性。

由Raghupathy Suresh和Perumal Ramamurthy等报道的两种具有AIE性质的吖啶二酮衍生物ADDPh和ADDSi也可以很好地应用在潜伏指纹识别领域[192]。该工作首先探索了分子聚集体形成的最佳条件。实验发现这两种分子在良溶剂中荧光很弱，随着不良溶剂增加，ADDPh逐渐形成聚集体，同时荧光强度大幅提升；与此相比，ADDSi情况略有不同，当不良溶剂含量大于70%后，分子会形成无定型聚集体导致荧光急剧下降。通过SEM观察，ADDPh和ADDSi的聚集体在溶液中预先形成，并随着溶剂蒸发沉积在基底上，分别形成了海绵状和球形有序聚集体。经过筛选，该团队发现ADDPh在浓度0.3 mmol/L、含水量60%的THF/水混合溶液中所形成的聚集体最适合潜伏指纹成像；而ADDSi聚集体用于指纹识别的最佳条件为0.3 mmol/L、含水量70%。与前面案例中提到的方法类似，该工作将含有潜伏指纹的玻璃、铝箔、不锈钢等光滑基底在上述聚集体悬浮液中浸泡2 min，用蒸馏水冲洗掉多余的荧光染料，烘干后即可在紫外光照下观察到清晰的荧光指纹图像（图4-30）。由于ADDPh和ADDSi与指纹中残留的大量的脂肪酸残基之间存在疏水相互作用，指纹凸线荧光增强，而犁沟不发光，从图4-30（b）中可清楚地观察到脊纹核心、脊纹分叉点等一级、二级指纹信息。ADDPh 和 ADDSi 易于制备，可以通过使用简单的手持式紫外灯和便携相机记录指纹信息，且整个显影过程仅需不到 5 min，体现了便捷快速的优点。报道指出与传统的粉尘显影法相比较，这种方法还有效避免了显影剂对指纹证据的损害和对观察者的健康威胁。

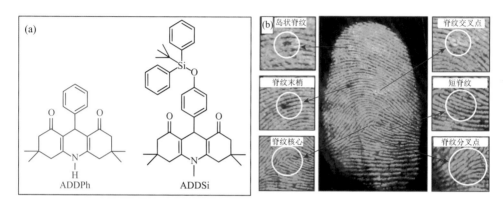

图 4-30 （a）AIE 显影剂 ADDPh 和 ADDSi 的分子结构；（b）在玻璃片基底上使用 ADDPh 对潜伏指纹成像照片，以及脊线核心、脊线分叉点等多种一级、二级指纹信息图

李钰皓、欧阳瑞镯和缪煜清等设计了一个具有 D-π-A 结构的 AIE 指纹显影剂 NIFA[193]，其荧光具有 ICT 性质。报道称 NIFA 在水相中可形成纳米尺度的聚集体颗粒。将含有指纹的玻璃基底在氰基丙烯酸酯中熏蒸处理后，浸入 NIFA 纳米颗粒的乙醇-水悬浮液中孵育 7 min 即可得到指纹图像［图 4-31（a）］。由于 NIFA 纳米颗粒与多孔结构的氰基丙烯酸酯聚合物之间存在较强疏水相互作用，因此氰基

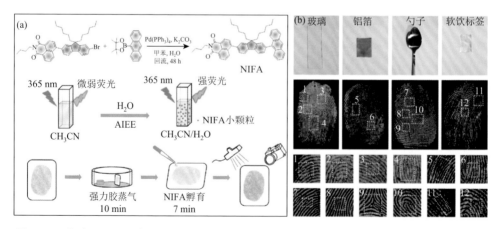

图 4-31 （a）AIE 显影剂 NIFA 的合成方法和指纹显影方法示意图；（b）在玻璃、铝箔、勺子和软饮标签基底上，NIFA 对潜伏指纹的成像照片及二级信息细节放大图

丙烯酸酯预处理后更有利于二者之间的相容性；另外纳米尺寸的巨大比表面积进一步增强了显影剂和指纹之间的吸附力。实验发现，NIFA 纳米颗粒还可以在铝箔、勺子、软饮标签等经常使用的日用品上进行指纹成像。从图 4-31（h）可以看出，荧光成像的分辨率很高，可以清晰观察到脊纹分叉点、短脊纹等二级指纹信息。如果使用立体显微镜和 EMCCD 相机，图像质量可得到进一步提高，指纹图像中的汗腺孔、脊纹轮廓细节等三级信息也可被识别。与上一个报道类似，这项工作证明了氰基丙烯酸酯熏蒸技术与疏水性发光纳米颗粒相结合可大幅度提高潜伏指纹的成像质量，是一种行之有效的指纹识别方法。

荧光作为一种直观的光学信号，其波长的合理调控是人们的研究重点。在荧光成像领域，长波发光往往意味着辐射能量的降低、信号传播能力的增强及更加鲜明的对比度，因此红外发光和近红外发光在该领域一直备受青睐。孙晓莉和朱红军等研发了一种近红外指纹显影剂 NIR-LP[194]，该分子融合了 AIE 和 ESIPT 两种发光机制。通过 ESIPT 过程，NIR-LP 经历烯醇式到酮式的结构变化，并产生具有交替单双键的共轭结构，从而导致发光大幅度红移 [图 4-32（a）]。NIR-LP 的乙腈溶液初始时发出微弱的黄绿光，当在水相中聚集时，酚羟基和羰基之间的分子内氢键会受到破坏，使 ESIPT 过程受到抑制。当不良溶剂超过 70%时，NIR-LP 摆脱溶剂化，析出纳米颗粒并重新形成分子内氢键，ESIPT 和 AIE 过程同时被激活，互变异构式发出强烈的红光。该工作使用 0.25 mmol/L、水含量 80%的 NIR-LP 的乙腈-水混合溶液进行指纹成像，样品处理过程与前面案例类似：将样品放入上述含有 NIR-LP 聚集体的混合溶液中浸泡 20 min，用水漂洗后在 365 nm 的紫外光照下可得到潜伏指纹图像。如图 4-32（b）所示，NIR-LP 纳米颗粒适用于铝箔、硬币和载玻片等多种基底，纳米颗粒优先附着在指纹脊纹处，同时 ESIPT 过程激活生成荧光图像。图中可以清晰观察到脊纹末梢、脊纹分叉点等二级指纹信息。该研究称，在实际案发现场中，使用该分子可以清晰地观察到老化 10 天的脊纹细节，体现了较好的实用价值。该报道称，远红外或近红外发射的显影剂具有较低的光辐射能，降低了健康风险。另外，该方法不需要昂贵、有害的试剂及复杂的仪器和样品处理，是一种简单有效的指纹识别技术。与前面提到的 TPE、HPS、MCSTPS 等蓝光发射的指纹显影剂相比，NIR-LP 的近红外发射更加有助于降低背景荧光，提高指纹成像的对比度。Prabhpreet Singh 和 Subodh Kumar 也报道了两个类似的 ESIPT-AIE 的潜伏指纹显影剂[195]，其分子结构中含有酚羟基和亚胺结构，在 ESIPT 过程中质子会从酚羟基（质子给体）转移到相邻的氮原子（质子受体）上形成互变异构体，从而导致能隙降低，发射光谱大幅度红移。显影剂可在玻璃、铝箔、不锈钢和硬币上对潜伏指纹成像，并可观察到清晰的一级、二级指纹信息。报道还指出了一些该显影剂的不足之处，如对于木材、纸张等粗糙多孔基底，显影剂难以得到清晰的指纹成像；对于瓷砖等光滑基底，指纹附着力较弱，在水洗过程中容易脱落。

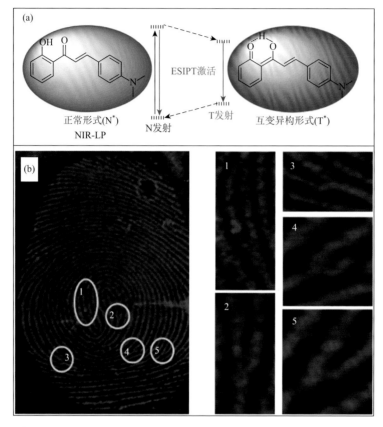

图 4-32 （a）近红外 AIE 显影剂 NIR-LP 的 ESIPT 互变异构体；（b）在铝箔基底上使用 NIR-LP 对潜伏指纹的荧光成像照片，以及脊纹分叉、脊纹环线和脊纹末梢等多种二级指纹细节图

多数 AIE 显影剂的指纹成像采用了"湿法"处理，在前面多个案例中，显影剂需要在悬浮液中形成发光聚集体对指纹选择性附着，在这一过程中，指纹样品完全浸泡在有机-水混合溶剂中，尽管多数报道强调浸泡时间无需太久，但是指纹化学组分的溶解和损失是不可避免的。因此，研究指纹的"干法"处理也是有必要的。万学娟和唐本忠合作研发了一种 AIE 分子和蒙脱石（MMT）相结合的潜伏指纹成像技术[196]，所用的 AIE 小分子水杨醛席夫碱 SAA 如图 4-33（a）所示。SAA 结构简单、合成方便，在固态下发出强烈的黄色荧光，与具有较强吸附能力的蒙脱石混合后，可形成复合荧光粉末。随着 SAA 比例的增加，复合粉末的荧光逐渐增强，但蒙脱石的比例过低时会导致粉末的吸附性能下降[图 4-33（b）]。经过条件优化，该工作指出当 SAA 所占的质量比为 10%时，复合荧光粉末对潜伏指纹的成像效果最佳。在钞票、大理石、培养皿、塑料袋、铜箔等光滑基底上，都可得到清晰指纹图像，背景信号较低，对比度较高。从图 4-33（c）中可观察到轮

廓分明的脊纹分叉、脊纹末梢等二级指纹信息。复合荧光粉末拥有出色的光稳定性，连续照射 30 min 后，指纹荧光图像依旧清晰可辨，没有明显的光漂白现象。该工作通过对比研究，发现 SAA 的成像性能优于前面多次提到的四苯乙烯结构。另外，与商用的指纹显影粉末相比，复合荧光粉末和参考指纹的匹配度更高。该报道还指出，SAA 复合荧光粉末仅需 30 s 的时间即可得到指纹图像，这比上述多种基于溶液-悬浮液的湿法处理更加方便快捷。总之，这一典型工作不仅继承了传统的粉尘显影法的优点，还充分体现了 AIE 成像高对比度、高分辨率的特点，这使 AIE 指纹识别技术离商业化应用更近了一步。

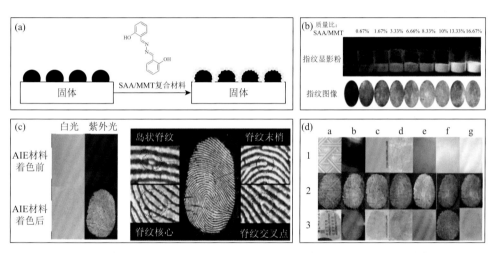

图 4-33　（a）AIE 显影剂 SAA 的结构和复合荧光粉末对潜伏指纹的成像方法示意图；（b）复合荧光粉末中 SAA 和蒙脱土的比例及所对应的荧光照片；（c）玻璃基底上复合荧光粉末对指纹的荧光成像照片，以及放大后的岛状脊纹、脊纹核心、脊纹末梢和脊纹分叉等多种二级指纹细节图；（d）多种光滑基底上复合荧光粉末和商业指纹显影粉末对指纹的荧光成像对比

前面多个报道已经证明，使用 AIE 显影剂可获得含有一级、二级指纹信息的清晰图像，但是实验室条件下所制备的指纹样品都是实验人员"刻意为之"，而真实案发现场遗留的指纹大部分都是模糊不清、不完整的片段。这种情况下，一级和二级指纹信息往往不足以进行比对确认。如果能获取三级指纹信息，如汗腺孔位置和脊纹细节，将会对指纹比对工作带来巨大便利。对于 AIE 成像体系来讲，如要实现三级指纹信息成像，不仅需要巧妙的分子设计，还需要研发更先进的样品处理方法和荧光染色工艺。在这一方面，M. K. Ravindra 和 H. Nagabhushana 等的工作给大家提供了可行的思路[197]。该工作设计了具有亲脂性的 AIE 指纹显影剂 IMD FT，结构如图 4-34 所示。这种亲脂性源自 IMD FT 和指纹化学组分之间的相互作用，当二者结合后，指纹中的脂肪残基可以改变 IMD FT 的亲脂性，结

合 ICT 荧光对化学环境的敏感性，IMD FT 荧光发生明显蓝移。新制备的潜伏指纹样品含有大量汗液，其中包括 99% 的水及各种氯化物、磷酸盐、氨基酸、脂肪酸、尿素和多肽等物质，这些物质在汗腺孔附近分布较多。氨基氢与 IMD FT 的羟基存在静电相互作用，有利于形成分子间氢键，因此 IMD FT 会优先选择与指纹中的氨基相结合。该工作采用粉末喷涂的方式，在鼠标、载玻片等无孔基底，以及杂志封面、条形码等多孔基底上分别进行指纹成像。从图 4-34 中可以清晰观察到一级、二级指纹信息。在曲面软饮料罐等光滑基底上所得的指纹荧光图像中还可以观察到三级指纹信息——汗腺孔。经过 30 天老化的潜伏指纹样品，在使用 IMD FT 成像后也能清晰地显示脊纹细节。该报道称 IMD FT 可在多种基底上进行指纹成像，具有高效、低毒、灵敏、背景噪声低等优点，尤其在成像细节方面更能体现优势。

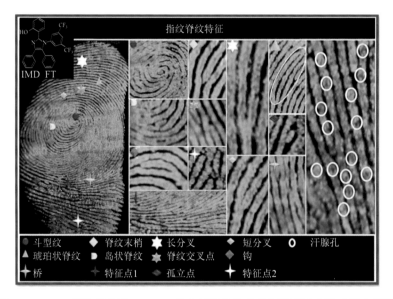

图 4-34　AIE 指纹显影剂 IMD FT 的分子结构和在光滑基底上指纹成像细节图

从上面提到的 IMD FT 显影剂可以看出，强化 AIE 显影剂和指纹中某类化学组分之间的相互作用有利于获得更加清晰的指纹细节。利用这一思路，Akhtar Hussain Malik 和 Parameswar Krishnan Iyer 等报道了一种同时含有疏水性主链和亲水性离子侧基的共轭聚电解质——PFTPEBT-MI［图 4-35（a）］[198]。一方面，指纹的脂肪成分（包括蜡酯、脂肪酸、角鲨烯和胆固醇等）与 PFTPEBT-MI 的 AIE 共轭骨架易发生疏水相互作用；另一方面，指纹中的盐分、氨基酸等水溶性组分则会选择性地结合显影剂的亲水性离子基。因此，显影剂和指纹之间具有强烈的亲疏水相互作用，这种相互作用赋予显影剂优秀的附着力。在指纹成像实验中，该工作使用浸泡和喷涂两种方式进行指纹显影：以玻璃、铝箔、钢板、硬币、胶带为基底，将样品直接放入聚合物溶液中约 1 min，然后取出基底，洗去多余溶液后风干；或者将聚合物溶液混入甲醇一起添加到喷雾瓶中喷涂到指纹样品上。两种显影方法都可获得清晰的潜伏指纹图像。如图 4-35（b）所示，指纹图案的脊纹核心、脊纹末梢、脊纹分叉点及汗腺孔等多种一级、二级、三级信息清晰可辨。该工作指出，在真实的案发现场，指纹可能会由于外力刮擦或者化学药品处理造成细节损失，而实验发现无论是刮擦磨损还是有机溶剂侵蚀，均未对 PFTPEBT-MI 的成像造成干扰，这充分说明了显影剂的可靠性。总之，该显影剂可在多个基底上进行指纹成像，样品处理简单、图片细节清晰，具有良好的应用前景。

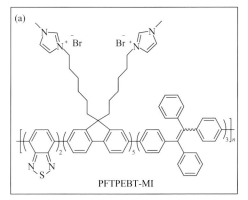
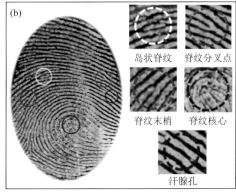

图 4-35　（a）双亲性聚合物 PFTPEBT-MI 的分子结构；（b）PFTPEBT-MI 在光滑基底上的指纹细节图

在三级指纹细节成像方面，刘睿和朱红军等报道的阳离子 Ir(III)络合物显影剂——DX-5 也非常典型[199]。其中氟基团的引入既能改善 DX-5 的亲脂性，也优化了 DX-5 的基态和激发态能级［图 4-36（a）］。实验发现 DX-5 具有双重发射和聚集诱导磷光增强（aggregation-induced phosphorescence enhancement，AIPE）的性质。根据溶液中测得的吸收和发射光谱，短波吸收带由配体自旋允许的 π-π^* 跃迁产生，从 350 nm 延伸到可见光区域的弱吸收带可归属为金属到配体电荷转移（metal-to-ligand charge transfer，MLCT）和配体到配体电荷转移（ligand-to-ligand charge transfer，LLCT）。这些性质意味着 DX-5 的发光对于化学环境的敏感性，当其接触指纹中的脂肪残基时，发射光谱出现明显红移，这十分有利于指纹识别与成像。DX-5 可在乙腈-水混合溶剂中形成具有较强磷光的聚集体，在不锈钢、玻璃、塑料和纸币基底上，聚集体可对潜伏指纹成像［图 4-36（b）］。图 4-36（c）中的指纹图像可清晰显示一级到三级别的指纹细节。该显影剂还可对存放 40 天的老化指纹进行成像，体现了较高的应用价值。

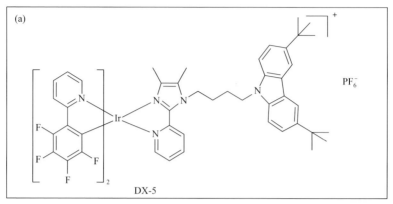

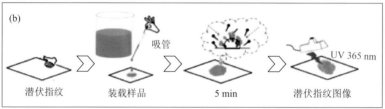

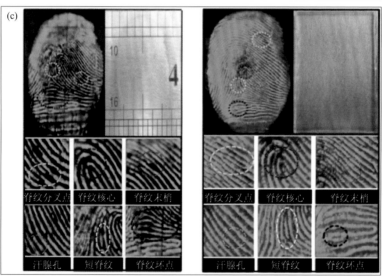

图 4-36　（a）阳离子 Ir(Ⅲ)络合物显影剂 DX-5 的分子结构；（b）DX-5 指纹显影方法示意图；（c）DX-5 在不锈钢和玻璃基底上的指纹成像细节图

案发现场的环境错综复杂，犯罪嫌疑人的手段也愈加多样化，真正的指纹样品几乎不会完整地印在光滑基底上，往往会残留在环境中常见的粗糙基底上，如墙面、纸张、皮革、木材等。上文中多数报道所使用的指纹样品是在玻璃片、铝箔和不锈钢等光滑基底上刻意制备的，并不能反映真实情况。少数报道虽然曾尝试在粗糙或多孔基底上进行指纹成像，但是效果欠佳，一方面是由于指纹在粗糙基底上黏附力低、痕迹浅的缘故，另一方面显影剂和指纹之间相互作用较弱，这极大地限制了 AIE 指纹显影剂的商业化应用。若要提高显影剂对多种粗糙基底的普适性，科研人员还需要更先进的分子设计策略。在这一方面，李冲和朱明强团队近期设计报道的两亲性 AIE 显影剂 TPA-1OH 是一个优秀案例[200]。如图 4-37（a）所示，分子结构中的吡啶阳离子是一个吸电子能力很强的亲水基团，这赋予分子

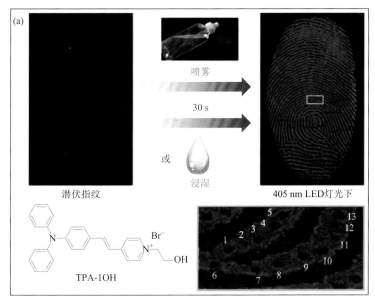

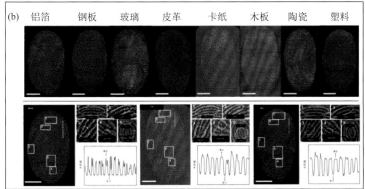

图 4-37　（a）TPA-1OH 显影剂的分子结构、指纹显影方法示意图和指纹成像细节；
（b）TPA-1OH 在多种光滑和粗糙基底上的指纹成像细节图

一定的水溶性，由于 AIE 特性，水溶液中分子几乎不发光；而三苯胺取代基不仅是优异的电子给体，同时也是疏水基团，通过疏水相互作用分子可与指纹中的脂类结合。此外，吡啶的正电荷与脂质分泌物的负电荷之间可能存在静电引力，这也有助于提高 TPA-1OH 对指纹分泌物的附着力。潜伏指纹样品浸入 TPA-1OH 水溶液时，越来越多的溶解态 TPA-1OH 分子会通过上述相互作用黏附在指纹上，从而进行指纹成像。与前面提到的众多 AIE 显影剂不同，TPA-1OH 的成像方法基于水溶液，溶解态的 TPA-1OH 以单分子的形式逐渐富集在指纹表面。与 AIE 显影剂常用的粉末显影方法和聚集体悬浮液显影方法相比，这种单分子尺度的指纹识别在成像分辨率方面优势明显。所得的指纹图像清晰、完整、对比度高，在图 4-37（a）和（b）中可以观察到清晰的螺线脊纹、环状脊纹、短脊纹、脊纹分叉点、脊纹末梢和汗腺孔等多种一级、二级、三级指纹信息。报道称放大指纹成像后甚至可辨认出超越三级的指纹微观特征，如纹路宽度、汗腺孔形貌和分布、汗腺孔间距等。这些更深层的微观特征对于指纹比对和身份识别意义重大。更重要的是，TPA-1OH 可在多种基底上实现清晰指纹成像，不仅包括铝箔、不锈钢、玻璃、塑料等光滑基底，甚至包括皮革、卡纸、木板、陶瓷、砖头、墙壁等粗糙基底。报道指出，TPA-1OH 显影剂的操作方法也十分简单，仅需在 30 μmol/L 的 TPA-1OH 水溶液中浸泡 1 min，在 405 nm LED 灯照射下即可获得清晰、完整的指纹图像，这在相关领域的文献报道中十分罕见。TPA-1OH 超高的分辨率和广泛的普适性几乎超越了全部已报道的 AIE 显影剂，具有极佳的商业化前景。

4.3.3 小结与展望

本小节重点论述了 AIE 显影剂在指纹成像方面的应用。与传统方法相比，文中多数 AIE 显影剂在图片对比度和成像细节方面体现了优势，另外还兼具操作简单和毒性低等优点。然而文中所报道的研究成果仍处在研发阶段，尚未转化为实际应用，这意味着上述优势并未得到社会认可。因此，AIE 显影剂若要走出实验室、服务于社会大众，仍需科研工作者继续努力。首先，在探索实际应用方面，科研人员应主动寻求与司法人员合作，后者在指纹比对、身份认证等方面具有丰富的工作经验，因此对指纹成像效果的评估更为准确客观，也能大大推进成果转化。其次，目前在研的 AIE 显影剂大多数只适用于光滑、无孔、无背景荧光的基底，而在多孔、粗糙、潮湿等特殊基底上指纹成像效果欠佳。对多种基底具有广泛普适性（如上面提到的 TPA-1OH）的 AIE 显影剂十分稀少。所以在未来的相关研究中，适用于多孔、粗糙、潮湿等基底上的 AIE 显影剂应当是科研人员的一大工作重点，这要求科研人员在分子设计上注重显影剂与指纹化学物质之间的主客体相互作用,借此提高显影剂的选择性和对指纹的附着力。最后,AIE 显影剂尽管体现了种种优势,可在样品处理工艺方面较为单一,上述例子绝大多数是通过湿法处理,利用 AIE 在水相中的悬浮聚集体沉积在指纹上进行成像,这种方法一方面不利于发挥 AIE 显影剂在单分子层面的选择性,另一方面容易对指纹样品造成溶解损失。文中曾提到过几类传统的指纹识别方法,尽管在成像细节、对比度等方面略显乏力,但是其中涉及一些较为成熟的样品处理工艺,如氰基丙烯酸酯熏蒸方法和粉尘显影方法,给 AIE 显影剂的样品处理技术提供了崭新思路。因此,AIE 显影剂和传统样品处理方法的有机结合在将来也可能是一个重要的发展方向。在这一方面,上文提到的 SAA 和 FLA-2 两种 AIE 显影剂,就借鉴了传统的样品处理方法,在指纹成像方面体现了优势。总之,尽管 AIE 技术在指纹成像领域展现了巨大的潜力,但是其在实际应用方面仍具有挑战性,我们坚信 AIE 技术会给指纹识别领域的研究提供丰富的思路,在刑事科学中开辟崭新的领域。

(韩天宇)

参考文献

[1] World Health Organization. World health statistics 2017: monitoring health for the SDGs, Sustainable Development Goals. 2017.

[2] Bélanger P, Tanguay F, Hamel M, et al. An overview of foodborne outbreaks in canada reported through outbreak summaries: 2008—2014. Canada Communicable Disease Report, 2015, 41: 254-262.

[3] Yang X Q, Yang C X, Yan X P. Zeolite imidazolate framework-8 as sorbent for on-line solid-phase extraction coupled with high-performance liquid chromatography for the determination of tetracyclines in water and milk samples. Journal of Chromatography A, 2013, 1304: 28-33.

[4] Savini S, Bandini M, Sannino A. An improved, rapid, and sensitive ultra-high-performance liquid chromatography-high-resolution orbitrap mass spectrometry analysis for the determination of highly polar pesticides and contaminants in processed fruits and vegetables. Journal of Agricultural and Food Chemistry, 2019, 67 (9): 2716-2722.

[5] Lopes R P, Oliveira F A S, Madureira F D, et al. Multiresidue analysis of pesticides in peanuts using modified QuEChERS sample preparation and liquid chromatography-mass spectrometry detection. Analytical Methods, 2015, 7 (11): 4734-4739.

[6] Poojary M M, Zhang W, Greco I, et al. Liquid chromatography quadrupole-orbitrap mass spectrometry for the simultaneous analysis of advanced glycation end products and protein-derived cross-links in food and biological matrices. Journal of Chromatography A, 2020, 1615: 460767.

[7] Raimbault A, Noireau A, West C. Analysis of free amino acids with unified chromatography-mass spectrometry-application to food supplements. Journal of Chromatography A, 2020, 1616: 460772.

[8] Yang S P, Ding J H, Zheng J, et al. Detection of melamine in milk products by surface desorption atmospheric

pressure chemical ionization mass spectrometry. Analytical Chemistry, 2009, 81 (7): 2426-2436.

[9] Gerbig S, Stern G, Brunn H E, et al. Method development towards qualitative and semi-quantitative analysis of multiple pesticides from food surfaces and extracts by desorption electrospray ionization mass spectrometry as a preselective tool for food control. Analytical and Bioanalytical Chemistry, 2017, 409 (8): 2107-2117.

[10] Dominguez I, Frenich A G, Romero-Gonzalez R. Mass spectrometry approaches to ensure food safety. Analytical Methods, 2020, 12 (9): 1148-1162.

[11] Guo Z, Zhao Y T, Li Y H, et al. A electrochemical sensor for melamine detection based on copper-melamine complex using OMC modified glassy carbon electrode. Food Analytical Methods, 2018, 11 (2): 546-555.

[12] Jiang B Y, Yu L, Li F Z, et al. A dual functional electrochemical "on-off" switch sensor for the detection of mercury(II) and melamine. Sensors and Actuators B: Chemical, 2015, 212: 446-450.

[13] Deng J, Ju S Q, Liu Y T, et al. Highly sensitive and selective determination of melamine in milk using glassy carbon electrode modified with molecularly imprinted copolymer. Food Analytical Methods, 2015, 8 (10): 2437-2446.

[14] Santos P M, Pereira-Filho E R, Rodriguez-Saona L E. Rapid detection and quantification of milk adulteration using infrared microspectroscopy and chemometrics analysis. Food Chemistry, 2013, 138 (1): 19-24.

[15] Lim J, Kim G, Mo C, et al. Detection of melamine in milk powders using near-infrared hyperspectral imaging combined with regression coefficient of partial least square regression model. Talanta, 2016, 151: 183-191.

[16] Mauer L J, Chernyshova A A, Hiatt A, et al. Melamine detection in infant formula powder using near-and mid-infrared spectroscopy. Journal of Agricultural and Food Chemistry, 2009, 57 (10): 3974-3980.

[17] Zhang Y Y, Huang Y Q, Zhai F L, et al. Analyses of enrofloxacin, furazolidone and malachite green in fish products with surface-enhanced Raman spectroscopy. Food Chemistry, 2012, 135 (2): 845-850.

[18] Gao F, Hu Y X, Chen D, et al. Determination of Sudan I in paprika powder by molecularly imprinted polymers-thin layer chromatography-surface enhanced Raman spectroscopic biosensor. Talanta, 2015, 143: 344-352.

[19] Lou T T, Wang Y Q, Li J H, et al. Rapid detection of melamine with 4-mercaptopyridine-modified gold nanoparticles by surface-enhanced Raman scattering. Analytical and Bioanalytical Chemistry, 2011, 401 (1): 333-338.

[20] Ma P Y, Liang F H, Sun Y, et al. Rapid determination of melamine in milk and milk powder by surface-enhanced Raman spectroscopy and using cyclodextrin-decorated silver nanoparticles. Microchimica Acta, 2013, 180 (11-12): 1173-1180.

[21] Lu X N. Sensing Techniques for Food Safety and Quality Control. United Kingdom: Royal Society of Chemistry, 2017.

[22] Hermann C A, Duerkop A, Baeumner A J. Food safety analysis enabled through biological and synthetic materials: a critical review of current trends. Analytical Chemistry, 2019, 91 (1): 569-587.

[23] Saliu F, Pergola R. Carbon dioxide colorimetric indicators for food packaging application: applicability of anthocyanin and poly-lysine mixtures. Sensors and Actuators B: Chemical, 2018, 258: 1117-1124.

[24] Rukchon C, Nopwinyuwong A, Trevanich S, et al. Development of a food spoilage indicator for monitoring freshness of skinless chicken breast. Talanta, 2014, 130: 547-554.

[25] Roberts L, Lines R, Reddy S, et al. Investigation of polyviologens as oxygen indicators in food packaging. Sensors and Actuators B: Chemical, 2011, 152 (1): 63-67.

[26] Vu C H T, Won K. Novel water-resistant UV-activated oxygen indicator for intelligent food packaging. Food Chemistry, 2013, 140 (1-2): 52-56.

[27] Banerjee S, Kelly C, Kerry J P, et al. High throughput non-destructive assessment of quality and safety of packaged food products using phosphorescent oxygen sensors. Trends in Food Science & Technology, 2016, 50: 85-102.

[28] Zhao M M, Wang P L, Guo Y J, et al. Detection of aflatoxin B-1 in food samples based on target-responsive aptamer-cross-linked hydrogel using a handheld pH meter as readout. Talanta, 2018, 176: 34-39.

[29] Yoshida C M P, Maciel V B V, Mendonca M E D, et al. Chitosan biobased and intelligent films: monitoring pH variations. LWT-Food Science and Technology, 2014, 55 (1): 83-89.

[30] Huang W D, Deb S, Seo Y S, et al. A passive radio-frequency pH-sensing tag for wireless food-quality monitoring. IEEE Sensors Journal, 2012, 12 (3): 487-495.

[31] Bhadra S, Narvaez C, Thomson D J, et al. Non-destructive detection of fish spoilage using a wireless basic volatile sensor. Talanta, 2015, 134: 718-723.

[32] Tan E L, Ng W N, Shao R, et al. A wireless, passive sensor for quantifying packaged food quality. Sensors, 2007, 7 (9): 1747-1756.

[33] Feng Y, Xie L, Chen Q, et al. Low-cost printed chipless RFID humidity sensor tag for intelligent packaging. IEEE Sensors Journal, 2015, 15 (6): 3201-3208.

[34] Fiddes L K, Chang J, Yan N. Electrochemical detection of biogenic amines during food spoilage using an integrated sensing RFID tag. Sensors and Actuators B: Chemical, 2014, 202: 1298-1304.

[35] Morsy M K, Zór K, Kostesha N, et al. Development and validation of a colorimetric sensor array for fish spoilage monitoring. Food Control, 2016, 60: 346-352.

[36] Liang R Y, Hu Y L, Li G K. Photochemical synthesis of magnetic covalent organic framework/carbon nanotube composite and its enrichment of heterocyclic aromatic amines in food samples. Journal of Chromatography A, 2020, 1618: 460867.

[37] Danchuk A I, Komova N S, Mobarez S N, et al. Optical sensors for determination of biogenic amines in food. Analytical and Bioanalytical Chemistry, 2020, 412 (17): 4023-4036.

[38] Kuswandi B, Jayus, Restyana A, et al. A novel colorimetric food package label for fish spoilage based on polyaniline film. Food Control, 2012, 25 (1): 184-189.

[39] Yousefi H, Su H M, Imani S M, et al. Intelligent food packaging: a review of smart sensing technologies for monitoring food quality. ACS Sensors, 2019, 4 (4): 808-821.

[40] Kreno L E, Leong K, Farha O K, et al. Metal-organic framework materials as chemical sensors. Chemical Reviews, 2012, 112 (2): 1105-1125.

[41] Qiu T J, Liang Z B, Guo W H, et al. Metal-organic framework-based materials for energy conversion and storage. ACS Energy Letters, 2020, 5 (2): 520-532.

[42] Betard A, Fischer R A. Metal-organic framework thin films: from fundamentals to applications. Chemical Reviews, 2012, 112 (2): 1055-1083.

[43] Wang P L, Xie L H, Joseph E A, et al. Metal-organic frameworks for food safety. Chemical Reviews, 2019, 119 (18): 10638-10690.

[44] Zhang H K, Zhao Z, Turley A T, et al. Aggregate science: from structures to properties. Advanced Materials, 2020, 32 (36): 2001457.

[45] Nakamura M, Sanji T, Tanaka M. Fluorometric sensing of biogenic amines with aggregation-induced emission-active tetraphenylethenes. Chemistry: A European Journal, 2011, 17 (19): 5344-5349.

[46] Alam P, Leung N L C, Su H F, et al. A highly sensitive bimodal detection of amine vapours based on aggregation induced emission of 1, 2-dihydroquinoxaline derivatives. Chemistry: A European Journal, 2017, 23 (59): 14911-14917.

[47] Gao M, Li S W, Lin Y H, et al. Fluorescent light-up detection of amine vapors based on aggregation-induced emission. ACS Sensors, 2016, 1 (2): 179-184.

[48] Roy R, Sajeev N R, Sharma V, et al. Aggregation induced emission switching based ultrasensitive ratiometric detection of biogenic diamines using a perylenediimide-based smart fluoroprobe. ACS Applied Materials & Interfaces, 2019, 11 (50): 47207-47217.

[49] Han T Y, Wei W, Yuan J, et al. Solvent-assistant self-assembly of an AIE + TICT fluorescent Schiff base for the improved ammonia detection. Talanta, 2016, 150: 104-112.

[50] Han J Q, Li Y P, Yuan J, et al. To direct the self-assembly of AIEgens by three-gear switch: morphology study, amine sensing and assessment of meat spoilage. Sensors and Actuators B: Chemical, 2018, 258: 373-380.

[51] Hou J D, Du J R, Hou Y, et al. Effect of substituent position on aggregation-induced emission, customized self-assembly, and amine detection of donor-acceptor isomers: implication for meat spoilage monitoring. Spectrochimica Acta Part A: Molecular and Biomolecular Spectroscopy, 2018, 205: 1-11.

[52] Xu L F, Ni L, Sun L H, et al. A fluorescent probe based on aggregation-induced emission for hydrogen sulfide-specific assaying in food and biological systems. Analyst, 2019, 144 (22): 6570-6577.

[53] Li Y Y, He W Y, Peng Q C, et al. Aggregation-induced emission luminogen based molecularly imprinted ratiometric fluorescence sensor for the detection of Rhodamine 6G in food samples. Food Chemistry, 2019, 287: 55-60.

[54] Li Y Y, Hou L Y, Shan F J, et al. A novel aggregation-induced emission luminogen based molecularly imprinted fluorescence sensor for ratiometric determination of Rhodamine B in food samples. ChemistrySelect, 2019, 4 (38): 11256-11261.

[55] Cai L F, Sun X Y, He W, et al. A solvatochromic AIE tetrahydro[5]helicene derivative as fluorescent probes for water in organic solvents and highly sensitive sensors for glyceryl monostearate. Talanta, 2020, 206: 120214.

[56] Niu Q F, Sun T, Li T D, et al. Highly sensitive and selective colorimetric/fluorescent probe with aggregation induced emission characteristics for multiple targets of copper, zinc and cyanide ions sensing and its practical application in water and food samples. Sensors and Actuators B: Chemical, 2018, 266: 730-743.

[57] Tang L J, Yu H L, Zhong K L, et al. An aggregation-induced emission-based fluorescence turn-on probe for Hg^{2+} and its application to detect Hg^{2+} in food samples. RSC Advances, 2019, 9 (40): 23316-23323.

[58] Niu C X, Liu Q L, Shang Z H, et al. Dual-emission fluorescent sensor based on AIE organic nanoparticles and Au nanoclusters for the detection of mercury and melamine. Nanoscale, 2015, 7 (18): 8457-8465.

[59] Wu Y, Jin P W, Gu K Z, et al. Broadening AIEgen application: rapid and portable sensing of foodstuff hazards in deep-frying oil. Chemical Communication, 2019, 55 (28): 4087-4090.

[60] Wu X L, Wang P S, Hou S Y, et al. Fluorescence sensor for facile and visual detection of organophosphorus pesticides using AIE fluorogens-SiO_2-MnO_2 sandwich nanocomposites. Talanta, 2019, 198: 8-14.

[61] Sun X C, Wang Y, Lei Y. Fluorescence based explosive detection: from mechanisms to sensory materials. Chemical Society Reviews, 2015, 44 (22): 8019-8061.

[62] Zhou H, Chua M H, Tang B Z, et al. Aggregation-induced emission (AIE)-active polymers for explosive detection. Polymer Chemistry, 2019, 10 (28): 3822-3840.

[63] Zalewska A, Pawlowski W, Tomaszewski W. Limits of detection of explosives as determined with IMS and field asymmetric IMS vapour detectors. Forensic Science International, 2013, 226 (1-3): 168-172.

[64] Buxton T L, Harrington P D. Trace explosive detection in aqueous samples by solid-phase extraction ion mobility spectrometry (SPE-IMS). Applied Spectroscopy, 2003, 57 (2): 223-232.

[65] Du Z X, Sun T Q, Zhao J A, et al. Development of a plug-type IMS-MS instrument and its applications in resolving problems existing in *in-situ* detection of illicit drugs and explosives by IMS. Talanta, 2018, 184: 65-72.

[66] Wong M Y M, Man S H, Che C M, et al. Negative electrospray ionization on porous supporting tips for mass spectrometric analysis: electrostatic charging effect on detection sensitivity and its application to explosive detection. Analyst, 2014, 139 (6): 1482-1491.

[67] Marder D, Tzanani N, Prihed H, et al. Trace detection of explosives with a unique large volume injection gas chromatography-mass spectrometry (LVI-GC-MS) method. Analytical Methods, 2018, 10 (23): 2712-2721.

[68] Wang J, Muto M, Yatabe R, et al. Highly selective rational design of peptide-based surface plasmon resonance sensor for direct determination of 2, 4, 6-trinitrotoluene (TNT) explosive. Sensors and Actuators B: Chemical, 2018, 264: 279-284.

[69] Bharadwaj R, Mukherji S. Gold nanoparticle coated U-bend fibre optic probe for localized surface plasmon resonance based detection of explosive vapours. Sensors and Actuators B: Chemical, 2014, 192: 804-811.

[70] Guo L J, Yang Z, Li Y S, et al. Sensitive, real-time and anti-interfering detection of nitro-explosive vapors realized by ZnO/rGO core/shell micro-Schottky junction. Sensors and Actuators B: Chemical, 2017, 239: 286-294.

[71] Cardoso R M, Castro S V F, Silva M N T, et al. 3D-printed flexible device combining sampling and detection of explosives. Sensors and Actuators B: Chemical, 2019, 292: 308-313.

[72] Zhang W Y, Wu Z F, Hu J D, et al. Flexible chemiresistive sensor of polyaniline coated filter paper prepared by spraying for fast and non-contact detection of nitroaromatic explosives. Sensors and Actuators B: Chemical, 2020, 304: 127233.

[73] Diaz D, Hahn D W. Raman spectroscopy for detection of ammonium nitrate as an explosive precursor used in improvised explosive devices. Spectrochimica Acta Part A: Molecular and Biomolecular Spectroscopy, 2020, 233: 118204.

[74] Wu J J, Zhang L, Huang F, et al. Surface enhanced Raman scattering substrate for the detection of explosives: construction strategy and dimensional effect. Journal of Hazardous Materials, 2020, 387: 121714.

[75] Novotny F, Plutnar J, Pumera M. Plasmonic self-propelled nanomotors for explosives detection via solution-based surface enhanced raman scattering. Advanced Functional Materials, 2019, 29 (33): 1903041.

[76] Witlicki E H, Bahring S, Johnsen C, et al. Enhanced detection of explosives by turn-on resonance Raman upon host-guest complexation in solution and the solid state. Chemical Communications, 2017, 53 (79): 10918-10921.

[77] Paulus C, Tabary J, Pierron N B, et al. A multi-energy X-ray backscatter system for explosives detection. Journal of Instrumentation, 2013, 8: P04003.

[78] Crespy C, Duvauchelle P, Kaftandjian V, et al. Energy dispersive X-ray diffraction to identify explosive substances: spectra analysis procedure optimization. Nuclear Instruments & Methods in Physics Research Section A: Accelerators Spectrometers Detectors and Associated Equipment, 2010, 623 (3): 1050-1060.

[79] Vourvopoulos G, Womble P C. Pulsed fast/thermal neutron analysis: a technique for explosives detection. Talanta,

2001, 54 (3): 459-468.

[80] Park M, Cella L N, Chen W F, et al. Carbon nanotubes-based chemiresistive immunosensor for small molecules: detection of nitroaromatic explosives. Biosensors & Bioelectronics, 2010, 26 (4): 1297-1301.

[81] Charles P T, Adams A A, Deschamps J R, et al. Detection of explosives in a dynamic marine environment using a moored TNT immunosensor. Sensors, 2014, 14 (3): 4074-4085.

[82] O'Mahony A M, Wang J. Nanomaterial-based electrochemical detection of explosives: a review of recent developments. Analytical Methods, 2013, 5 (17): 4296-4309.

[83] Germain M E, Knapp M J. Optical explosives detection: from color changes to fluorescence turn-on. Chemical Society Reviews, 2009, 38 (9): 2543-2555.

[84] Malik M, Padhye P, Poddar P. Downconversion luminescence-based nanosensor for label-free detection of explosives. ACS Omega, 2019, 4 (2): 4259-4268.

[85] Liyanage T, Rael A, Shaffer S, et al. Fabrication of a self-assembled and flexible SERS nanosensor for explosive detection at parts-per-quadrillion levels from fingerprints. Analyst, 2018, 143 (9): 2012-2022.

[86] Qian J, Hua M J, Wang C Q, et al. Fabrication of L-cysteine-capped CdTe quantum dots based ratiometric fluorescence nanosensor for onsite visual determination of trace TNT explosive. Analytica Chimica Acta, 2016, 946: 80-87.

[87] Ma Y X, Wang L Y. Upconversion luminescence nanosensor for TNT selective and label-free quantification in the mixture of nitroaromatic explosives. Talanta, 2014, 120: 100-105.

[88] Tang L H, Feng H B, Cheng J S, et al. Uniform and rich-wrinkled electrophoretic deposited graphene film: a robust electrochemical platform for TNT sensing. Chemical Communications, 2010, 46 (32): 5882-5884.

[89] Rezaei B, Damiri S. Using of multi-walled carbon nanotubes electrode for adsorptive stripping voltammetric determination of ultratrace levels of RDX explosive in the environmental samples. Journal of Hazardous Materials, 2010, 183 (1-3): 138-144.

[90] Filanovsky B, Markovsky B, Bourenko T, et al. Carbon electrodes modified with TiO_2/metal nanoparticles and their application to the detection of trinitrotoluene. Advanced Functional Materials, 2007, 17 (9): 1487-1492.

[91] Riskin M, Tel-Vered R, Bourenko T, et al. Imprinting of molecular recognition sites through electropolymerization of functionalized Au nanoparticles: development of an electrochemical TNT sensor based on π-donor-acceptor interactions. Journal of the American Chemical Society, 2008, 130 (30): 9726-9733.

[92] Zhang H X, Cao A M, Hu J S, et al. Electrochemical sensor for detecting ultratrace nitroaromatic compounds using mesoporous SiO_2-modified electrode. Analytical Chemistry, 2006, 78 (6): 1967-1971.

[93] Hwang J, Ejsmont A, Freund R, et al. Controlling the morphology of metal-organic frameworks and porous carbon materials: metal oxides as primary architecture-directing agents. Chemical Society Reviews, 2020, 49 (11): 3348-3422.

[94] Meng J S, Liu X, Niu C J, et al. Advances in metal-organic framework coatings: versatile synthesis and broad applications. Chemical Society Reviews, 2020, 49 (10): 3142-3186.

[95] Hu Z C, Deibert B J, Li J. Luminescent metal-organic frameworks for chemical sensing and explosive detection. Chemical Society Reviews, 2014, 43 (16): 5815-5840.

[96] Nagarkar S S, Joarder B, Chaudhari A K, et al. Highly selective detection of nitro explosives by a luminescent metal-organic framework. Angewandte Chemie International Edition, 2013, 52 (10): 2881-2885.

[97] Hu Z C, Pramanik S, Tan K, et al. Selective, sensitive, and reversible detection of vapor-phase high explosives

via two-dimensional mapping: a new strategy for MOF-based sensors. Crystal Growth & Design, 2013, 13 (10): 4204-4207.

[98] Ma D X, Li B Y, Zhou X J, et al. A dual functional MOF as a luminescent sensor for quantitatively detecting the concentration of nitrobenzene and temperature. Chemical Communications, 2013, 49 (79): 8964-8966.

[99] Kim T K, Lee J H, Moon D, et al. Luminescent Li-based metal-organic framework tailored for the selective detection of explosive nitroaromatic compounds: direct observation of interaction sites. Inorganic Chemistry, 2013, 52 (2): 589-595.

[100] Rieger M, Wittek M, Scherer P, et al. Preconcentration of nitroalkanes with archetype metal-organic frameworks (MOFs) as concept for a sensitive sensing of explosives in the gas phase. Advanced Functional Materials, 2018, 28 (2): 1704250.

[101] Park S H, Kwon N, Lee J H, et al. Synthetic ratiometric fluorescent probes for detection of ions. Chemical Society Reviews, 2020, 49 (1): 143-179.

[102] Chen X Q, Wang F, Hyun J Y, et al. Recent progress in the development of fluorescent, luminescent and colorimetric probes for detection of reactive oxygen and nitrogen species. Chemical Society Reviews, 2016, 45 (10): 2976-3016.

[103] Cao D X, Liu Z Q, Verwilst P, et al. Coumarin-based small-molecule fluorescent chemosensors. Chemical Reviews, 2019, 119 (18): 10403-10519.

[104] Li Q Q, Li Z. The strong light-emission materials in the aggregated state: what happens from a single molecule to the collective group. Advanced Science, 2017, 4 (7): 1600484.

[105] Wu T Y, Huang J B, Yan Y. Self-assembly of aggregation-induced-emission molecules. Chemistry: An Asian Journal, 2019, 14 (6): 730-750.

[106] Zhao Z J, Lam J W Y, Tang B Z. Tetraphenylethene: a versatile AIE building block for the construction of efficient luminescent materials for organic light-emitting diodes. Journal of Materials Chemistry, 2012, 22 (45): 23726-23740.

[107] Ward M D. Photo-induced electron and energy transfer in non-covalently bonded supramolecular assemblies. Chemical Society Reviews, 1997, 26 (5): 365-375.

[108] Sinha C, Arora K, Moon C S, et al. Förster resonance energy transfer: an approach to visualize the spatiotemporal regulation of macromolecular complex formation and compartmentalized cell signaling. Biochimica et Biophysica Acta: General Subjects, 2014, 1840 (10): 3067-3072.

[109] Sahoo H. Förster resonance energy transfer—a spectroscopic nanoruler: principle and applications. Journal of Photochemistry and Photobiology C: Photochemistry Reviews, 2011, 12 (1): 20-30.

[110] Hu R, Leung N L C, Tang B Z. AIE macromolecules: syntheses, structures and functionalities. Chemical Society Reviews, 2014, 43 (13): 4494-4562.

[111] Yang J S, Swager T M. Fluorescent porous polymer films as TNT chemosensors: electronic and structural effects. Journal of the American Chemical Society, 1998, 120 (46): 11864-11873.

[112] Wang X, Wang W J, Wang Y M, et al. Poly(phenylene-ethynylene-alt-tetraphenylethene) copolymers: aggregation enhanced emission, induced circular dichroism, tunable surface wettability and sensitive explosive detection. Polymer Chemistry, 2017, 8 (15): 2353-2362.

[113] Lu P, Lam J W Y, Liu J Z, et al. Regioselective alkyne polyhydrosilylation: synthesis and photonic properties of poly(silyienevinylene)s. Macromolecules, 2011, 44 (15): 5977-5986.

[114] Yuan W Z, Zhao H, Shen X Y, et al. Luminogenic polyacetylenes and conjugated polyelectrolytes: synthesis, hybridization with carbon nanotubes, aggregation-induced emission, superamplification in emission quenching by explosives, and fluorescent assay for protein quantitation. Macromolecules, 2009, 42 (24): 9400-9411.

[115] Wang Q, Chen M, Yao B C, et al. A polytriazole synthesized by 1, 3-dipolar polycycloaddition showing aggregation-enhanced emission and utility in explosive detection. Macromolecular Rapid Communications, 2013, 34 (9): 796-802.

[116] Zhou H, Wang X B, Lin T T, et al. Poly(triphenyl ethene)and poly(tetraphenyl ethene): synthesis, aggregation-induced emission property and application as paper sensors for effective nitro-compounds detection. Polymer Chemistry, 2016, 7 (41): 6309-6317.

[117] Zhou H, Li J S, Chua M H, et al. Poly(acrylate)with a tetraphenylethene pendant with aggregation-induced emission (AIE) characteristics: highly stable AIE-active polymer nanoparticles for effective detection of nitro compounds. Polymer Chemistry, 2014, 5 (19): 5628-5637.

[118] Chua M H, Zhou H, Lin T T, et al. Aggregation-induced emission active 3, 6-bis(1, 2, 2-triphenylvinyl)carbazole and bis(4-(1, 2, 2-triphenylvinyl)phenyl)amine-based poly(acrylates) for explosive detection. Journal of Polymer Science Part A: Polymer Chemistry, 2017, 55 (4): 672-681.

[119] Zhou H, Ye Q, Neo W T, et al. Electrospun aggregation-induced emission active POSS-based porous copolymer films for detection of explosives. Chemical Communications, 2014, 50 (89): 13785-13788.

[120] Liu Y J, Gao M, Lam J W Y, et al. Copper-catalyzed polycoupling of diynes, primary amines, and aldehydes: a new one-pot multicomponent polymerization tool to functional polymers. Macromolecules, 2014, 47 (15): 4908-4919.

[121] Hu X M, Chen Q, Zhou D, et al. One-step preparation of fluorescent inorganic-organic hybrid material used for explosive sensing. Polymer Chemistry, 2011, 2 (5): 1124-1128.

[122] Li H K, Wang J, Sun J Z, et al. Metal-free click polymerization of propiolates and azides: facile synthesis of functional poly(aroxycarbonyltriazole)s. Polymer Chemistry, 2012, 3 (4): 1075-1083.

[123] Hu R R, Lam J W Y, Yu Y, et al. Facile synthesis of soluble nonlinear polymers with glycogen-like structures and functional properties from "simple" acrylic monomers. Polymer Chemistry, 2013, 4 (1): 95-105.

[124] Chang Z F, Jing L M, Liu Y Y, et al. Constructing small molecular AIE luminophores through a 2, 2-(2, 2-diphenylethene-1, 1-diyl) dithiophene core and peripheral triphenylamine with applications in piezofluoro-chromism, optical waveguides, and explosive detection. Journal of Materials Chemistry C, 2016, 4 (36): 8407-8415.

[125] Li J, Liu J Z, Lam J W Y, et al. Poly (arylene ynonylene) with an aggregation-enhanced emission characteristic: a fluorescent sensor for both hydrazine and explosive detection. RSC Advances, 2013, 3 (22): 8193-8196.

[126] Dong W Y, Fei T, Palma-Cando A, et al. Aggregation induced emission and amplified explosive detection of tetraphenylethylene-substituted polycarbazoles. Polymer Chemistry, 2014, 5 (13): 4048-4053.

[127] Li Q Y, Ma Z, Zhang W Q, et al. AIE-active tetraphenylethene functionalized metal-organic framework for selective detection of nitroaromatic explosives and organic photocatalysis. Chemical Communications, 2016, 52 (75): 11284-11287.

[128] Liu X G, Tao C L, Yu H Q, et al. A new luminescent metal-organic framework based on dicarboxyl-substituted tetraphenylethene for efficient detection of nitro-containing explosives and antibiotics in aqueous media. Journal of Materials Chemistry C, 2018, 6 (12): 2983-2988.

[129] Kachwal V, Joshi M, Mittal V, et al. Strategic design and synthesis of AIEE (aggregation induced enhanced emission) active push-pull type pyrene derivatives for the ultrasensitive detection of explosives. Sensing and Bio-Sensing Research, 2019, 23: 100267.

[130] Li H K, Wu H Q, Zhao E G, et al. Hyperbranched poly(aroxycarbonyltriazole)s: metal-free click polymerization, light refraction, aggregation-induced emission, explosive detection, and fluorescent patterning. Macromolecules, 2013, 46 (10): 3907-3914.

[131] Dineshkumar S, Laskar I R. Study of the mechanoluminescence and 'aggregation-induced emission enhancement' properties of a new conjugated oligomer containing tetraphenylethylene in the backbone: application in the selective and sensitive detection of explosive. Polymer Chemistry, 2018, 9 (41): 5123-5132.

[132] Zhang Y Y, Huang J Y, Kong L, et al. Two novel AIEE-active imidazole/α-cyanostilbene derivatives: photophysical properties, reversible fluorescence switching, and detection of explosives. Crystengcomm, 2018, 20 (9): 1237-1244.

[133] Mukundam V, Kumar A, Dhanunjayarao K, et al. Tetraaryl pyrazole polymers: versatile synthesis, aggregation induced emission enhancement and detection of explosives. Polymer Chemistry, 2015, 6 (44): 7764-7770.

[134] Zhang Y R, Chen G, Lin Y L, et al. Thiol-bromo click polymerization for multifunctional polymers: synthesis, light refraction, aggregation-induced emission and explosive detection. Polymer Chemistry, 2015, 6 (1): 97-105.

[135] Rasheed T, Nabeel F, Shafi S, et al. Block copolymer self-assembly mediated aggregation induced emission for selective recognition of picric acid. Journal of Molecular Liquids, 2019, 296: 111966.

[136] Delente J M, Umadevi D, Shanmugaraju S, et al. Aggregation induced emission (AIE) active 4-amino-1, 8-naphthalimide-Tröger's base for the selective sensing of chemical explosives in competitive aqueous media. Chemical Communications, 2020, 56 (17): 2562-2565.

[137] Ghosh K R, Saha S K, Wang Z Y. Ultra-sensitive detection of explosives in solution and film as well as the development of thicker film effectiveness by tetraphenylethene moiety in AIE active fluorescent conjugated polymer. Polymer Chemistry, 2014, 5 (19): 5638-5643.

[138] Gao M X, Wu Y, Chen B, et al. Di(naphthalen-2-yl)-1, 2-diphenylethene-based conjugated polymers: aggregation-enhanced emission and explosive detection. Polymer Chemistry, 2015, 6 (44): 7641-7645.

[139] Sun R X, Huo X J, Lu H, et al. Recyclable fluorescent paper sensor for visual detection of nitroaromatic explosives. Sensors and Actuators B: Chemical, 2018, 265: 476-487.

[140] Meher N, Iyer P K. Pendant chain engineering to fine-tune the nanomorphologies and solid state luminescence of naphthalimide AIEegens: application to phenolic nitro-explosive detection in water. Nanoscale, 2017, 9 (22): 7674-7685.

[141] Wen L L, Hou X G, Shan G G, et al. Rational molecular design of aggregation-induced emission cationic Ir(III) phosphors achieving supersensitive and selective detection of nitroaromatic explosives. Journal of Materials Chemistry C, 2017, 5 (41): 10847-10854.

[142] Mahendran V, Pasumpon K, Thimmarayaperumal S, et al. Tetraphenylethene-2-pyrone conjugate: aggregation-induced emission study and explosives sensor. Journal of Organic Chemistry, 2016, 81 (9): 3597-3602.

[143] Kaur S, Gupta A, Bhalla V, et al. Pentacenequinone derivatives: aggregation-induced emission enhancement, mechanism and fluorescent aggregates for superamplified detection of nitroaromatic explosives. Journal of Materials Chemistry C, 2014, 2 (35): 7356-7363.

[144] Wang C, Li Q L, Wang B L, et al. Fluorescent sensors based on AIEgen-functionalised mesoporous silica nanoparticles for the detection of explosives and antibiotics. Inorganic Chemistry Frontiers, 2018, 5（9）: 2183-2188.

[145] Fan Z X, Zhao Q H, Wang S, et al. Polyurethane foam functionalized with an AIE-active polymer using an ultrasonication-assisted method: preparation and application for the detection of explosives. RSC Advances, 2016, 6（32）: 26950-26953.

[146] Nabeel F, Rasheed T, Mahmood M F, et al. Hyperbranched copolymer based photoluminescent vesicular probe conjugated with tetraphenylethene: synthesis, aggregation-induced emission and explosive detection. Journal of Molecular Liquids, 2020, 308: 113034.

[147] Zhang Y Y, Shen P C, He B R, et al. New fluorescent through-space conjugated polymers: synthesis, optical properties and explosive detection. Polymer Chemistry, 2018, 9（5）: 558-564.

[148] Li P Y, Qu Z, Chen X, et al. Soluble graphene composite with aggregation-induced emission feature: non-covalent functionalization and application in explosive detection. Journal of Materials Chemistry C, 2017, 5（25）: 6216-6223.

[149] Yan C H, Qin W, Li Z H, et al. Quantitative and rapid detection of explosives using an efficient luminogen with aggregation-induced emission characteristics. Sensors and Actuators B: Chemical, 2020, 302: 127201.

[150] Guo Y X, Feng X, Han T Y, et al. Tuning the luminescence of metal-organic frameworks for detection of energetic heterocyclic compounds. Journal of the American Chemical Society, 2014, 136（44）: 15485-15488.

[151] Kanodarwala F K, Moret S, Spindler X, et al. Nanoparticles used for fingermark detection: a comprehensive review. WIREs Forensic Science, 2019, 1（5）: 1341.

[152] Chen Y H, Kuo S Y, Tsai W K, et al. Dual colorimetric and fluorescent imaging of latent fingerprints on both porous and nonporous surfaces with near-infrared fluorescent semiconducting polymer dots. Analytical Chemistry, 2016, 88（23）: 11616-11623.

[153] Faulds H. On the skin-furrows of the hand. Nature, 1880, 22: 605.

[154] Siegel J A. Forensic Chemistry: Fundamentals and Applications. New York: John Wiley & Sons, Ltd. 2016.

[155] Lee H C, Gaensslen R E. Advances in Fingerprint Technology. 2nd ed. New York: CRC Press. 2001.

[156] Wang M, Li M, Yu A Y, et al. Fluorescent nanomaterials for the development of latent fingerprints in forensic sciences. Advanced Functional Materials, 2017, 27（14）: 1606243.

[157] Ng P H R, Walker S, Tahtouh M, et al. Detection of illicit substances in fingerprints by infrared spectral imaging. Analytical and Bioanalytical Chemistry, 2009, 394（8）: 2039-2048.

[158] Bhargava R, Perlman R S, Fernandez D C, et al. Non-invasive detection of superimposed latent fingerprints and inter-ridge trace evidence by infrared spectroscopic imaging. Analytical and Bioanalytical Chemistry, 2009, 394（8）: 2069-2075.

[159] Chen T, Schultz Z D, Levin I W. Infrared spectroscopic imaging of latent fingerprints and associated forensic evidence. Analyst, 2009, 134（9）: 1902-1904.

[160] Figueroa B, Chen Y K, Berry K, et al. Label-free chemical imaging of latent fingerprints with stimulated Raman scattering microscopy. Analytical Chemistry, 2017, 89（8）: 4468-4473.

[161] Deng S A, Liu L, Liu Z Y, et al. Line-scanning Raman imaging spectroscopy for detection of fingerprints. Applied Optics, 2012, 51（17）: 3701-3706.

[162] Song W, Mao Z, Liu X J, et al. Detection of protein deposition within latent fingerprints by surface-enhanced

Raman spectroscopy imaging. Nanoscale，2012，4（7）：2333-2338.

[163] Zhou Y Y，Du Y M，Bian X J，et al. Preparation of aptamer-functionalized Au@pNTP@SiO$_2$ core-shell surface-enhanced Raman scattering probes for Raman imaging study of adhesive tap transferred-latent fingerprints. Chinese Journal of Analytical Chemistry，2019，47（7）：998-1005.

[164] Frick A A，Chidlow G，Lewis S W，et al. Investigations into the initial composition of latent fingermark lipids by gas chromatography-mass spectrometry. Forensic Science International，2015，254：133-147.

[165] Hartzell-Baguley B，Hipp R E，Morgan N R，et al. Chemical composition of latent fingerprints by gas chromatography-mass spectrometry: an experiment for an instrumental analysis course. Journal of Chemical Education，2007，84（4）：689-691.

[166] Weyermann C，Roux C，Champod C. Initial results on the composition of fingerprints and its evolution as a function of time by GC/MS analysis. Journal of Forensic Sciences，2011，56（1）：102-108.

[167] Ifa D R，Manicke N E，Dill A L，et al. Latent fingerprint chemical imaging by mass spectrometry. Science，2008，321（5890）：805.

[168] Mirabelli M F，Chramow A，Cabral E C，et al. Analysis of sexual assault evidence by desorption electrospray ionization mass spectrometry. Journal of Mass Spectrometry，2013，48（7）：774-778.

[169] Bradshaw R，Rao W，Wolstenholme R，et al. Separation of overlapping fingermarks by matrix assisted laser desorption ionisation mass spectrometry imaging. Forensic Science International，2012，222（1-3）：318-326.

[170] Wei Q H，Zhang M Q，Qgorevc B，et al. Recent advances in the chemical imaging of human fingermarks. Analyst，2016，141（22）：6172-6189.

[171] Huynh C，Halámek J. Trends in fingerprint analysis. TRAC-Trends in Analytical Chemistry，2016，82：328-336.

[172] Wang Z L，Jiang X，Liu W B，et al. A rapid and operator-safe powder approach for latent fingerprint detection using hydrophilic Fe$_3$O$_4$@SiO$_2$-CdTe nanoparticles. Science China Chemistry，2019，62（7）：889-896.

[173] Kim Y J，Jung H S，Lim J，et al. Rapid imaging of latent fingerprints using biocompatible fluorescent silica nanoparticles. Langmuir，2016，32（32）：8077-8083.

[174] Kim B S I，Jin Y J，Uddin M A，et al. Surfactant chemistry for fluorescence imaging of latent fingerprints using conjugated polyelectrolyte nanoparticles. Chemical Communications，2015，51（71）：13634-13637.

[175] Tang M Y，Zhu B Y，Qu Y Y，et al. Fluorescent silicon nanoparticles as dually emissive probes for copper（Ⅱ）and for visualization of latent fingerprints. Microchimica Acta，2020，187（1）：65.

[176] Li Y Q，Xu C Y，Shu C，et al. Simultaneous extraction of level 2 and level 3 characteristics from latent fingerprints imaged with quantum dots for improved fingerprint analysis. Chinese Chemical Letters，2017，28（10）：1961-1964.

[177] Deng Z Q，Liu C，Jin Y Z，et al. High quantum yield blue-and orange-emitting carbon dots: one-step microwave synthesis and applications as fluorescent films and in fingerprint and cellular imaging. Analyst，2019，144（15）：4569-4574.

[178] Jia X B，Li L L，Yu J J，et al. Facile synthesis of BCNO quantum dots with applications for ion detection，chemosensor and fingerprint identification. Spectrochimica Acta Part A：Molecular and Biomolecular Spectroscopy，2018，203：214-221.

[179] Zhao Z X，Shen J W，Wang M. Simultaneous imaging of latent fingerprint and quantification of nicotine residue by NaYF$_4$: Yb/Tm upconversion nanoparticles. Nanotechnology，2020，31（14）：145504.

[180] Du P，Zhang P，Kang S H，et al. Hydrothermal synthesis and application of Ho^{3+}-activated NaYbF$_4$ bifunctional

upconverting nanoparticles for *in vitro* cell imaging and latent fingerprint detection. Sensors and Actuators B: Chemical,2017,252:584-591.

[181] Baride A,Sigdel G,Cross W M,et al. Near infrared-to-near infrared upconversion nanocrystals for latent fingerprint development. ACS Applied Nano Materials,2019,2(7):4518-4527.

[182] Wang J,Wei T,Li X Y,et al. Near-infrared-light-mediated imaging of latent fingerprints based on molecular recognition. Angewandte Chemie International Edition,2014,53(6):1616-1620.

[183] Jamieson T,Bakhshi R,Petrova D,et al. Biological applications of quantum dots. Biomaterials,2007,28(31):4717-4732.

[184] Wang M,Li M,Yang M Y,et al. NIR-induced highly sensitive detection of latent fingermarks by $NaYF_4$: Yb,Er upconversion nanoparticles in a dry powder state. Nano Research,2015,8(6):1800-1810.

[185] Mei J,Leung N L C,Kwok R T K,et al. Aggregation-induced emission: together we shine, united we soar! Chemical Reviews,2015,115(21):11718-11940.

[186] Gao H Q,Zhang X Y,Chen C,et al. Unity makes strength: how aggregation-induced emission luminogens advance the biomedical field. Advanced Biosystems,2018,2(9):1800074.

[187] Gu X G,Kwok R T K,Lam J W Y,et al. AIEgens for biological process monitoring and disease theranostics. Biomaterials,2017,146:115-135.

[188] Li Y,Xu L R,Su B. Aggregation induced emission for the recognition of latent fingerprints. Chemical Communications,2012,48(34):4109-4111.

[189] Xu L R,Li Y,Li S H,et al. Enhancing the visualization of latent fingerprints by aggregation induced emission of siloles. Analyst,2014,139(10):2332-2335.

[190] Jin X D,Xin R,Wang S F,et al. A tetraphenylethene-based dye for latent fingerprint analysis. Sensors and Actuators B: Chemical,2017,244:777-784.

[191] Jin X D,Wang H,Xin R,et al. An aggregation-induced emission luminogen combined with a cyanoacrylate fuming method for latent fingerprint analysis. Analyst,2020,145(6):2311-2318.

[192] Suresh R,Thiyagarajan S K,Ramamurthy P. An AIE based fluorescent probe for digital lifting of latent fingerprint marks down to minutiae level. Sensors and Actuators B: Chemical,2018,258:184-192.

[193] Li Y H,Sun Y,Deng Y,et al. An AEE-active probe combined with cyanoacrylate fuming for a high resolution fingermark optical detection. Sensors and Actuators B: Chemical,2019,283:99-106.

[194] Jin X D,Dong L B,Di X Y,et al. NIR luminescence for the detection of latent fingerprints based on ESIPT and AIE processes. RSC Advances,2015,5(106):87306-87310.

[195] Singh P,Singh H,Sharma R,et al. Diphenylpyrimidinone-salicylideneamine-new ESIPT based AIEgens with applications in latent fingerprinting. Journal of Materials Chemistry C,2016,4(47):11180-11189.

[196] Li J W,Jiao Z,Zhang P F,et al. Development of AIEgen-montmorillonite nanocomposite powders for computer-assisted visualization of latent fingermarks. Materials Chemistry Frontiers,2020,4(7):2131-2136.

[197] Ravindra M K,Mahadevan K M,Basavaraj R B,et al. New design of highly sensitive AIE based fluorescent imidazole derivatives: probing of sweat pores and anti-counterfeiting applications. Materials Science & Engineering C: Materials for Biological Applications,2019,101:564-574.

[198] Malik A H,Kalita A,Iyer P K. Development of well-preserved, substrate-versatile latent fingerprints by aggregation-induced enhanced emission-active conjugated polyelectrolyte. ACS Applied Materials & Interfaces,

2017, 9 (42): 37501-37508.

[199] Liu R, Song Z M, Li Y H, et al. An AIPE-active heteroleptic Ir(III)complex for latent fingermarks detection. Sensors and Actuators B: Chemical, 2018, 259: 840-846.

[200] Wang Y L, Li C, Qu H Q, et al. Real-time fluorescence *in situ* visualization of latent fingerprints exceeding level 3 details based on aggregation-induced emission. Journal of the American Chemical Society, 2020, 142 (16): 7497-7505.

基于聚集诱导发光的分析新方法与新技术

5.1 聚集诱导电化学发光

电化学发光（electrochemiluminescence，ECL），又称电致化学发光，是指通过施加电压来触发和控制电极表面进行化学发光反应的技术。ECL 技术不仅具有化学发光分析技术的高灵敏度优势，而且兼备电化学电位可控的优点，可认为是一项将光与电完美结合的技术。与光致发光相比，电化学发光具有灵敏度高、线性范围宽、背景噪声低、用量少、控制简便和分析时间短等优势，一直是分析化学工作者感兴趣的研究领域[1, 2]。随着近几十年来对电子技术与材料等研究力度的深入，ECL 所需的电极材料、光信号收集与处理装置，以及仪器联用装置都得到进一步的发展。同时，ECL 技术也经历了发光体系的研究（芳香化合物，$HClO_4$ 和 UO_2^{2+}，H_2SO_4 和 Tb^{3+}/Dy^{3+} 等发光体系），实际分析应用的优化（高灵敏地检测目标物），以及应用范围的延伸（在生物、化学、医学、食品与环境等分析领域）等发展过程[2-5]。近年来，ECL 技术正朝着灵敏度高、特异性强、检测电位低、水相 ECL 分析、普适性、环境友好等方向继续发展[6-10]。

对大部分分析检测应用而言，检测过程在水相介质中进行，值得注意的是，水溶液一般会导致 ECL 发光体不能形成稳定的氧化态/还原态。早期常见的解决方案是向 ECL 体系中引入共反应试剂，它可以产生强氧化性/强还原性的中间体，并立即与 ECL 发光体相互作用，从而增强 ECL 发射。但是，这些在水溶液中的检测主要还是依赖于水溶性的有机分子和纳米颗粒。2017 年，Luisa De Cola 发现铂（Ⅱ）配合物在水溶液中自组装后会产生 ECL 现象，并提出聚集诱导电化学发光（aggregation-induced electrochemiluminescence，AIECL）的概念[11]。聚集诱导发光（AIE）材料在水溶液中可以聚集成不同形貌的颗粒，并发出强烈的荧光，它可以作为一种新的 ECL 发光体。发光体的发展决定了 ECL 技术的发展速度和前景，开发高效率和特异性发光体将成为 ECL 研究的热点。AIECL 发光体可以有效解决 ECL 发光体在水相中不稳定和发光强度低的问题。AIECL 发光体按材料分类可分为无机体系和有机体系[12]，无机体系包括铂配合物、铱配合物[13]和金属纳米团簇[14]等，有机体系包括有机小分子、有机量子点和高分子纳米材料[15, 16]等。尽管 AIECL 发展才短短几年，但它已经吸引了越来越多的研究者来探索 AIECL 材料及其相关的应用。AIE 材料也为 ECL 技术带来了新动力，如促进 ECL 新体系的建立，提供增强电化学发光强度的方法。本节主要讨论这类 AIE 材料在 ECL 体系中的设计、组成及其在检测方面的应用研究。

5.1.1 聚集诱导电化学发光的检测原理与性能优化

AIECL 的检测原理和检测系统与 ECL 体系类似：通过施加一定的电压促进化学发光反应池中化学反应的发生，生成活性的中间体，中间体之间相互反应或与其他活性物质进一步反应产生发光现象。若想要发光波长位于可见光区域（400~750 nm），至少需要 159~299 kJ 的反应自由能，而大多数氧化还原反应产生的自由能是可以满足这个条件的。AIECL 与 AIE 的荧光检测方法也有一定程度的相似，都是基于发光检测法。同时，一些基于 AIE 荧光检测方法的荧光检测器也可以用到 AIECL 检测中。两者的主要区别在于产生发光体激发态的方式不同，AIECL 中的发光体激发态是由电化学反应中的能量传递而产生，而荧光检测法中产生发光体激发态则依靠对光源光能的吸收。因此，AIECL 检测法没有来自激发光源的背景噪声，其灵敏度一般高于荧光检测法 2~3 个数量级。

在 AIECL 检测靶标物质时，随着 AIECL 体系反应速率的变化，AIECL 的发光强度也会随之增强或者减弱，从而记录峰形的变化。通常来说，通过研究强度模式（峰高）和光谱模式（面积）与溶液体系中靶标浓度之间的线性关系，AIECL 可以对靶标物质进行定性或定量检测。AIECL 发光强度和持续时间受到电化学反应与化学发光反应速率的影响，电化学反应为化学发光反应提供所需要的中间体，化学发光反应则会使这些中间体继续发生反应形成激发态分子，激发态分子以光的形式释放能量并回到基态。在这个过程中，存在下面 3 种发光机理：一是自由基离子的湮灭。当在工作电极施加电压时，在一个电极或者两个电极表面上，物质 A 和 B 短时间内将分别被还原成自由基 A 和被氧化成自由基 B，其反应如图 5-1 中①和②所示；两者自由基离子中间体发生扩散和碰撞，发生湮灭反应，从而形成发光体的激发态 A*，图 5-1 中③所示；当 A*回到基态时辐射出光能，如图 5-1 中④所示；其中物质 A 和 B 可以是同一种物质。二是共反应剂机理。共反应剂也称为牺牲试剂。当体系中形成的氧化态物质或还原态物质不稳定时，无法通过自由基离子湮灭反应来产生 ECL。此时，共反应剂在电化学氧化或还原作用下形成反应性很强的中间体，然后该中间体与还原态或氧化态的发光体反应生成发光体激发态。相应的机制分为"氧化-还原"（"O-R"）和"还原-氧化"（"R-O"）。三是电极表面状态。一些金属氧化物在阴极极化时向电极溶液附近注入具有极强还原能力的热电子，与溶液中的氧化成分（$S_2O_8^{2-}$、H_2O_2 等）发生反应并发光。另外，还有一种情况是具有聚集形态的纳米材料在电极上形成纳米颗粒，可以通过改变纳米颗粒的形貌以控制表面态型与带隙跃迁来产生光信号。

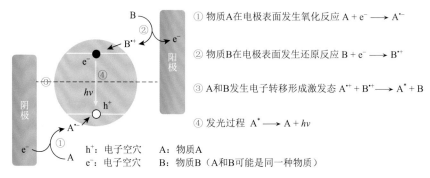

图 5-1　电化学发光的机理示意图

AIECL 的性能主要受到工作电极、反应试剂和发光体的影响。为了提高该 AIECL 体系检测时的灵敏度，降低背景干扰，必须优化 AIECL 体系中的相关参数，如最佳的反应试剂、高效的发光体、高强度的荧光发射和合适的电极，还可以在 ECL 体系中加入添加剂来增强或抑制发光强度。

近年来，研究者在将具有 AIE 性能的材料应用于 ECL 的方面进行了深入研究。南京大学燕红教授发展了 AIE 有机材料在生物相容性介质中进行"R-O"的 ECL 方法，填补了 ECL 有机阴极材料的空白[17]。该方法利用一系列具有 D-π-A 结构的 AIE 材料（碳硼烷基咔唑类衍生物）在水介质中聚集的特点，研究了它们的尺寸和形貌对阴极 AIECL 发光性质的影响。这项研究不仅有效解决了目前量子点应用于阴极 ECL 材料所导致的高毒性和高污染问题，还为后续研究者设计在水介质中的 AIE 有机材料应用于 ECL 检测生物分子提供很好的策略。

近红外 ECL 发射具有较低的背景干扰、较少的光化学损伤和更高的组织穿透性等优点，在生物传感和成像领域备受关注。目前，近红外 AIECL 的研究主要集中于半导体量子点和金属纳米团簇，但是，受限于材料自身的物理化学性质，这些材料的生物相容性和 ECL 发光效率仍然不足。西南大学袁若教授以 AIE 分子四苯乙烯（TPE）为原料，通过分子间的 π-π 堆积相互作用自组装成四苯乙烯纳米晶（TPE NCs）结构，由于电子空穴复合效率的提高和非辐射跃迁的抑制，TPE NCs 在水溶液中聚集的同时，发射出强烈的近红外 ECL 信号[16]。同时，还可能与 TPE NCs 中 TPE 分子聚集下的高共轭度和表面态型的窄带隙通过 ECL 途径跃迁有关。

由于 AIE 材料不含金属元素，这更利于其有机结构的调整和功能化，在分子结构上修饰给电子基团和吸电子基团，可以有效调节 AIECL 的发射波长。西北师范大学卢小泉教授将 TPE 基团引入 5-（4-氨基苯基）-10, 15, 20-三苯基卟啉（ATPP）分子结构中，从而获得一种具有 AIE 效应的卟啉衍生物（ATPP-TPE）[18]。ATPP-TPE 可以有效消除 ATPP π-π 堆积的不利影响。同时，ATPP-TPE 的聚集水平也决定着 AIECL 性能：在聚集状态（固态或水溶剂占比大于 90%的混合溶液）下，ATPP-TPE 呈现亮红色发射，其光致发光强度和 ECL 强度分别是 ATPP 的 4.5 倍和 6.0 倍。当采用 $K_2S_2O_8$ 作为共反应剂时，在水体积占比为 90%条件下，该体系可获得的最佳 ECL 效率高达 34%。通过分子结构的调节策略，这项工作为脂溶性卟啉在水相中的应用提供了新的方向。同时，AIE 效应可导致生色团在聚集态下荧光发射增强。南京大学鞠熀先教授选取合成步骤简单、荧光量子产率高的 AIE 分子 TPE，制备了具有 D-A 结构的共轭聚合物点作为 ECL 材料[15]。通过改变 D-A 结构的分子内电荷转移来调节 ECL 特性，使得 ECL 的阳极电位急剧下降及 ECL 发射强度显著增加。这项工作为开发低电势和高 ECL 发射强度的聚集诱导发射材料的 ECL 提供了有效策略。

5.1.2 聚集诱导电化学发光在分析中的应用

近年来，AIECL 已经吸引了越来越多的研究者，其应用领域也越来越广泛。AIECL 检测设备简单，主要包括电化学信号激发装置、电化学发光反应池和光信号处理系统。该系统具有操作方便、可按需求定制和容易实现自动化等特点，兼具背景信号低、灵敏度高、发光效率高、稳定性好和线性范围宽等优点。基于最初的 ECL 方法检测模型，利用 AIECL 进行检测分析的标靶可以分为以下 3 类：①参与 AIECL 反应的反应物，如发光体或共反应剂；②参与 AIECL 反应的催化剂、增敏剂或抑制剂；③利用偶合反应标记 AIECL 中的物质来测定其他分析物，进一步扩大 AIECL 的分析应用范围。例如，发光体可以充当 AIECL 标记，分析物靶标可以充当共反应剂；二茂铁常被作为猝灭 ECL 发射的材料，可以设计二茂铁与分析物先相互作用，随后通过分析 ECL 信号获得靶标的浓度信息。

1. 离子的检测

六价铬［Cr(Ⅵ)］对环境有持久性的危害，经人体吞入或吸入会引发不同程度的毒性反应，造成严重的后果，甚至导致癌症和死亡的发生。在工业生产中，每年排出 20 万～30 万吨主要含六价铬的铬渣，经雨水的冲刷对地下水造成污染。卢小泉教授在之前的研究基础上，开发了一种在水相体系中检测六价铬的 AIECL

平台[19]。该平台构建是基于共反应剂 $K_2S_2O_8$ 和 AIE 分子四苯基甲硅烷衍生物（TPBS）。实验证明，TPBS 的取代基对 AIECL 的性能有着很大的影响。其中，具有强吸电子氰基的 TPBS-C 具有最高的 AIECL 效率（184.36%），这主要是由于 TPBS 在电极表面的聚集及其超强的还原能力（还原电位低）。TPBS-C 纳米聚集体的 AIECL 传感器同时具有电化学发光和荧光信号，能够对六价铬实现超灵敏的双信号检测。TPBS-C/$K_2S_2O_8$ 系统对水相中六价铬显示出优异的检测性能，检测线性范围宽（$10^{-12}\sim10^{-4}$ mol/L），检测限低至 0.83 pmol/L，而且在环境湖水样品中有着优异的回收率。这项工作不仅为 AIECL 的高效发光体提供了新的设计思路，而且在环境中污染物的监测中展现巨大的应用潜力。

碘离子（I^-）可以调节人类的新陈代谢和生理功能，与人类的生活健康息息相关，在化学工业、医药、食品等领域中具有至关重要的作用。由于 I^- 易氧化、不稳定、含量低并具有挥发性，目前的检测方法仍然有待完善。西北师范大学卢小泉教授通过共反应剂方法研究了 TPE 衍生物在聚体情况下阴极 ECL 的特性[20]，如图 5-2 所示。TPE 衍生物取代基（—H、—NH_2、—NO_2）和苯环对应紫外-可见吸收光谱上的 R 带与 B 带，R/B 的比值和 LUMO/HOMO 带隙越小，AIECL 的发射强度就会更强。利用 I^- 与过氧二硫酸盐之间的氧化还原反应可以使 AIECL 的发射光猝灭。与其他常见的 14 种离子相比，该 AIECL 检测系统对 I^- 表现出更显著的响应性，其在 I^- 浓度范围 5~2000 nmol/L 内有很好的线性关系（$R^2 = 0.9981$）。该 AIECL 系统对水溶液中 I^- 的检测限更是低至 0.23 nmol/L，远低于气相色谱标准检测方法的检测限（31.25 nmol/L）。

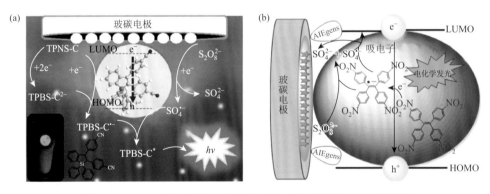

图 5-2　AIECL 策略用于六价铬离子（a）和碘离子（b）的检测

2. MicroRNA 的检测

MicroRNA，常被缩写为 miRNA，是一种小的非编码 RNA 分子，大约包含 22 个核苷酸，广泛存在于植物、动物和某些病毒中。miRNA 在基因转录后起调控作用,它的调控机制对疾病和肿瘤的发展也有着重要的影响,因此,通过识别和分析与疾病相关的 miRNA 及相关水平,对疾病的诊断与治疗有着重要的意义。西南大学袁若教授在之前的四苯乙烯纳米晶(TPE NCs)近红外 AIECL 的工作基础上,利用目标循环酶促扩增的方法实现对 miRNA-141 的超灵敏检测[21],如图 5-3 所示。这个传感平台主要由 β-环糊精/BSA-TPE NCs/玻碳电极、两个二茂铁标记的 DNA(Fc-H1、Fc-H2)和限制性内切酶(BbvI)组成。当没有靶标 miRNA-141 存在时,两个 Fc-H1、Fc-H2 无法与 β-环糊精匹配,此时,二茂铁无法猝灭 ECL 的发射光。然而,在靶标 miRNA-141 存在时,Fc-H1 与 miRNA-141 相互作用,打开其发夹结构从而暴露出 Fc-H2 的互补序列,此时,Fc-H2 与 Fc-H1 进行杂交从而释放出 miRNA-141,miRNA-141 进入下一次循环。Fc-H2 与 Fc-H1 的杂交链在限制性内切酶的切割下分别形成了能够被 β-环糊精匹配的 Fc-D1 和 Fc-D2,有效地降低了 ECL 的发射光强度。该 AIECL 传感平台实现了在 100 amol/L～1 nmol/L 浓度范围内对 miRNA-141 的超灵敏检测,检测限低至 13.6 amol/L。

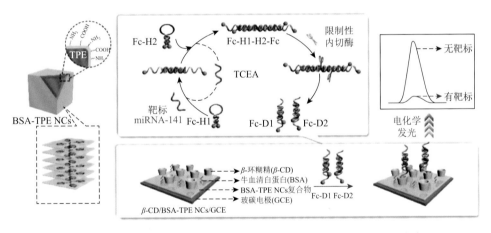

图 5-3 基于超灵敏分子识别的 AIECL 传感平台用于 miRNA-141 的检测

3. 蛋白质的检测

黏蛋白是一种重要的 I 型跨膜糖蛋白(MUC1),在多种肿瘤中异常表达,被认为是癌症的主要肿瘤标志物之一,因此,MUC1 的精确检测对癌症的早期诊疗有着重要的意义。西南大学袁若教授制备了一种超薄 2D 纳米片 ECL 发光体(Zr_{12}-adb),它是一种由 AIE 分子 9,10-蒽二苯甲酸酯(abd)与 $ZrCl_4$ 通过溶剂热法合成的金属有机骨架[22],如图 5-4(a)和(b)所示。相比于它们自发地聚集,这样的设计缩短了电子、离子、共反应物和共反应物中间体的迁移距离,使该 ECL 发光体显示出更强的 ECL 性质。该研究利用发夹 DNA1(H1)末端的磷酸根与

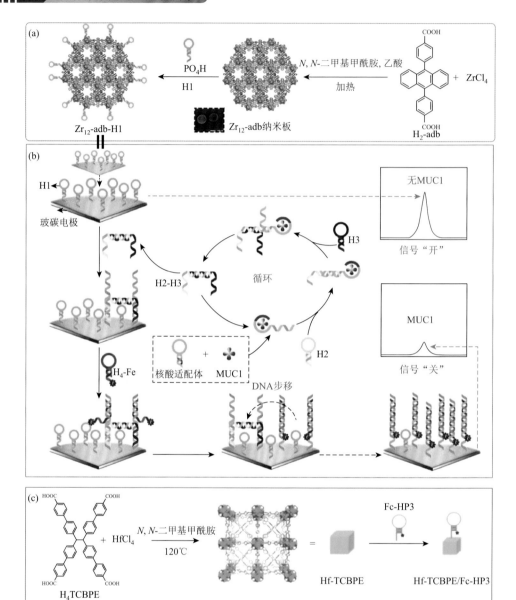

图 5-4 （a）Zr_{12}-adb-H1 的制备方法；（b）MUC1 的电化学发光检测方法；（c）Hf-TCBPE/Fc-HP3 的制备方法

Zr 之间形成强烈的配位键，形成信号接通。在靶标 MUC1 的存在下，适配体先识别出 MUC1，再分别与发夹 DNA2（H2）和发夹 DNA3（H3）作用形成 H2-H3 半杂交的状态。这时，H2-H3 裸露出的部分打开 H1 的发夹，使 H1 露出并与带着猝灭剂二茂铁的发夹 DNA4（H4）配对，有效关闭了 ECL 的信号。该 MUC1 传感平台在 1 fg/mL～100 ng/mL 浓度范围内有着很好的线性关系，$R^2 = 0.9988$，检测限低至 0.25 fg/mL。此外，该检测平台对人血清样品中的 MUC1 同样展现了良好的检测效果。同样，袁若教授还借助核酸外切酶Ⅲ（Exo Ⅲ）辅助的循环扩增策略，构建了一种针对 MUC1 的"关-开"型的 ECL 传感平台。如图 5-4（c）所示，采用 AIE 分子 H₄TCBPE 与 HfCl₄ 组成的金属有机骨架作为 ECL 的发光体，并修饰上带有猝灭剂的发夹 DNA（HP3），有效地降低了 ECL 的发射强度[23]。当靶标 MUC1 打开发夹 DNA（HP1）并进一步与发夹 DNA（HP2）杂交，在 Exo Ⅲ 的作用下释放出大量可与 HP3 杂交的 DNA 片段（S1），被打开发夹的 HP3 与 S1 也在 Exo Ⅲ作用下被剪切，猝灭剂二茂铁离开电极表面，使得 ECL 的发射恢复，从而实现对 MUC1 的高灵敏检测。该方法对靶标 MUC1 的线性检测范围为 1.0 fg/mL～1.0 ng/mL，并获得较低的检测限（0.49 fg/mL）。值得注意的是，这个策略同样可以通过改变识别分子 DNA 序列和借助滚动式循环放大（RCA）方法应用于检测肿瘤标志物癌胚抗原。

南京大学鞠熀先教授设计了基于双共振能量转移的三组分聚合物点，用于增强 ECL 发射，实现对黏蛋白 1（MUC1）和人表皮生长因子受体 2（HER2）的同时高灵敏度检测[24]，如图 5-5 所示。该三组分聚合物点由咔唑（D1）、四苯乙烯（A1/D2）、2,2-二氟-3-（4-甲氧基苯基）-4,6-二苯基-2H-1,3I4,2I4-噁唑硼烷（A2）组成。在相对较低的电位下，咔唑可以被氧化产生激发态并充当 D1，从而把能量通过 A1/D2 最后转移到 A2。该策略采用的短距离能量传输减少了能量的耗散，从而极大地促进了 ECL 的增强。此外，该课题组利用特异性识别和 DNA 编码技术，开发了一种在活细胞上同时检测 MUC1 和 HER2 两种膜蛋白的可视化方法。该方法的线性范围分别为 1 pg/mL～5 ng/mL（MUC1）和 5 pg/mL～10 ng/mL（HER2），检测限分别为 1 pg/mL 和 5 pg/mL。该方法的优异性能表明，双共振能量转移机理与三组分聚合物点在生物分析中的应用前景十分广阔。

在临床分析中，肺癌肿瘤标记物细胞角蛋白 19 片段 21-1（CYFRA21-1）的水平与肺癌肿瘤的类型和严重程度有着重要的关联。济南大学魏琴教授报道了一种基于聚集诱导发光材料 TPE 纳米晶体（TP-COOH NCs）猝灭型的 AIECL 免疫传感器，用于检测 CYFRA21-1[25]，如图 5-6 所示。该传感器原理如下：首先，TP-COOH NCs 涂层的电极上修饰蛋白 A/CYFRA21-1 Ab₁），作为 CYFRA21-1 的结合位点 1 使之固定于电极表面，并产生强烈的 ECL 发射；其次，掺杂三价铁离子（Fe^{3+}）和 CYFRA21-1 Ab₂ 的羟基磷灰石作为阴极 ECL 发射的猝灭剂和 CYFRA21-1 的结合位点 2。当体系中存在 CYFRA21-1 的情况下，CYFRA21-1 会被 CYFRA21-1 Ab₁ 和 CYFRA21-1 Ab₂ 结合，Fe^{3+}/Fe^{2+}的氧化还原电位位于 TP-COOH NCs 的带隙中，允许 Fe^{3+}与 TP-COOH NCs 阴离子自由基之间发生电子转移，产生猝灭效应，降低阴极 ECL 的发射，从而实现高灵敏（检测限为

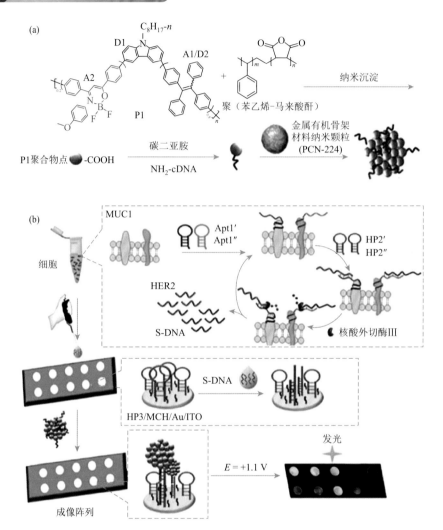

图 5-5 （a）探针 P1 聚合物点@PCN-224 的制备；（b）用靶介导的循环扩增分析 MUC1 和 HER2 的 ECL 成像阵列的示意图

0.01471 pg/mL）检测微量的 CYFRA21-1。该 ECL 检测平台在实际血清样品中成功检测到痕量肺癌肿瘤标志物 CYFRA21-1，其回收率为 99%～102.6%。该 ECL 检测平台具有超高灵敏性、特异性、通用性、简便性和可回收性等优势，这一设计策略扩展了 ECL 传感器在生物检测和临床高通量诊断中的潜在应用。

4. 多巴胺的检测

多巴胺是一种神经递质，能够调控多种生理功能，并在中枢神经系统和心血管系统具有重要作用。多巴胺调节障碍会导致帕金森病和阿尔茨海默病。中山大

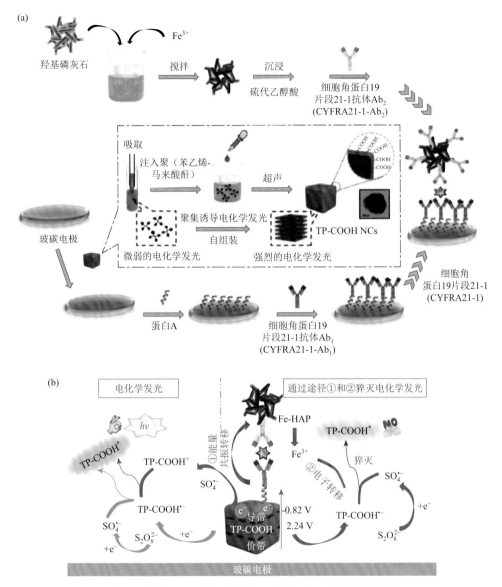

图 5-6 基于 TPE 纳米晶体猝灭型的 CYFRA21-1 传感器

学梁国栋教授合成了 BTD-TPA 和 BTD-NPA 两种 AIE 分子作为 ECL 的红色发光体，具有荧光量子产率高，以及高稳定性的可逆氧化还原对的特点[26]。利用这两种分子制备的 ECL 非掺杂薄膜，其 ECL 发射强度与薄膜厚度成正比，因此可以通过发光剂的负载量来调节发射强度。该膜可以用于多巴胺的灵敏检测，线性范围为 0.05～350 μmol/L，检测限低至 17.0 nmol/L，为重要生物分子的高灵敏度、高选择性的分析检测提供理想平台。随后，他们继续开发了一种基于 BTD-TPA

的电化学发光增强薄膜，以实现水介质中多巴胺的可视化检测。该研究工作表明，薄膜金基底使水相中的 AIECL 强度提高了 507 倍[27]。通常在 ECL 系统中，金电极氧化层的形成会导致 ECL 强度降低（相当于玻碳电极的 1/10）。形貌分析表明，基于 BTD-TPA 的电化学发光增强薄膜由直径为 57 nm 的草状纳米线组成，纳米线的结构能有效阻止金表面在水介质中的氧化，从而加强发光体、电极和支撑电解质之间的联系；此外，金还可以催化 AIECL 反应，促进激发态发光体的辐射衰变，从而实现大幅度的 AIECL 发光增强。该膜进一步被用于水介质中多巴胺的超灵敏检测，检测限为 3.3×10^{-16} mol/L，比之前的工作（17 nmol/L）下降了 8 个数量级。最重要的是，该研究利用高亮度和可调亮度的特性，开发了一种基于胶片 ECL 图像灰度分析（GAEI）的简便平台，实现了水介质中多巴胺的可视化超灵敏检测。此工作为 ECL 成像和水介质中重要生物分子的可视化检测开辟了一条新的途径。

山东师范大学张春阳教授利用两种 AIE 分子 1,1,2,2-四(4-溴苯基)乙烯（TBPE）和三-(4-乙炔基苯基)-胺（TEPA）反应形成一种共轭微孔聚合物（TBDE-CMP-1），构建了一种对多巴胺响应的 AIECL 传感器[28]，如图 5-7 所示。多巴胺的电氧化产物可以充当能量受体以猝灭 AIECL 的发射光，从而实现对多巴胺的传感响应。多巴胺在 0.001~1000 μmol/L 浓度范围内与 AIECL 发射强度有着良好的线性关系，其 $R^2=0.9921$，检测限低至 0.85 nmol/L。该传感器还对抗坏血酸和尿酸显示优异的抗干扰能力。此外，类似的工作还有陕西师范大学漆红兰教授设计的 AIE 分子 DPA-CM 聚集诱导增强 ECL 发射，实现对多巴胺的分析检测[29]。

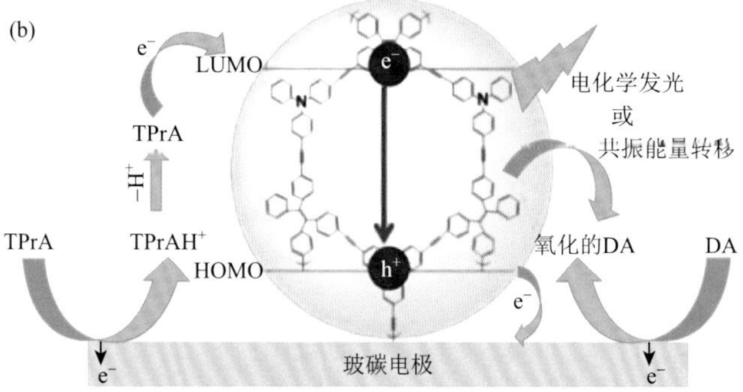

图 5-7　(a) TBPE-CMP-1 合成的示意图；(b) TBPE-CMP-1/TPrA 系统的 ECL 发射机理和多巴胺通过共振能量转移（RET）引起的 ECL 发射猝灭

5. 工业增塑剂的检测

邻苯二甲酸二丁酯（DNBP）常作为工业增塑剂，可通过人呼吸和皮肤接触被人体吸收，引发一些炎症与疾病。西北师范大学卢小泉教授通过共反应法构建了异质聚集诱导发射 ECL 系统（HAIE-ECL）[30]，AIE 分子四苯基甲硅烷基衍生物在电极处聚集时，可发出明亮的 ECL，表现出非常高的 ECL 效率（37.8%）。实验和理论计算均揭示了该系统固有的电子和非共面结构，并表明四苯基甲硅烷基衍生物的 2,5-位和 1,1-位取代基对该系统的 HOMO 和 LUMO 具有主要的影响作用。当向该系统加入 DNBP 时，ECL 强度呈线性下降，其线性范围为 5~2500 nmol/L，检测限为 0.15 nmol/L。这项工作不仅将 AIE 发光体直接引入 ECL，还将 ECL 体系扩展到检测水相中有机分子。

5.2　聚集诱导化学发光

化学发光（CL）现象最早被发现于某些生物体内，如萤火虫等，是指化学反应在进行的过程中伴随发出可见光的现象。随着电子技术发展，化学发光分析技术在材料、化学、生物、食品、环境等领域得到长足的发展[31-33]。化学发光作为众多光学分析技术之一，有着自己独特的优势。例如，该分析技术灵敏度高，可以避免样品环境引起的光散射和背景发射的干扰，不需要激发源和滤光片，测量的浓度范围也宽泛且无需稀释样品，检测速度快，发光通常在化学反应开始发生的几秒或几分钟时间内，检测的仪器设备简单易于携带等。基于上述的优点，化学发光分析技术已经成为检测微量及痕量分析物的有效分析工具之一[34,35]。尤其是对某些检测物，如 DNA、RNA、蛋白质、细菌等[36-39]，甚至能实现"体内"成像，从而实现生理和病理过程的监测[40-43]。然而，该技术在早期的实际应用中也存在一些固有的缺点，如选择性较差、化学反应易受到干扰、样品前处理困难等[44, 45]。为了提高化学发光的性能，化学发光目前主要有三个大研究方向：①开发新的化学发光体系和反应试剂，从而有效提高其化学发光的效率和稳定性；②改善化学发光分析法的选择性；③与其他技术联用，扩展其应用的范围。

在过去的几年中，聚集诱导发光材料作为一种新兴技术[46, 47]，有望通过放大化学发光信号、提高量子产率和反应速率等方式，改变化学发光的使用方式。结合聚集诱导发光材料的多功能化与化学发光的独特优势，这项技术不仅简单高效、成本低，而且检测性能也在不断提高，如可实现对单分子的高灵敏度、低检测限检测。本小节主要阐述这类聚集诱导化学发光材料的反应机理和在化学生物分析中的应用。

5.2.1 聚集诱导化学发光的检测原理与性能优化

化学发光是指在化学反应进行的过程中，生成的产物由于吸收化学能而处于分子受激发的状态，会在去激化的过程中以辐射形式发射出一定波长的光。整个过程需要满足三个关键的条件：①所产生的化学能必须足以使生成的产物分子处于激发状态，若发光的范围属于可见光范围，那么需要化学能的范围在 150～400 kJ/mol；②要有合适的化学反应过程，产生的化学能可以导致其不断地生成激发态分子，并处于反应的状态；③激发态分子在去激化的过程中更倾向于光辐射去激化途径。化学发光可以分为直接发光和间接发光两种，间接发光比直接发光多了能量转移过程。

在检测原理方面，化学发光是通过反应在某时刻的发光强度或者一段时间内的发光总量来确定与分析物之间的关系，利用标准曲线计算得出分析物的浓度与总量。化学发光分析技术相较其他涉及光信号检测的方法，如分光光度法和荧光法等，具有特定的优势。化学发光与荧光所用到的光信号的不同之处在于获取分子激发态的来源不一样，前者是通过高能的化学反应（几乎总是氧化还原反应），后者是通过吸收合适波段的光。由于化学发光的固有性质，氧化还原反应中的能量转移，从根本上受到的干扰物是复杂多样的，从而影响其发光强度和效率等光化学性质。聚集诱导发光材料常作为发光体系中的反应剂、增敏剂或能量受体等，用于改善化学发光体系的发光性能和功能。聚集诱导化学发光的发光体系与化学发光体系类似，常见的主要有以下三种发光体系：1,2-二氧杂环丁烷、过氧草酸酯和鲁米诺体系。

1,2-二氧杂环丁烷体系中的化合物受热会处于受激状态并裂解成两个羰基化合物，其中一个羰基化合物会同时被电子激发产生发射光。目前，金刚烷修饰的1,2-二氧杂环丁烷是最灵敏和稳定的发光体系之一。在 1,2-二氧杂环丁烷环上增加的取代基会增加其自由度，从而提高激发态产物的产率。其中，在化学激发中产生高单重激发态的过程中，给电子取代基的贡献是十分重要。其机理如图 5-8 所示。

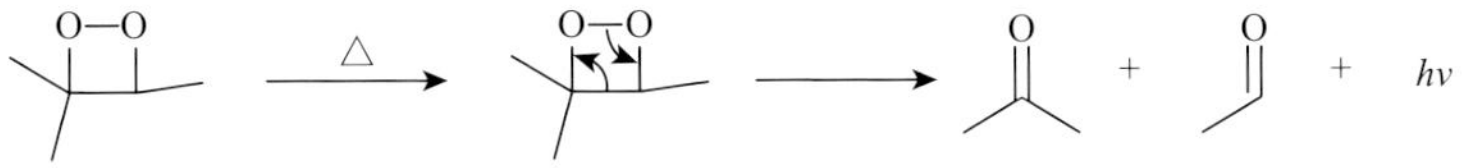

图 5-8　基于 1, 2-二氧杂环丁烷体系的化学发光反应机理

过氧草酸酯体系需要在荧光分子存在的情况下进行化学发光，其本质是草酰氯与过氧化氢发生反应。二苯基蒽在乙醚溶剂中产生二氧化碳、一氧化碳和少量氧气。此反应会生成一个带有基团的高能中间体 1, 2-二氧杂环丁酮，随着基团脱离，能量被传递给二苯基蒽使其生成荧光分子的激发态，从而产生荧光。高能中间体和荧光剂之间的电荷转移络合物通过某种形式的电荷转移相互作用而发生，如果添加一些反应抑制剂还能使化学发光延迟。过氧草酸酯的衍生物（具有不同的取代基）不仅具有化学发光的性质，而且发光强度更高，例如，磺酰胺取代基的过氧草酸酯的衍生物就能产生高效（430%）的化学发光。其机理如图 5-9 所示。

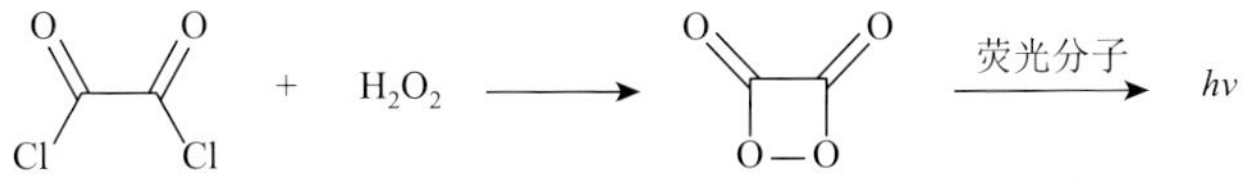

图 5-9　基于过氧草酸酯体系的化学发光反应机理

鲁米诺体系化合物也最常发生氧化反应，其在水体系中会氧化并产生蓝色发射，在非质子溶剂（DMSO、MeCN）中则显示黄绿色。鲁米诺（LH_2）在碱性条件下的化学发光过程中，鲁米诺阴离子（LH^-）会被氧化剂氧化形成鲁米诺阴离子自由基（$LH^·$），并进一步氧化成氨基重氮醌（L）或直接（通过超氧阴离子）氧化成氢过氧化物加合物（LO_2H）。L 在过氧化氢的作用下也可以获得 LO_2H，从该加合物可以形成内过氧化物，随后生成分子氮和激发态的 3-氨基邻苯二甲酸阴离子（AP^{2-}）。某些增强剂（如金纳米颗粒、辣根过氧化物酶）的使用也可以增加鲁米诺反应的速率，提高化学发光的强度。其机理如图 5-10 所示。

5.2.2　聚集诱导化学发光在分析中的应用

目前，聚集诱导化学发光分析法在分析微量、痕量物质时有着独特的优势，如灵敏度高、线性范围宽、光信号持续时间长（辉光型）、分析方法简便快速、

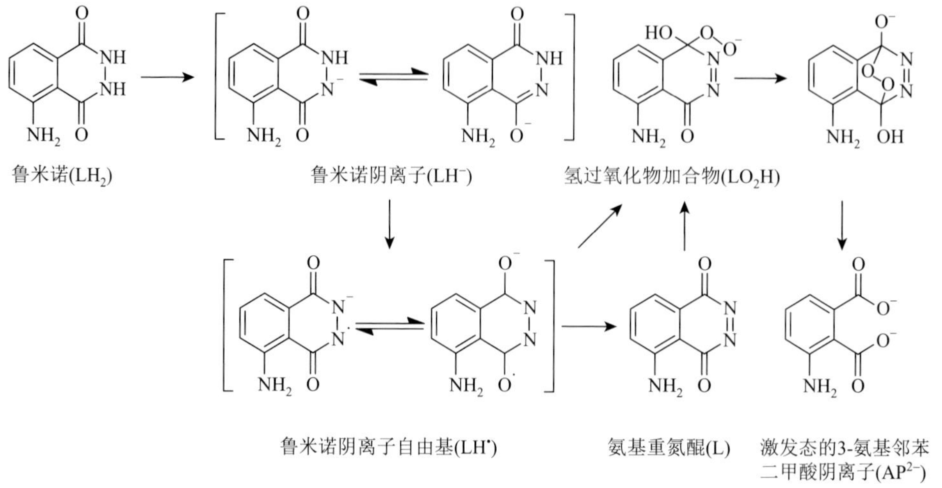

图 5-10　基于鲁米诺体系的化学发光反应机理

稳定性好、易与其他技术联用等。近年来，聚集诱导化学发光分析法在生命分析、医学分析、环境分析、材料分析、食品分析及药物分析等领域已经有着广泛的应用研究。基于化学发光的检测模型，聚集诱导发光材料可以被用来作为一种能量受体，化学发光中间体将能量转移到聚集诱导发光材料从而改善化学发光的强度与效率。此外，聚集诱导发光材料还可以被用来作为一种检测的荧光信号，提高化学发光检测的精准性和稳定性。

1. 超氧阴离子的检测

山东师范大学唐波教授开发了一种聚集诱导荧光/化学发光（FL/CL）双信号的超氧阴离子 O_2^- 探针 TPE-CLA[48]，如图 5-11 所示。咪唑并吡嗪酮（CLA）作为化学发光的部分用于检测 O_2^-，AIE 分子 TPE 作为荧光发射部分并增强化学发光。TPE-CLA 与溶液中 O_2^- 发生化学反应产生化学发光，然后反应物 TPE-PZA 的溶解度降低导致 AIE 分子的聚集，从而开启了荧光信号。当 O_2^- 的浓度分别在 0～60 μmol/L 和 0～55 μmol/L 范围内时，TPE-CLA 的 FL/CL 信号显示出相似的线性关系，其检测限分别为 0.21 nmol/L 和 0.38 nmol/L。在细胞模型和动物模型中，利用脂多糖（LPS）处理过的小组比经过 PBS 和 LPS + Tiron 处理过的小组具有更高的 FL/CL 信号。TPE-CLA 还能持续监测由乙酰氨基酚（APAP）诱导活细胞产生的内源性的 O_2^-，比商用 CLA 具有更强的 CL 发射和更长的持续时间。探针 TPE-CLA 将时空分辨的 FL 成像与动态 CL 响应整合到一个体系中，同时从两个独立模式获得补充信息，提高了检测的准确性，这对疾病检测和诊断至关重要。

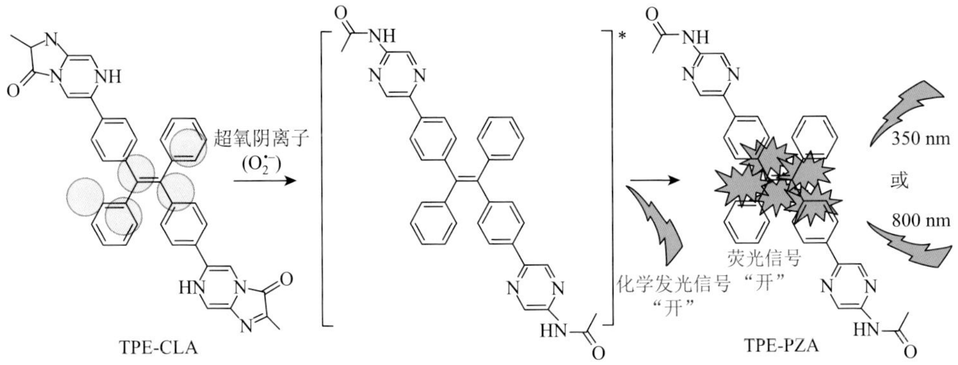

图 5-11　TPE-CLA 的化学结构和检测超氧阴离子的发光机理

2. 过氧化氢的检测

过氧化氢（H_2O_2）是一种内源性活性分子，参与生命系统中多种生理和病理过程，它的异常水平会引起氧化损伤，并与炎症的发展有着重要关联。华东理工大学郭志前教授提出了一种基于发光体-金刚烷类的双锁 CL 探针[49]，如图 5-12 所示。在这个双锁 CL 探针的设计策略中，一个锁负责触发对分析物的传感，探针分子负责完成对分析物的识别并使分子中的掩蔽基团脱落，扭曲分子内电荷转移（TICT）性质的化学发光体，使其稳定地存在并积累；另外一个锁作为光的触发器，在特定的光条件下，富电子双键被光激活，通过自由基反应原位生成 1,2-二氧杂环丁烷，并产生很强的 CL 信号。机理研究证明，具有 TICT 性质的探针分子对 CL 信号的产生尤其重要。因此，他们利用 AIE 分子 QM 开发了过氧化氢的双锁模式探针 QM-B-CF，以芳基硼酸酯部分作为过氧化氢的识别单元。在过氧化氢的存在下，QM-B-CF 的荧光强度在 $\lambda = 600$ nm 处逐渐增强，达到稳定时用光触发，此时 CL 信号急剧增强。FL 和 CL 二者的强度与过氧化氢浓度显示出良好的线性关系（$R^2 = 0.97$）。更重要的是，FL 信号不仅能够实时检测分析物，还能反馈化

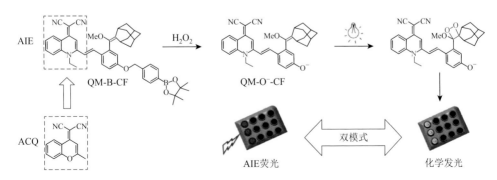

图 5-12　双模发光体用于 H_2O_2 的检测

学发光体积累的信息，可以为体内 CL 检测提供准确的时空指导。异种移植 4T1 肿瘤（具有过表达的内源性 H_2O_2）小鼠作为体内模型充分证明：QM-B-CF 用于体内过氧化氢的检测，有效地解决了传统 CL 探针存在的衰落 CL 信号的问题，实现了高精度的实时三维 CL 成像。综上所述，该策略的 FL 和 CL 双模式对生物分子的精准检测有望扩展其在基础生命科学和医学诊断等领域的应用。

此外，还有一种基于双 [2, 4, 5-三氯-6-（戊氧基羰基）苯基] 草酸酯（CPPO）的策略用于检测 H_2O_2。新加坡国立大学刘斌教授开发了一种有效的化学发光纳米颗粒 TPETPAFN-CPPO1 NP 用来检测 H_2O_2[50]，如图 5-13 所示。AIE 荧光分子 TPETPAFN 和 CPPO 通过沉淀法被 DSPE-PEG$_{2000}$ 包裹形成纳米颗粒。CPPO 在 H_2O_2 的存在下可以转化为二氧杂环丁酮，进而生成高能的二氧杂环丁酮分子，此时电子被转移到附近的 AIE 分子 TPETPAFN，使其处于激发态以产生化学发光，以此建立用于检测 H_2O_2 的化学发光生物传感器。化学发光强度与 H_2O_2 浓度在 0～6 μmol/L 范围内具有线性关系，检测限为 80 nmol/L。在 LPS 诱发的小鼠脚踝关节炎中，其注射部位产生炎症并生成 H_2O_2，关节炎部位的化学发光强度是正常组织的 5 倍。重要的是，AIE 分子聚集产生高的发射强度，且其发射光的波段处于远红光/近红外光（FR/NIR）窗口，这有益于在体内条件下光信号的输出。这种策略不仅提高了基于化学发光的生物传感器的灵敏度，而且促进了其在生物成像和生物检测中的应用和发展。2017 年，刘斌教授设计了无需光源图像引导肿瘤治疗的新策略[51]。这种新的纳米颗粒 C-TBD NP 由四部分组成：①聚合物 Pluronic F127 作为聚合物基质，可以赋予纳米颗粒良好的水溶性和生物相容性；②AIE 分子 TBD

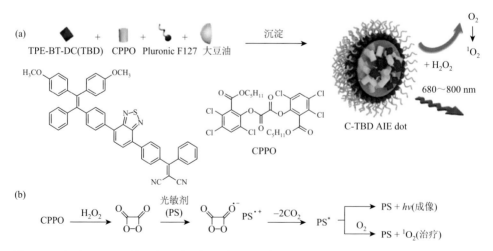

图 5-13 （a）AIE dot 的制备方法；（b）在 H_2O_2 存在下，AIE dot 受化学激发从而产生荧光发射和产生单线态氧的示意图

作为光敏剂,能够被化学激发产生很强的 FR/NIR 发射并生成单线态氧($^1O_2$);③大豆油被用于抑制 CPPO 和 H_2O_2 之间的反应速率,延长 C-TBD NP 的半衰期;④CPPO 被选作 H_2O_2 传感器,用于控制化学发光和化学激发 $^1O_2$ 的产生。因此,在 H_2O_2 存在下,C-TBD NP 与 H_2O_2 反应产生 1,2-二氧杂环丁酮中间体并能直接激发 TBD 分子,缓慢持续产生 FR/NIR 发射和 $^1O_2$,分别用于癌症成像和治疗。4T1 乳腺癌细胞皮下接种构建肿瘤小鼠模型表明:C-TBD NP 具有对肿瘤部位的选择性成像和治疗的能力。C-TBD NP 在体内循环,通过实体瘤的高通透性和滞留(EPR)效应在肿瘤部位优先聚集。由于几种类型癌细胞内的 H_2O_2 水平均高于正常组织,C-TBD NP 在肿瘤微环境中逐渐被激活,产生很强的化学发光和 $^1O_2$。给小鼠口服抗肿瘤药异硫氰酸 β-苯乙基酯(FEITC)后,肿瘤部位的化学发光信号和 $^1O_2$ 的产生都得到了增强,进一步抑制了肿瘤的生长。C-TBD NP 可以作为一种有前途的无创治疗策略用于癌症的成像与精准治疗,具有比生物发光更大的临床应用潜力。

常规的 CL 发射通常在 400~850 nm 范围内,严重的光散射效应和组织中的信号衰减,限制了其体内成像的性能。复旦大学张凡教授提出了一种新型近红外二区发射的 CL 传感器(NIR-Ⅱ CLS),用于体内炎症的高对比度成像[52],如图 5-14 所示。通过整合连续的化学发光共振能量转移(CRET)和荧光共振能量转移(FRET)两种能量转移模式,NIR-Ⅱ CLS 实现了近红外二区发射,有效克服 CL 的短波长发射和较低穿透深度的缺点。为了减少多步能量转移过程中的能量损失,采用了能量相匹配和具有大斯托克斯位移特性的 AIE 分子 BTD540 和 BBTD700,FRET 效率可达 94.12%。NIR-Ⅱ CLS 可被在生物体内由炎症产生的 H_2O_2 选择性激活,可实现高对比度检测小鼠的局部炎症,CL 模式的信噪比比荧光模式高出 4.6 倍。此外,在生理条件下具有更长的持续时间(60 min)和更深的穿透深度(8 mm),表明该方法在体内生物感应领域的广阔应用前景。

为了解决 AIE 分子发射峰宽的问题,即其半峰全宽(FWHM)超过 100 nm 的问题,北京师范大学杨清正教授利用光捕获策略开发了超分子聚合物 AIE 材料[53],如图 5-15 所示。这些四苯乙烯(TPE)衍生物和硼二吡咯亚甲基(BODIPY)衍生物通过氢键自组装成超分子聚合物,可以形成纳米颗粒、超细纤维和薄膜。其中,TPE 分子作为激发能的收集体能够将能量有效地转移到 BODIPY,表现出比常规 AIE 分子更亮的荧光和更窄的发射带(更高的色纯度)。具体地说,荧光强度可以提高多达 6 倍,FWHM 从 148 nm 降低到 32 nm。此外,通过调整不同的 TPE 衍生物(给体)与 BODIPY 衍生物(受体),可直接实现发射蓝色、黄色、红色和纯白色的光,并应用于体外与体内的荧光成像。该材料还可以作为化学发光的发射体,与 CPPO 共同负载形成纳米颗粒 C-TPEP-RM1.0,在 H_2O_2 存在下表现出强烈的化学发光。在小鼠模型中,脂多糖(LPS)诱导的炎症产生的内源性 H_2O_2 也可以通过化学发光来监测。

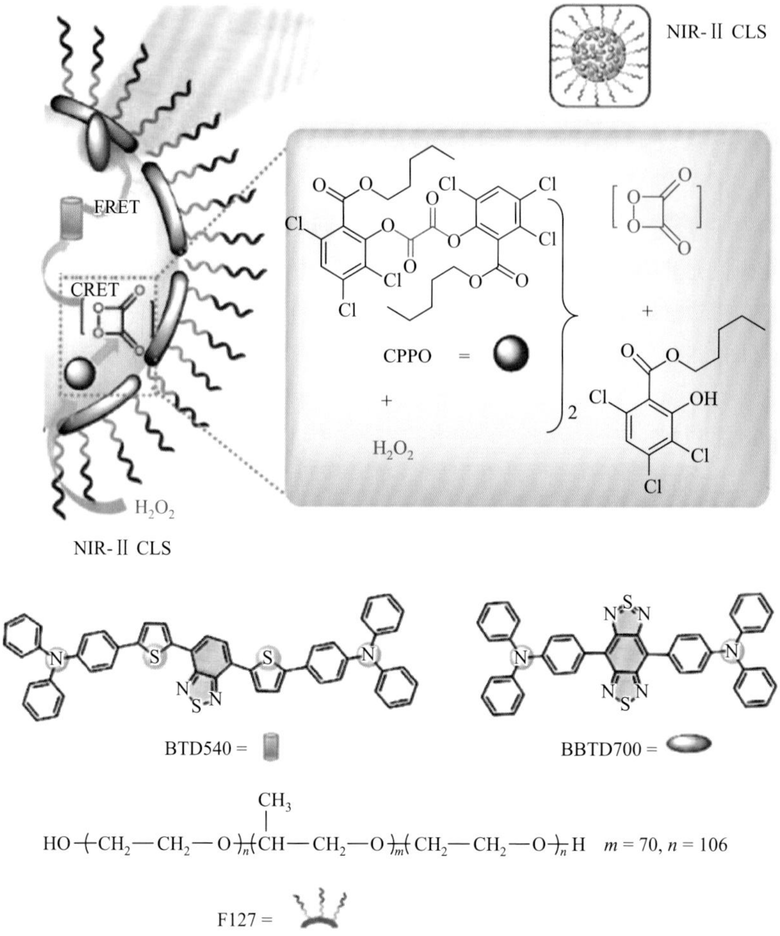

图 5-14　近红外二区发射 CL 传感器 NIR-Ⅱ CLS 的反应过程示意图

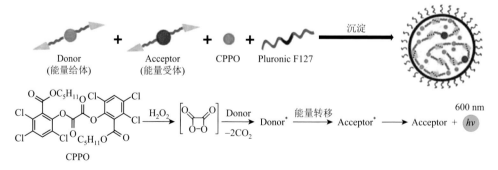

图 5-15　化学发光纳米颗粒的制备，以及在过氧化氢的存在下产生化学发光的示意图

韩国科学技术研究院 Sehoon Kim 等报道了一种多分子集成纳米探针,包括聚集诱导发光分子 BLSA、CPPO 和 H_2O_2 响应过氧化物酶(产生化学能并转化成电子激发),并采用表面活性剂(Pluronic F127)自组装而成[54],如图 5-16(a)所示。该探针具有信号增强效应,提高 H_2O_2 过氧化反应后向染料(Dye)聚集体传递能量的效率,从而大大增强了 CL 信号的生成,延长了反应寿命。增强的 CL 信号还能够可视化检测免疫应答过程中细胞内产生的过量内源性的 H_2O_2。BLSA 和 CPPO 在直径约 20 nm 的疏水腔内高负载地聚集,通过调整负载量,不仅可以提高 CL 的发射强度,而且有助于 H_2O_2 反应的过氧化物酶向 BLSA 聚集体或者低能掺杂纳米颗粒能量转移。这有助于进一步将 CL 能量转移到低能量掺杂剂中,从而实现光谱红移,使其更适合生物体内 H_2O_2 的高灵敏度成像。随后,他们继续开发了 CL 信号增强的纳米探针 CLNP-PPV/BDP[55],如图 5-16(b)所示。该纳米探针由 3 部分组成:①AIE 分子聚合形成的低带隙聚合物 DPA-CN-PPV 作为 NIR 发射体;②CPPO 作为 H_2O_2 的传感器来形成化学激发中间体,在纳米空间内,反应物局部的高浓度也提高了反应效率;③BODIPY 衍生物作为能隙桥接,通过分子间紧密缔合将 CPPO 化学生成的激发能传递给发射体从而产生增强的 CL 信

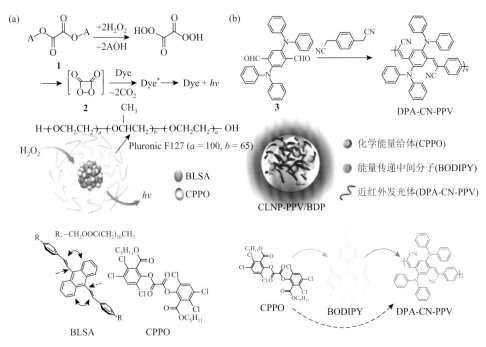

图 5-16 (a)包含聚集诱导发光分子 BLSA 的集成纳米材料的化学激发能量传递示意图; (b)CL 信号增强的纳米探针 CLNP-PPV/BDP 的合成及其能量传递示意图,实线和虚线箭头分别表示有效和无效的能量传输

号。该纳米探针 CLNP-PPV/BDP 对 H_2O_2 的 CL 信号增强 50 倍，检测限也低至 10 nmol/L。在关节炎和腹膜炎的小鼠模型中同样表现出由于炎症产生的内源性 H_2O_2 的高灵敏度检测，组织穿透深度相当高（>12 mm）。结合这些优点，纳米探针 CLNP-PPV/BDP 有望应用于生物医学领域的诊断性应用。

3. 单线态氧的检测

北京化工大学吕超教授将具有 AIE 特性的四苯乙烯-十二烷基磺酸钠（TPE-SDS）作为快速筛选光敏剂，用于监测光动力治疗中 $^1O_2$ 的形成过程动力学[56]，如图 5-17 所示。当 TPE-SDS 浓度大于自组装的临界浓度时，TPE-SDS 中的 TPE 发光体结构容易形成笼状结构。通常，水不会渗透到与表面活性剂亲水基团相邻的前 2~4 个亚甲基。$^1O_2$ 在水中的平均移动距离（~200 nm）远远大于 TPE-SDS 的笼状尺寸（~10 nm）。因此，给体 $^1O_2$ 易在带电的界面区域内自由扩散，并在寿命内渗透到 TPE-SDS 胶束的内部与 CL 受体发光体 TPE 作用，从而提高了 $^1O_2$ 给体和 TPE 之间的 CRET 效率，显著放大 $^1O_2$ 的 CL 信号。这项 CL 平台成功实现了玫瑰红、罗丹明 101 和核黄素三种光敏剂产生 $^1O_2$ 的监测，并研究其动力学过程。这项研究不仅可以促进光敏剂的发展，还能够优化光动力疗法中的照射时间。

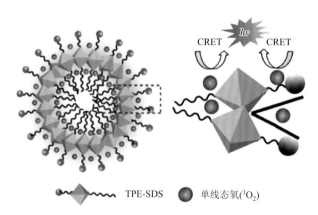

图 5-17 $^1O_2$ 在 TPE-SDS 胶束中的位置及能量传递

CL 近红外发射非常适合用于深层组织成像。香港科技大学唐本忠教授课题组设计了一种基于 AIE 的近红外发射的 CL 传感器，用于定量（体外）和定性（体内）检测 $^1O_2$[57]，如图 5-18 所示。首先，AIE 核心被设计成 D-A 结构，电子给体三苯胺与电子受体苯并噻二唑共轭连接，然后将鲁米诺单元共价连接形成化学发光体 TBL，最后，用 Pluronic F127 作为表面活性剂来制备 TBL dot。苯并噻二唑作为强吸电子基团不仅能促进 TBL dot 的 CL 进程，而且 AIE 的特性可确保其在水溶液中仍具有较高的 NIR CL 发射强度。当 $^1O_2$ 与 TBL dot 反应时，NIR CL 发射光能有效持续 60 min，在猪肉火腿中的穿透深度可达 3 cm。肿瘤微环境中具有相对较高的 ROS，TBL dot 的 NIR CL 发射可以成功地将肿瘤组织与正常组织区分开，显示出 NIR CL 成像技术在癌症诊断和手术中的巨大潜力。

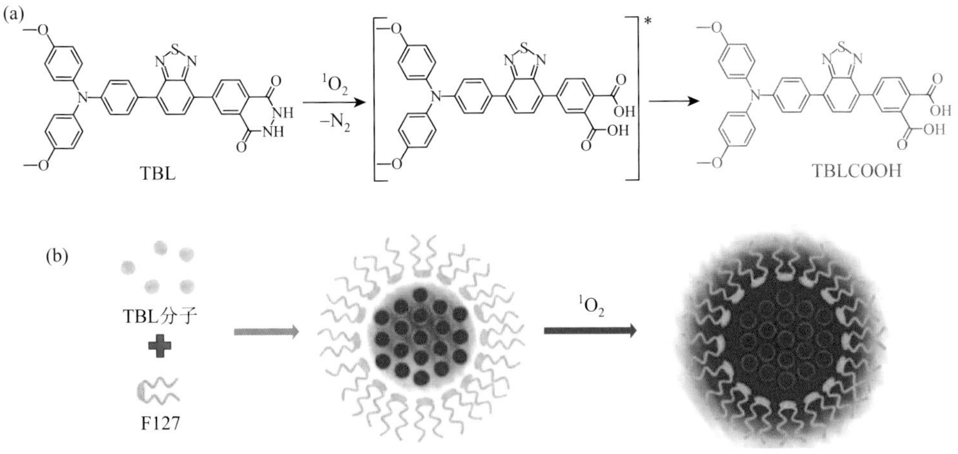

图 5-18 （a）TBL 分子检测 $^1O_2$ 的示意图；（b）TBL dot 的制备过程与检测 $^1O_2$ 的示意图

5.3 聚集诱导发光-纳米孔新技术

纳米孔作为生物分子和离子传递的通道，在生物体中广泛存在。生物细胞包含着各种类型的纳米孔/纳米通道，例如，能够有效调节细胞质液与细胞外部的离子流入和流出数量的选择性离子门控通道，控制信使 RNA（mRNA）进入细胞质的核膜孔。纳米孔可分为基于生物蛋白质构建的生物纳米孔和合成材料制备的固态纳米孔。通过对纳米孔的光学、力学和电学检测，纳米孔新技术可以快速且无标记地用来研究单分子水平生物分子相互作用机制，如 DNA 分子内作用、DNA-蛋白质相互作用[58,59]；还可以实现系列单分子水平检测，如离子、葡萄糖、ATP、DNA、RNA 和小蛋白质等[58,60-66]。固态纳米孔技术的多功能性，使得当其整合到生物系统或集成电路中时，不仅可保证传感的功能性，还可确保传感器能够进行规模化的生产。此外，超薄合成膜中固态纳米孔和微孔阵列的发展，可以实现对单分子的高通量检测。因此，固态纳米孔传感器是多功能的平台，凭借其可调节的结构与表面的功能化，已展现出极大的应用潜力，并在其他分析领域也得到迅速发展，如药物筛选、医学诊断和蛋白质测序等[67-69]。由于样品（血清、尿液等）的复杂性，仅靠纳米孔输出的一维离子电流信号可能远远不能满足需求[70]。因此，此类分析检测通常需要结合其他检测方式，以获得更好的检测性能，如常用的光谱检测方法[70]。

最近，研究人员开发了一种基于聚集诱导发光材料修饰纳米孔的分析技术，将光信号与电信号相结合，不仅能够提供对分析物的双信号检测分析，还可以实现逻辑信号作为智能门控。本小节重点介绍聚集诱导发光材料修饰固态纳米孔的技术方法和目前已经开发的分析应用，最后，对这项新技术的潜在的应用和挑战进行详细讨论。

5.3.1 聚集诱导发光-纳米孔新技术的检测原理与性能优化

固态纳米孔技术主要利用电压门控和配体门控来实现纳米通道的开放和关闭。固态纳米孔分析技术主要基于电阻式颗粒传感的概念，当一些分析物穿过纳米孔时，离子电流被部分阻止，监测这种离子电流的扰动可以揭示有用的关键信息。基于离子电流信号的改变，固态纳米孔技术也可用于研究分子作用机制（DNA 分子折叠、解折叠和解链等过程；DNA 与蛋白质之间的相互作用）、力谱测量、单分子水平检测（离子、分子、DNA 和蛋白质）等。相比于生物纳米孔，固态纳米孔显示出更好的稳定性、更低的电流背景信号和更小的工艺集成体积芯片等优势[71-73]。

固态纳米孔检测系统主要包括固态纳米孔材料、微流道结构、电解质溶液腔室及电流检测装置。固态纳米孔材料的制备主要依靠现在的设备技术和合成膜的工艺。合成膜可以分为聚合物膜、金属氧化物膜、金属膜以及一些无机材料等。根据孔的类型可分为单孔、无序排列的多孔和有序排列的多孔等。聚合物膜，如聚碳酸酯（PC）、聚对苯二甲酸乙二醇酯（PET）、聚酰亚胺（PI），可以形成孔直径大于 10 nm 的单孔或无序排列的多孔；氧化铝膜上一般有直径大于 15 nm 的无序排列的多孔；单晶硅材料的膜可以形成直径大于 2 nm 的无序排列的多孔；无机材料石英硼硅酸盐形成的膜，其单孔的直径大于 10 nm。通过对这些膜材料的表面进行化学修饰不仅可以减少由于孔缺陷带来的不良影响，还可以使膜材料获得所需的性质和功能，如表面电荷、润湿特性、响应性和亲和力等。基于制造固态纳米孔的材料，经过合理的设计，可分别对固态纳米孔的内、外表面进行功能化修饰，进而扩大检测分析物的范围，实现无标签快速的实时检测。在某些复杂样品中，离子电流信号和持续时间属于非高斯型分布，这时很难仅靠一维的离子电流信号高灵敏地分析目标物。通过在固态纳米孔内外表面引入聚集诱导发光材料，可以更好地提供特异性探针，提高生物兼容性，实现高特异性和高灵敏度的检测。

纳米孔的修饰过程由多个步骤组成。第一步需要将化学反应基团引入孔表面，并连接聚集诱导发光材料或者其他分子。这些修饰方法可以分为共价键修饰或者非共价键修饰。共价键修饰一般利用聚合物结构中存在的一些酰胺键和酯键等化学键，经过特殊的化学刻蚀被水解成羟基、羧基和氨基等活性官能团。或者也可以在聚合物单体中先引入这些活性官能团再形成聚合物膜，再通过这些活性官能团引入所需的目标分子。此外，聚合物膜在等离子体的环境下会产生自由基，利用这些自由基能够引入目标分子实现纳米孔道的功能化。对于一些以 SiO_2 为基质的纳米孔材料，也可以利用其结构的特殊性，在纳米孔上桥接硅烷醇及其衍生物以改变纳米孔的表面电荷和不同功能区域的分布。在纳米孔道的修饰上，金（Au）与硫醇分子是一种在纳米孔道表面引入官能团常被采用的方法。通过把 Au 涂在纳米孔道的表面，巯基（—SH）与 Au 表面结合衍生出所需要的官能团。这种方法适用于表面积大的材料，但是纳米级厚度的 Au 可能会存在堵塞孔道的现象，因此，需要考虑孔道的大小和镀 Au 的厚度。该方法已经被用于修饰 pH 响应基团、响应性聚合物、疏水烷基链、DNA 和抗体等。非共价键修饰主要分为静电吸附和氢键两种方法。当聚合物薄膜采用聚电解质作为基材时，裸露的纳米孔道表面可以吸附带正/负电荷的离子，然后通过催化还原反应使 Au 在纳米孔道表面沉积，最后在 Au 上形成硫醇自组装单层。值得注意的是一些因素，如聚合物的分子量、离子浓度、pH 和纳米尺寸等都会影响纳米孔道内离子的吸附作用和扩散作用。通过改变纳米孔表面的电荷，利用正/负电性还可以在纳米孔道内进行层层的组装。此外，还有一种新颖的方法，在第一步通过修饰氢键的受体，然后通过氢键作用吸附一层功能材料，对纳米孔道也能起到改性的作用。

经过修饰的纳米孔道的功能性得以增强。华东理工大学应佚伦教授报道了一种在受限的石英纳米孔中操纵和可视化动态聚集诱导发光的策略[74]，如图 5-19 所示。单个圆锥形石英纳米孔最窄尖端（长度约为 15 μm 的区域）会产生强电场，从而产生电化学表面张力效应。纳米孔内填充水溶液，而孔外添加含有 AIE 分子 DMTPS-DCV 的乙腈溶液，在此水溶液/乙腈溶液界面处施加电压可以改变表面张力，导致溶液可以进入/流出纳米孔。在施加 1 V 的偏置电位后，外部乙腈溶液进入纳米孔尖端内部水溶液中。DMTPS-DCV 在乙腈溶液中处于分散状态，几乎不呈现荧光发射。在进入纳米孔位置 I 处，DMTPS-DCV 分子数量较少还处于分散状态，随后进入纳米孔位置 II 处，此时限域空间会导致 DMTPS-DCV 分子运动受限，从而产生很强的荧光发射。在位置Ⅲ处纳米孔的圆柱形腔体比其圆锥形尖端具有更大的体积，使得 DMTPS-DCV 聚集体变得更加分散，显示出较弱的荧光发射。当将偏置电压变为–1 V 时，DMTPS-DCV 溶液立即流出纳米孔，又会被带回纳米孔的狭窄锥形尖端，产生更强的荧光发射。同时 DMTPS-DCV 进入孔内导致界面电阻增加，从而使离子电流值减小。反之，DMTPS-DCV 流出孔外导致界面电阻减小，离子电流值增加。通过这样的设计，可以在受限的纳米孔中实现"开-关"和"关-开"方式的 AIE 发射的可逆操作，并实现飞升（fL）体积的 AIE 溶液的移取。该方法可以将飞升体积的 AIE 溶液注射进单细胞中成像，解决需要毫升/微升级别的渗透压差和 AIE 水溶性差几乎不能跨膜渗透的问题。利用 1 V 的偏置电压将 DMTPS-DCV 聚集体拉回到宽腔中，再将电压保持在 0 V，使溶液保持在纳米孔内部并将纳米孔刺入单细胞内，最后施加−1 V 的偏置电压使 DMTPS-DCV 聚集体以 1.4～2.2 μm/s 的速度流入单细胞内成像。该方法对细胞的损伤较小，不会改变细胞的形态和位置，可以排除外界环境的干扰，促进复杂细胞环境中生物标志物的检测，实现高分辨率的单细胞成像、单细胞诊断、单细胞治疗、细菌成像及光动力治疗。

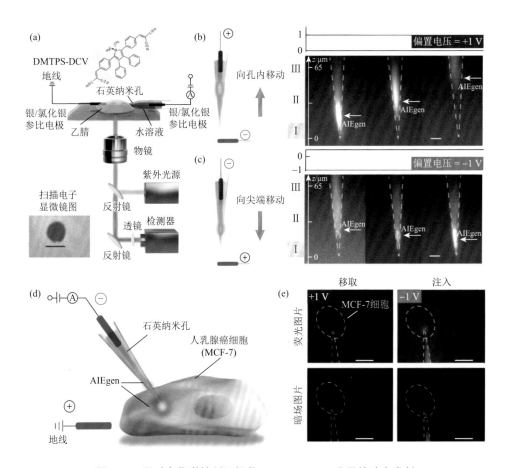

图 5-19 通过电化学控制可视化 DMTPS-DCV 分子的动态发射

此外，北京航空航天大学衡利苹研究员开发了一种在疏水有序聚合物蜂窝结构表面通过光电共同作用诱导图案化润湿[75]。利用 TPE 衍生物和 1,4-双（6-叠氮己氧基）苯发生"点击反应"形成聚合物，随后制备出有序的聚合物蜂窝结构表面。实际上，孔的内表面可以被顺式-双[4,4′-双羧基-2,2′-联吡啶]二硫氰酸根合钌（Ⅱ）（N3 染料）和庚二氟十二烷基-三甲氧基硅烷（FAS）修饰。在外部光和电条件下，由于来自聚合物的有效的电子转移，N3 染料产生激发态并产生强烈的感光性，N3 激发态既是非常好的电子受体，又是出色的电子给体材料；而 FAS 可以改善表面疏水性并保护其形态不被破坏。在光与电的刺激下，蜂窝结构表面的疏水性和亲水性可以相互转换。当电压在阈值以下时，将商用水溶性墨水添加到蜂窝结构表面时，墨水处于 Wenzel 状态和 Cassie 状态之间的过渡状态，此时孔内存在空气无法与墨水接触。当通过光掩模板照亮蜂窝状结构表面时，基材表面的图案化部位浸润性从过渡态转变为 Wenzel 态，墨水可以进入孔中。移除外部光和电的刺激后，多余的墨水被去除，留下设计的墨水图案，最后可以将墨水图案转移到亲水性的印刷纸上，完成图案的复刻。计算表明，如果液体要进到孔内，则需要施加外部压力以克服静水压力（ΔP），否则水将停留在过渡态；照明部位在光与电的刺激下会产生电毛细血管压力（ECP）。因此，仅需要满足 $\Delta P \leqslant ECP$ 的条件，就可以容易、可控地在准孔阵列结构上实现图案化。这项工作也将促进光电共同作用在液体印刷中的实际应用。

5.3.2 聚集诱导发光-纳米孔新技术在分析中的应用

固态纳米孔作为通用的检测平台，在 DNA 测序应用的基础上，已经发展成为快速、无标记和可在单分子水平进行检测的新技术。基于纳米级别的尺寸，纳米孔可以被整合到生物系统或大规模的集成电路中，作为生物传感器在单分子水平进一步揭示生物分子之间的作用机制和某些生理活动过程。基于聚集诱导发光-纳米孔的新技术，可同时输出离子电流信号和荧光信号，从而有效改善纳米孔在生物复杂样品中的灵敏度、选择性和稳定性。这种新技术已成功用于离子、葡萄糖、过氧化氢、苦味酸等检测，并将继续在纳米技术领域得到广泛的应用。

1. 离子的检测

中国地质大学（武汉）娄筱叮教授提出了一种新型的双输出信号纳米孔检测系统，该系统可以通过电化学信号和荧光信号完成对 Hg^{2+} 的特异性识别[76]，如图 5-20 所示。由于 Hg^{2+} 可以与胸腺嘧啶（T）形成"T-Hg-T"的配合物，在孔道内表面修饰的 T、AIE 分子 TPE-2T 和 Hg^{2+} 可以在孔道内形成络合物，类似于"手牵手"的模型。此时，跨膜离子在纳米孔的迁移途径被有效地阻断，电流信号也从"开启"状态变为"关闭"状态；但络合物形成的同时导致了 AIE 分子 TPE-2T 的聚集，荧光信号会从"关闭"状态同步变为"开启"状态。电流信号的下降和荧光信号的增加表现出对 Hg^{2+} 浓度的依赖性。类似地，S^{2-} 的引入还能够与络合物中的 Hg^{2+} 结合形成沉淀 HgS，络合物的解离可以使电流信号也从"关闭"状态变为"开启"状态，荧光信号会从"开启"状态同步变为"关闭"状态。这个可逆的双输出信号纳米孔检测系统不仅解决了耐用性的问题，甚至还可以在可逆循环中获得连续三次的 Hg^{2+} 的校准曲线。这些策略可以用于离子刺激响应的生物和仿生系统领域。此外，翟锦教授以 AIE 小分子六苯基噻咯（HPS），使用简单的静电纺丝法制备了具有荷叶状结构的 HPS/聚甲基丙烯酸甲酯复合膜，该复合薄膜对金属离子 Fe^{3+} 和 Hg^{2+} 分别表现出很高的稳定性和良好的灵敏度[77]。这种特殊的表面形貌类似于荷叶表面的微/纳米复合纳米孔道表现出疏水性，能够提高检测的灵敏度和稳定性。

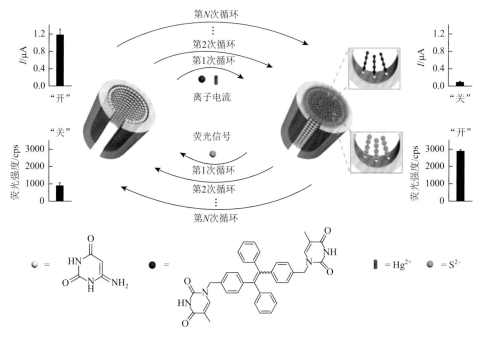

图 5-20　Hg^{2+} 和 S^{2-} 调制的双信号输出的纳米孔道系统示意图

2. 葡萄糖的检测

中国地质大学（武汉）娄筱叮教授开发了一种基于固态纳米孔的"智能门控"系统模型。该系统不仅可以用电信号的输出来确定分析物，还可以提供荧光信号用于特征性分析[78]，如图 5-21 所示。该方法可以避免传统的葡萄糖检测方法中，由于真实环境抗坏血酸（Vc）和 H_2O_2 等杂质诱发的错误信号。因此，双信号输出纳米孔可以对葡萄糖表现出很高的灵敏度和选择性。该策略利用二硼酸与顺式二醇可逆地形成稳定的硼酸酯络合物。首先将 4-氨基苯硼酸（PBA）固定在纳米孔的内壁上，其次在含有 AIE 分子 TPEDB 的环境溶液中加入葡萄糖，最后将葡萄糖与 TPEDB 的低聚物固定在纳米孔内壁上。由于纳米孔被形成的低聚物堵塞，离子传输的途径被阻断,离子电流急剧降低;同时,TPEDB 在纳米孔内聚集导致荧光信号的增强。在 10 例正常人的尿液样本及 15 例糖尿病患者在治疗前后的尿液样本的检测中,该系统检测出的结果均与医院使用的金标准测定方法得到的结果一致,表明这种方法具有一定的临床应用能力。这种新的策略可以促进 AIE 智能纳米孔在复杂环境中的应用,在疾病诊断、药物代谢和生物分子运输过程监测中具有极大的应用潜力。

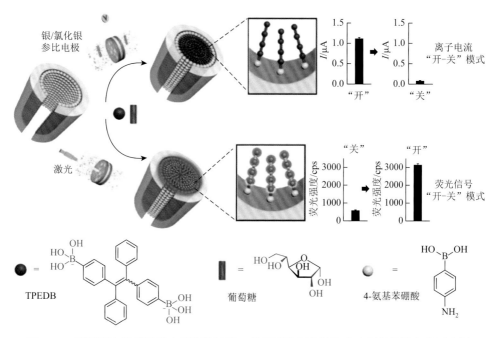

图 5-21 葡萄糖在纳米孔道内低聚的过程,并呈现离子电流和荧光双信号输出的示意图

3. 过氧化氢的检测

中国地质大学(武汉)夏帆教授提出了一种基于功能化的固态纳米孔无损监测活细胞释放 H_2O_2 的新策略[79],如图 5-22 所示。首先,通过酸酯化反应将酪氨酸(Try)修饰在纳米孔的内壁上,然后注入 2 个酪氨酸修饰的 AIE 分子 TT 和辣根过氧化物酶(HRP)作为 H_2O_2 的监测模型。在 H_2O_2 的存在下,酪氨酸会在 H_2O_2 的环境中被 HRP 催化形成含有"Try-Try"结构的聚合物,纳米孔内壁上的 Try 同样会捕获这些聚合物。聚合物的形成导致纳米通道的有效阻断和 AIE 分子的聚集,跨膜离子电流信号由"开启"状态转变为"关闭"状态,同时荧光信号也由"关闭"状态转变为"开启"状态。在活细胞释放 H_2O_2 的检测中,首先将 HeLa 细胞、RAW 264.7 细胞和 A505 细胞分别种植在透明的柔性聚对苯二甲酸乙二醇

酯（PET）膜上。随后，将厚度为 12 μm PET 膜卷起并插入纳米通道装置，对电信号和荧光信号进行持续监测，以此显示不同细胞系释放的 H_2O_2。这种策略为原位和非侵入式传感生物体内检测生物分子提供了新途径。

固态纳米通道中酶和AIEgens调制偶联

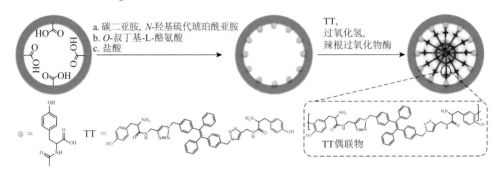

图 5-22　使用 HRP 和 TT 辅助低聚反应进行 H_2O_2 分析的纳米通道示意图

4. 苦味酸的检测

吉林大学于吉红教授开发了一种聚集诱导发光材料功能化的介孔材料用于检测爆炸物苦味酸（PA）[80]，如图 5-23 所示。PA 的结构是 2, 4, 6-三硝基苯酚，通常来说，硝基苯衍生物是很好的荧光猝灭剂。AIE 分子 TPE 通过化学键连接在孔的内壁上，由于聚集会发射出强烈的荧光；PA 的加入会与孔内氨基发生酸碱相互作用形成 PA-胺络合物，从而有效地吸附在荧光团（TPE）周围。TPE 和 PA 之间的紧密相邻，极大地促进光诱导的电子转移和能量转移效率，使这种介孔材料在水

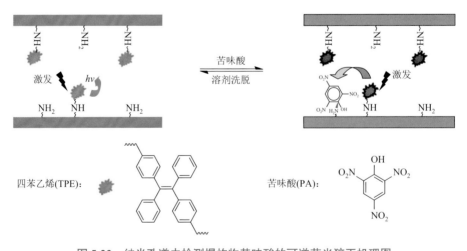

图 5-23　纳米孔道内检测爆炸物苦味酸的可逆荧光猝灭机理图

溶液中对 PA 表现出超灵敏的荧光猝灭。猝灭常数和检测限分别高达 2.5×10^5 L/mol 和 0.4 ppm。重要的是，该介孔材料经适当的溶剂洗涤后可回收利用，是一种非常环保的材料。

5.4 总结

分析方法的开发对生物、环境、化学、医学、食品等领域起着重要的推进作用。分析方法发展的进展主要来自材料和分析仪器的改进。聚集诱导发光材料不断设计新功能的同时也在持续探索与其他分析方法和技术的结合。本章总结了聚集诱导发光材料与电化学发光技术、化学发光技术及纳米孔检测技术的结合。通过聚集诱导发光材料结构的调控，改善发光效率，提供双模检测信号（荧光信号-化学发光信号、荧光信号-电信号）等。目前，这些新方法和新技术对活性小分子和离子（单线态氧、过氧化氢、金属离子等）检测显示出很好的分析性能，如灵敏度高、特异性好及准确度高等。未来，这些技术的应用会更偏向于一些生物大分子、药物分子、环境污染物及食品添加剂等的检测。由于聚集诱导发光材料的设计性和功能构造能力强，可以与其他领域的研究不断结合，将在基础研究和应用方面取得更多突破。

（娄筱叮　胡晶晶　夏　帆）

参考文献

[1] Richter M M. Electrochemiluminescence（ECL）. Chemical Reviews，2004，104（6）：3003-3036.

[2] Miao W. Electrogenerated chemiluminescence and its biorelated applications. Chemical Reviews，2008，108（7）：2506-2553.

[3] Bertoncello P，Forster R J. Nanostructured materials for electrochemiluminescence（ECL）-based detection methods: recent advances and future perspectives. Biosensors and Bioelectronics，2009，24（11）：3191-3200.

[4] Li L，Chen Y，Zhu J J. Recent advances in electrochemiluminescence analysis. Analytical Chemistry，2017，89（1）：358-371.

[5] Chikkaveeraiah B V，Bhirde A A，Morgan N Y，et al. Electrochemical immunosensors for detection of cancer protein biomarkers. ACS Nano，2012，6（8）：6546-6561.

[6] Zhang Z，Du P，Pu G，et al. Utilization and prospects of electrochemiluminescence for characterization，sensing，imaging and devices. Materials Chemistry Frontiers，2019，3（11）：2246-2257.

[7] Fu Y，Ma Q. Recent developments in electrochemiluminescence nanosensors for cancer diagnosis applications. Nanoscale，2020，12（26）：13879-13898.

[8] Hu L，Xu G. Applications and trends in electrochemiluminescence. Chemical Society Reviews，2010，39（8）：3275-3304.

[9] Liu Z, Qi W, Xu G. Recent advances in electrochemiluminescence. Chemical Society Reviews, 2015, 44 (10): 3117-3142.

[10] Liu X, Shi L, Niu W, et al. Environmentally friendly and highly sensitive ruthenium(Ⅱ)tris (2, 2′-bipyridyl) electrochemiluminescent system using 2-(dibutylamino)ethanol as Co-reactant. Angewandte Chemie International Edition, 2007, 46 (3): 421-424.

[11] Carrara S, Aliprandi A, Hogan C F, et al. Aggregation-induced electrochemiluminescence of platinum(Ⅱ) complexes. Journal of the American Chemical Society, 2017, 139 (41): 14605-14610.

[12] Ma C, Cao Y, Gou X, et al. Recent progress in electrochemiluminescence sensing and imaging. Analytical Chemistry, 2020, 92 (1): 431-454.

[13] Gao H, Zhang N, Li Y, et al. Trace Ir(Ⅲ)complex enhanced electrochemiluminescence of AIE-active Pdots in aqueous media. Science China Chemistry, 2020, 63 (5): 715-721.

[14] Peng H, Huang Z, Deng H, et al. Dual enhancement of gold nanocluster electrochemiluminescence: electrocatalytic excitation and aggregation-induced emission. Angewandte Chemie International Edition, 2020, 59 (25): 9982-9985.

[15] Wang Z, Feng Y, Wang N, et al. Donor-acceptor conjugated polymer dots for tunable electrochemiluminescence activated by aggregation-induced emission-active moieties. Journal of Physical Chemistry Letters, 2018, 9 (18): 5296-5302.

[16] Liu J L, Zhang J Q, Tang Z L, et al. Near-infrared aggregation-induced enhanced electrochemiluminescence from tetraphenylethylene nanocrystals: a new generation of ECL emitters. Chemical Science, 2019, 10(16): 4497-4501.

[17] Wei X, Zhu M J, Cheng Z, et al. Aggregation-induced electrochemiluminescence of carboranyl carbazoles in aqueous media. Angewandte Chemie International Edition, 2019, 58 (10): 3162-3166.

[18] Zhang Y, Zhao Y, Han Z, et al. Switching the photoluminescence and electrochemiluminescence of liposoluble porphyrin in aqueous phase by molecular regulation. Angewandte Chemie International Edition, 2020, 59 (51): 23261-23267.

[19] Guo J, Feng W, Du P, et al. Aggregation-induced electrochemiluminescence of tetraphenylbenzosilole derivatives in an aqueous phase system for ultrasensitive detection of hexavalent chromium. Analytical Chemistry, 2020, 92 (21): 14838-14845.

[20] Han Z, Zhang Y, Wu Y, et al. Substituent-induced aggregated state electrochemiluminescence of tetraphenylethene derivatives. Analytical Chemistry, 2019, 91 (13): 8676-8682.

[21] Liu J L, Zhuo Y, Chai Y Q, et al. BSA stabilized tetraphenylethylene nanocrystals as aggregation-induced enhanced electrochemiluminescence emitters for ultrasensitive microRNA assay. Chemical Communications, 2019, 55 (67): 9959-9962.

[22] Yao L Y, Yang F, Hu G B, et al. Restriction of intramolecular motions (RIM) by metal-organic frameworks for electrochemiluminescence enhancement: 2D Zr_{12}-adb nanoplate as a novel ECL tag for the construction of biosensing platform. Biosensors and Bioelectronics, 2020, 155: 112099.

[23] Huang W, Hu G B, Yao L Y, et al. Matrix coordination-induced electrochemiluminescence enhancement of tetraphenylethylene-based hafnium metal-organic framework: an electrochemiluminescence chromophore for ultrasensitive electrochemiluminescence sensor construction. Analytical Chemistry, 2020, 92 (4): 3380-3387.

[24] Wang N, Wang Z, Chen L, et al. Dual resonance energy transfer in triple-component polymer dots to enhance electrochemiluminescence for highly sensitive bioanalysis. Chemical Science, 2019, 10 (28): 6815-6820.

[25] Xue J, Yang L, Du Y, et al. Electrochemiluminescence sensing platform based on functionalized poly-(styrene-*co*-maleicanhydride) nanocrystals and iron doped hydroxyapatite for CYFRA 21-1 immunoassay. Sensors and Actuators B: Chemical, 2020, 321: 128454.

[26] Li Z, Qin W, Wu J, et al. Bright electrochemiluminescent films of efficient aggregation-induced emission luminogens for sensitive detection of dopamine. Materials Chemistry Frontiers, 2019, 3 (10): 2051-2057.

[27] Li Z, Qin W, Liang G. A mass-amplifying electrochemiluminescence film (MAEF) for the visual detection of dopamine in aqueous media. Nanoscale, 2020, 12 (16): 8828-8835.

[28] Cui L, Yu S, Gao W, et al. Tetraphenylenthene-based conjugated microporous polymer for aggregation-induced electrochemiluminescence. ACS Applied Materials & Interfaces, 2020, 12 (7): 7966-7973.

[29] Liu H, Wang L, Gao H, et al. Aggregation-induced enhanced electrochemiluminescence from organic nanoparticles of donor-acceptor based coumarin derivatives. ACS Applied Materials & Interfaces, 2017, 9 (51): 44324-44331.

[30] Han Z, Yang Z, Sun H, et al. Electrochemiluminescence platforms based on small water-insoluble organic molecules for ultrasensitive aqueous-phase detection. Angewandte Chemie International Edition, 2019, 58 (18): 5915-5919.

[31] Zhang Z, Zhang S, Zhang X. Recent developments and applications of chemiluminescence sensors. Analytica Chimica Acta, 2005, 541 (1): 37-46.

[32] Li Q, Zhang L, Li J, et al. Nanomaterial-amplified chemiluminescence systems and their applications in bioassays. TrAC Trends in Analytical Chemistry, 2011, 30 (2): 401-413.

[33] Liu M, Lin Z, Lin J M. A review on applications of chemiluminescence detection in food analysis. Analytica Chimica Acta, 2010, 670 (1): 1-10.

[34] Lara F J, Airado-Rodríguez D, Moreno-González D, et al. Applications of capillary electrophoresis with chemiluminescence detection in clinical, environmental and food analysis: a review. Analytica Chimica Acta, 2016, 913: 22-40.

[35] Roda A, Guardigli M. Analytical chemiluminescence and bioluminescence: latest achievements and new horizons. Analytical and Bioanalytical Chemistry, 2012, 402 (1): 69-76.

[36] Aslan K, Geddes C D. Metal-enhanced chemiluminescence: advanced chemiluminescence concepts for the 21st century. Chemical Society Reviews, 2009, 38 (9): 2556-2564.

[37] Yan Y, Wang X Y, Hai X, et al. Chemiluminescence resonance energy transfer: from mechanisms to analytical applications. TrAC Trends in Analytical Chemistry, 2020, 123: 115755.

[38] Freeman R, Liu X, Willner I. Chemiluminescent and chemiluminescence resonance energy transfer (CRET) detection of DNA, metal ions, and aptamer-substrate complexes using hemin/G-quadruplexes and CdSe/ZnS quantum dots. Journal of the American Chemical Society, 2011, 133 (30): 11597-11604.

[39] Roda A, Pasini P, Mirasoli M, et al. Biotechnological applications of bioluminescence and chemiluminescence. Trends in Biotechnology, 2004, 22 (6): 295-303.

[40] Su Y, Song H, Lv Y. Recent advances in chemiluminescence for reactive oxygen species sensing and imaging analysis. Microchemical Journal, 2019, 146: 83-97.

[41] Zong C, Wu J, Wang C, et al. Chemiluminescence imaging immunoassay of multiple tumor markers for cancer screening. Analytical Chemistry, 2012, 84 (5): 2410-2415.

[42] Liu Z, Zhao F, Gao S, et al. The applications of gold nanoparticle-initialed chemiluminescence in biomedical detection. Nanoscale Research Letters, 2016, 11 (1): 460.

[43] Dodeigne C, Thunus L, Lejeune R. Chemiluminescence as diagnostic tool: a review. Talanta, 2000, 51 (3): 415-439.

[44] Shi J, Lu C, Yan D, et al. High selectivity sensing of cobalt in HepG2 cells based on necklace model microenvironment-modulated carbon dot-improved chemiluminescence in Fenton-like system. Biosensors and Bioelectronics, 2013, 45: 58-64.

[45] Wang Z, Teng X, Lu C. Carbonate interlayered hydrotalcites-enhanced peroxynitrous acid chemiluminescence for high selectivity sensing of ascorbic acid. Analyst, 2012, 137 (8): 1876-1881.

[46] Zhang L, He N, Lu C. Aggregation-induced emission: a simple strategy to improve chemiluminescence resonance energy transfer. Analytical Chemistry, 2015, 87 (2): 1351-1357.

[47] He X, Xiong L H, Huang Y, et al. AIE-based energy transfer systems for biosensing, imaging, and therapeutics. TrAC Trends in Analytical Chemistry, 2020, 122: 115743.

[48] Niu J, Fan J, Wang X, et al. Simultaneous fluorescence and chemiluminescence turned on by aggregation-induced emission for real-time monitoring of endogenous superoxide anion in live cells. Analytical Chemistry, 2017, 89 (13): 7210-7215.

[49] Zhang Y, Yan C, Wang C, et al. A sequential dual-lock strategy for photoactivatable chemiluminescent probes enabling bright duplex optical imaging. Angewandte Chemie International Edition, 2020, 59 (23): 9059-9066.

[50] Geng J, Li K, Qin W, et al. Red-emissive chemiluminescent nanoparticles with aggregation-induced emission characteristics for *in vivo* hydrogen peroxide imaging. Particle & Particle Systems Characterization, 2014, 31(12): 1238-1243.

[51] Mao D, Wu W, Ji S, et al. Chemiluminescence-guided cancer therapy using a chemiexcited photosensitizer. Chem, 2017, 3 (6): 991-1007.

[52] Yang Y, Wang S, Lu L, et al. NIR-Ⅱ chemiluminescence molecular sensor for *in vivo* high-contrast inflammation imaging. Angewandte Chemie International Edition, 2020, 59 (42): 18380-18385.

[53] Zhu X, Wang J X, Niu L Y, et al. Aggregation-induced emission materials with narrowed emission band by light-harvesting strategy: fluorescence and chemiluminescence imaging. Chemistry of Materials, 2019, 31 (9): 3573-3581.

[54] Lee Y D, Lim C K, Singh A, et al. Dye/peroxalate aggregated nanoparticles with enhanced and tunable chemiluminescence for biomedical imaging of hydrogen peroxide. ACS Nano, 2012, 6 (8): 6759-6766.

[55] Seo Y H, Singh A, Cho H J, et al. Rational design for enhancing inflammation-responsive *in vivo* chemiluminescence via nanophotonic energy relay to near-infrared AIE-active conjugated polymer. Biomaterials, 2016, 84: 111-118.

[56] Zou F, Zhou W, Guan W, et al. Screening of photosensitizers by chemiluminescence monitoring of formation dynamics of singlet oxygen during photodynamic therapy. Analytical Chemistry, 2016, 88 (19): 9707-9713.

[57] Liu C, Wang X, Liu J, et al. Near-infrared AIE dots with chemiluminescence for deep-tissue imaging. Advanced Materials, 2020, 32 (43): 2004685.

[58] Venkatesan B M, Bashir R. Nanopore sensors for nucleic acid analysis. Nature Nanotechnology, 2011, 6 (10): 615-624.

[59] Iqbal S M, Akin D, Bashir R. Solid-state nanopore channels with DNA selectivity. Nature Nanotechnology, 2007, 2 (4): 243-248.

[60] Howorka S, Siwy Z. Nanopore analytics: sensing of single molecules. Chemical Society Reviews, 2009, 38 (8):

2360-2384.

[61] Branton D, Deamer D W, Marziali A, et al. The potential and challenges of nanopore sequencing. Nature Biotechnology, 2008, 26 (10): 1146-1153.

[62] Laszlo A H, Derrington I M, Ross B C, et al. Decoding long nanopore sequencing reads of natural DNA. Nature Biotechnology, 2014, 32 (8): 829-833.

[63] Haque F, Li J, Wu H C, et al. Solid-state and biological nanopore for real-time sensing of single chemical and sequencing of DNA. Nano Today, 2013, 8 (1): 56-74.

[64] Cockroft S L, Chu J, Amorin M, et al. A single-molecule nanopore device detects DNA polymerase activity with single-nucleotide resolution. Journal of the American Chemical Society, 2008, 130 (3): 818-820.

[65] Sutherland T C, Long Y T, Stefureac R I, et al. Structure of peptides investigated by nanopore analysis. Nano Letters, 2004, 4 (7): 1273-1277.

[66] Chavis A E, Brady K T, Hatmaker G A, et al. Single molecule nanopore spectrometry for peptide detection. ACS Sensors, 2017, 2 (9): 1319-1328.

[67] Duan R, Lou X, Xia F. The development of nanostructure assisted isothermal amplification in biosensors. Chemical Society Reviews, 2016, 45 (6): 1738-1749.

[68] Long Z, Zhan S, Gao P, et al. Recent advances in solid nanopore/channel analysis. Analytical Chemistry, 2018, 90 (1): 577-588.

[69] Ma Q, Si Z, Li Y, et al. Functional solid-state nanochannels for biochemical sensing. TrAC Trends in Analytical Chemistry, 2019, 115: 174-186.

[70] Xue L, Yamazaki H, Ren R, et al. Solid-state nanopore sensors. Nature Reviews Materials, 2020, 5 (12): 931-951.

[71] Venkatesan B M, Dorvel B, Yemenicioglu S, et al. Highly sensitive, mechanically stable nanopore sensors for DNA analysis. Advanced Materials, 2009, 21 (27): 2771-2776.

[72] Shi W, Friedman A K, Baker L A. nanopore sensing. Analytical Chemistry, 2017, 89 (1): 157-188.

[73] Mayne L, Lin C Y, Christie S D R, et al. The design and characterization of multifunctional aptamer nanopore sensors. ACS Nano, 2018, 12 (5): 4844-4852.

[74] Ying Y L, Li Y J, Mei J, et al. Manipulating and visualizing the dynamic aggregation-induced emission within a confined quartz nanopore. Nature Communications, 2018, 9 (1): 1-6.

[75] Heng L, Li J, Li M, et al. Ordered honeycomb structure surface generated by breath figures for liquid reprography. Advanced Functional Materials, 2014, 24 (46): 7241-7248.

[76] Xu X, Hou R, Gao P, et al. Highly robust nanopore-based dual-signal-output ion detection system for achieving three successive calibration curves. Analytical Chemistry, 2016, 88 (4): 2386-2391.

[77] Heng L, Wang X, Dong Y, et al. Bio-inspired fabrication of lotus leaf like membranes as fluorescent sensing materials. Chemistry: An Asian Journal, 2008, 3 (6): 1041-1045.

[78] Xu X, Zhao W, Gao P, et al. Coordination of the electrical and optical signals revealing nanochannels with an 'onion-like' gating mechanism and its sensing application. NPG Asia Materials, 2016, 8 (1): e234.

[79] Lou X, Song Y, Liu R, et al. Enzyme and AIEgens modulated solid-state nanochannels: *in situ* and noninvasive monitoring of H_2O_2 released from living cells. Small Methods, 2020, 4 (2): 1900432.

[80] Li D, Liu J, Kwok R T K, et al. Supersensitive detection of explosives by recyclable AIE luminogen-functionalized mesoporous materials. Chemical Communications, 2012, 48 (57): 7167-7169.

关键词索引

A

氨基酸 077

B

爆炸物 134

C

传感器 120
猝灭 149

D

蛋白质 077
点亮 020
电化学发光 192

F

分子内运动受限 011

G

构象 083

H

核酸 068

化学发光 203
挥发性有机化合物 057
活性氧 105

J

检测 036
金属离子 015
静电相互作用 032
聚合物 147
聚集 019
聚集诱导发光 011

M

酶 096

N

纳米孔 213

P

配位 024

Q

气体 052
氢键 147

R

溶解性 037

S

食品安全 112

T

探针 012
糖 102

X

腺苷 104

Y

阴离子 036

荧光 001
荧光传感 116
荧光分析 003
荧光探针 003

Z

增强 031
指纹识别 165

其　他

AIE 011
DNA 069
pH 059
RNA 074